普通高等教育"十一五"国家级规划教材

大学计算机基础教育规划教材

SQL Server 数据库应用教程

（第2版）

关敬敏　唐家渝　编著

清华大学出版社
北　京

内 容 简 介

本教材是《SQL Server 数据库应用教程》的升级版,在前一版本内容的基础上,进行了环境升级和内容的扩充,使用的环境是 SQL Server 2008,同时增加了 SQL Server 2008 的一些新的应用特性和部分新的内容。

本教材的内容立足于基本概念和基本应用,内容包括 SQL Server 2008 的简要发展过程,SQL Server 的安装、T-SQL 的基本内容、数据库及其表的建立与基本操作、视图、索引、存储过程、触发器、用户自定义函数、事务与锁的基本应用,SQL Server 的安全管理以及与不同数据源的连接等。

本教材定位于非计算机专业的数据库课程,适合初学者作为数据库课程的入门教材,也可为广大数据库学习爱好者提供必要的参考。考虑到专业特点,本书重点定位于基本应用,而对数据库的理论方面不做过多强调,通过本教材内容的学习,读者可以快速掌握 SQL Server 数据库的基本概念和基本应用,并能够应用简单的数据库技术解决工作中遇到的基本数据管理与应用问题。

全书力求做到循序渐进,内容介绍简明而实用,所有实例代码都经测试通过。

图书在版编目(CIP)数据

SQL Server 数据库应用教程/关敬敏,唐家渝编著. --2 版.--北京:清华大学出版社,2011.6
(大学计算机基础教育规划教材)
ISBN 978-7-302-25698-4

Ⅰ. ①S… Ⅱ. ①关… ②唐… Ⅲ. ①关系数据库－数据库管理系统,SQL Server 2008－高等学校－教材 Ⅳ. ①TP311.138

中国版本图书馆 CIP 数据核字(2011)第 103133 号

责任编辑:张 民 薛 阳
责任校对:白 蕾
责任印制:杨 艳

出版发行:清华大学出版社　　　　　　　　　　地　　　址:北京清华大学学研大厦 A 座
　　　　　http://www.tup.com.cn　　　　　　邮　　　编:100084
　　　社　　总　　机:010-62770175　　　　邮　　　购:010-62786544
　　　投稿与读者服务:010-62795954,jsjjc@tup.tsinghua.edu.cn
　　　质　量　反　馈:010-62772015,zhiliang@tup.tsinghua.edu.cn
印　刷　者:北京富博印刷有限公司
装　订　者:北京市密云县京文制本装订厂
经　　销:全国新华书店
开　　本:185×260　　　印　　张:22.75　　　字　　数:538 千字
版　　次:2011 年 6 月第 2 版　　　印　　次:2011 年 6 月第 1 次印刷
印　　数:1~4000
定　　价:33.00 元

产品编号:030162-01

进入 21 世纪,社会信息化不断向纵深发展,各行各业的信息化进程不断加速。我国的高等教育也进入了一个新的历史发展时期,尤其是高校的计算机基础教育,正在步入更加科学,更加合理,更加符合 21 世纪高校人才培养目标的新阶段。

为了进一步推动高校计算机基础教育的发展,教育部高等学校计算机科学与技术教学指导委员会近期发布了《关于进一步加强高等学校计算机基础教学的意见暨计算机基础课程教学基本要求》(以下简称《教学基本要求》)。《教学基本要求》针对计算机基础教学的现状与发展,提出了计算机基础教学改革的指导思想;按照分类、分层次组织教学的思路,《教学基本要求》提出了计算机基础课程教学内容的知识结构与课程设置。《教学基本要求》认为,计算机基础教学的典型核心课程包括大学计算机基础、计算机程序设计基础、计算机硬件技术基础(微机原理与接口、单片机原理与应用)、数据库技术及应用、多媒体技术及应用、计算机网络技术及应用。《教学基本要求》中介绍了上述六门核心课程的主要内容,这为今后的课程建设及教材编写提供了重要的依据。在下一步计算机课程规划工作中,建议各校采用"1＋X"的方案,即"大学计算机基础"＋ 若干必修或选修课程。

教材是实现教学要求的重要保证。为了更好地促进高校计算机基础教育的改革,我们组织了国内部分高校教师进行了深入的讨论和研究,根据《教学基本要求》中的相关课程教学基本要求组织编写了这套"大学计算机基础教育规划教材"。

本套教材的特点如下:

(1) 体系完整,内容先进,符合大学非计算机专业学生的特点,注重应用,强调实践。

(2) 教材的作者来自全国各个高校,都是教育部高等学校计算机基础课程教学指导委员会推荐的专家、教授和教学骨干。

(3) 注重立体化教材的建设,除主教材外,还配有多媒体电子教案、习题与实验指导,以及教学网站和教学资源库等。

(4) 注重案例教材和实验教材的建设,适应教师指导下的学生自主学习的教学模式。

(5) 及时更新版本,力图反映计算机技术的新发展。

　　本套教材将随着高校计算机基础教育的发展不断调整，希望各位专家、教师和读者不吝提出宝贵的意见和建议，我们将根据大家的意见不断改进本套教材的组织、编写工作，为我国的计算机基础教育的教材建设和人才培养做出更大的贡献。

"大学计算机基础教育规划教材"丛书主编

教育部高等学校计算机基础课程教学指导委员会副主任委员

冯博琴

21 世纪是信息化的时代，信息技术已经渗透到各行各业，并发挥着巨大的作用，带来巨大的经济效益。数据库技术的学习，已经不仅仅是计算机专业的培养计划了，随着计算机技术的飞速发展和计算机基础教学改革的不断深入，学习数据库应用与开发技术成为对大学生掌握信息技术和提高信息素养的基本要求之一。实践证明，很多信息技术的应用成果，是非计算机专业人才创造性地将信息技术融合到其所从事的相关领域而得出的。因此，随着计算机基础教育改革的不断深入，数据库技术基础的学习，已经成为非计算机专业学生的重要课程之一，其重要性越来越受到受众和教学研究者的重视。

　　本教材是《SQL Server 数据库应用教程》的升级版，本教材在前一版本内容的基础上进行了环境升级和内容的扩充，使用的环境是 SQL Server 2008，同时增加了 SQL Server 2008 的一些新的应用特性和部分新的内容。

　　Microsoft SQL Server 2008 是 Microsoft 公司推出的大型数据库系统，是目前广为使用的大型数据库系统之一，它具有易学易用的特点，因此，本教材以 SQL Server 为数据库学习环境，帮助读者学习和掌握数据库的基本原理和技术。

　　本教材的内容立足于基本概念和基本应用，内容包括 SQL Server 2008 的简要发展过程，SQL Server 的安装、T-SQL 的基本内容、数据库及其表的建立与基本操作、视图、索引、存储过程、触发器、用户自定义函数、事务与锁的基本应用，SQL Server 的安全管理以及与不同数据源的连接等。

　　本教材定位于非计算机专业的数据库课程，适合初学者作为数据库课程的入门教材，也可为广大数据库学习爱好者提供必要的参考。考虑到专业特点，本教材重点定位于基本应用，而对数据库的理论方面不做过多强调。希望通过本教材内容的学习，读者可以快速掌握 SQL Server 数据库的基本概念和基本应用，并能够应用简单的数据库技术解决工作中遇到的基本数据管理与应用问题。

　　全书力求做到循序渐进，内容介绍简明而实用，所有实例代码都经测试通过。

　　本书适合初步掌握计算机基础知识和具有初步程序设计能力的学生使用，可作为非计算机专业学生学习数据库基本知识的使用教材，建议授课学时为 24～32 学时。

　　本书既适用于作为高等教育的教材，也适合非学历教育的各类培训作为培训教材，同时也适合计算机爱好者自学。

　　本书由关敬敏、唐家渝、黄维通等编写，同时参与编写工作的有金鑫、解辉等，感谢清华大学出版社对编写本书给予的大力支持。

　　由于作者水平有限，书中难免存在一些不妥之处，恳请广大读者朋友谅解，并提出宝贵意见，以便在将来的修订过程中进一步完善。

　　谢谢喜欢阅读本书的读者！

　　作者联系信箱 jmguan@tsinghua.edu.cn

作者

2011 年 3 月

目 录

SQL Server 数据库应用教程（第 2 版）

第1章

SQL Server数据库简介

SQL Server 是一个大型数据库,具有很强的数据管理功能。在介绍 SQL Server 数据库之前,先来熟悉一下数据库的发展简史及有关知识和基本概念。

1.1 数据库发展简史

数据库这个名词起源于 20 世纪 50 年代,当初的发展是为了满足战争的需求,最初是美国将各种情报集中在一起,存入计算机,称为 Information Base 或 Database。到了 1963 年,美国的 Honeywell 公司的 IDS(Integrated Data Store)系统投入运行,产生了数据库技术。当时产生了许多 Database 或 Databank,但基本上都是局限于文件系统的扩充。在数据库技术的发展初期,曾经产生了层次结构、网状结构和关系结构的数据库,比如 1968 年 IBM 公司推出了层次模型的 IMS 数据库系统;1969 年,美国数据系统语言协会(Conference on Date System Language)组织的数据库任务组发表了网状数据库系统的标准;1970 年初,IBM 公司的高级研究员 E. F. Codd 提出了关系模型,奠定了关系数据库的理论基础,具有划时代的意义。

在 20 世纪 70 年代,数据库技术得到快速发展,当初的层次系统和网状系统占据了重要地位,关系系统开始处于实验阶段,1979 年,Relational Software 公司推出了第一个基于 SQL 的商用关系数据库产品 Oracle。到了 20 世纪 80 年代,关系数据库产品已相当成熟,取代了网状系统和层次系统的市场并占据了统治地位。同时关系数据库理论也不断完善和发展,推出了分布式数据库系统等。后来,数据库的应用领域越来越广,从不同的计算机应用领域更提出了许多非传统应用课题,诸如多媒体数据、复杂对象等。为了适应这类应用的需要,提出了面向对象数据库系统。

从数据的管理技术角度来看,其发展与数据的存储技术、应用领域、处理速度等因素关系密切,根据管理技术的发展可大致分为 4 个阶段,即人工管理阶段、文件系统阶段、数据库阶段以及高级数据库阶段。

在这里,要明确几个重要的概念,如数据库、数据库管理系统等。

(1)数据库(Database,DB)是指存储在计算机内、有组织、可共享的相关数据的集合。数据库中的数据是高度结构化的,数据库可以存储海量数据,并且能够方便地进行数据查询。

（2）数据库管理系统（Database Management System，DBMS）是在操作系统支持下为数据库建立、使用和维护而配置的软件系统，例如本书介绍的 SQL Server 数据库管理系统。数据库管理系统是位于用户和操作系统之间的数据管理软件，它在操作系统基础上对数据库进行管理和控制，利用数据库管理系统提供系列命令，用户能够方便地建立数据库和操作数据，比如建表、向表中添加删除记录等。

1.2　数据库应用中的信息处理及数据处理

目前，数据库技术已成为计算机技术与应用领域中最重要的技术之一，广泛应用于数据的存储管理与信息处理，普遍应用于教育、科研、管理、服务、军事、金融等各行各业。如大家熟悉的管理信息系统、办公自动化系统、学校的教务管理系统、涉及学生管理的学籍管理系统等都是使用了数据库管理系统。

数据库是一种数据集合，这些数据按一定的规则进行存储，而这些数据表征了某特定对象的一系列属性，因此也可以称为"信息"。所以说要理解数据库就需要先了解在数据处理过程中经常涉及的"信息"与"数据"的概念。

信息是关于现实世界事物的存在方式的反映。例如大家熟悉的计算机，它有硬盘、光驱、内存、显示器等主要部件，这些都是关于计算机的相关信息，但这些信息还只是体现了计算机的"存在"，不能体现计算机的性能。为体现其性能，必须列出表征这些部件性能的数据。所谓数据，通常指用符号记录下来的可加以鉴别的信息。例如，为了描述计算机的硬盘大小，可以用250GB、1TB等数据进行表征，体现硬盘性能的还有"转速"这个参数，如每分钟5400转或7200转，这些数据已经被人们赋予了特定的语义，所以它们就具有了传递信息的功能。

由此可以体会到数据和信息之间的固有联系，即数据是信息的符号表示，信息则是数据的内涵，是对数据的语义解释。

目前，由于计算机的广泛使用，使得可处理的数据呈爆炸性增长，而这个爆炸性增长也正是由于计算机的出现使得大规模的数据处理成为可能。网络技术和通信技术的发展，进一步推动了信息处理和利用的社会化，极大地增强了人类社会信息处理和应用的能力。

1.3　关系数据库模型简述

关系数据库是一种所有用户可见且数据都严格按表的形式组织起来的表，且所有库操作都针对这些表的数据库，关系数据模型是以集合论中的关系（relation）概念为基础发展起来的数据模型。

当前实际的数据库系统中所支持的主要模型有：

- 层次模型（Hierarchical Model）。
- 网状模型（Network Model）。
- 关系模型（Relational Model）。

　　在层次数据模型中,要查找一个记录,必须从根记录开始,按给定条件沿一个层次路径查找所需要的记录。在网状数据模型中,在查找语句中不但要说明查找的对象,而且还要规定存取的路径,操作语句也比较繁琐;而关系型数据库,通过关系,按给定的选择条件,选出符合条件的元组,比较灵活。

　　关系数据库是应用数学方法来处理数据库数据的,最早,它由美国 IBM 公司的 E. F. Codd 提出,与层次模型和网状模型相比,有很大改进。表现在:

- 面向集合的处理,可以一次操作多个行。
- 数据的逻辑独立性,使得应用程序不随数据库的改变而改变。
- 数据的自动导航,数据的访问路径由数据库优化器决定,方便了用户操作。

　　关系模型是 RDBMS 的基础,它包括三部分:

- 数据结构。
- 关系的完整性规则。
- 关系操作集合。

　　(1) 关系模型的数据结构。

　　关系模型的数据结构为单一的数据结构——由行和列组成的二维表,任意两行互不相同,列值是不可分的数据项,行和列的次序可任意。

　　(2) 关系模型的完整性。

　　关系模型的完整性包括实体性、参照完整性和用户定义的完整性。实体完整性是指用主键来唯一标识表中的行和列,主键的任一属性不能为空。参照完整性指外键或者为空,或者等于它所参照的表的主键的某个值。用户定义的完整性指对某一具体的数据库的约束条件。

　　(3) 关系模型的数据操作。

　　关系模型的操作表达能力非常强大,定义了很多的操作,其中主要有选择(select)、投影(project)、集合、连接等操作。

1.4　SQL 简介

　　SQL 是用来对存放在计算机中的数据库进行组织、管理和检索的语言。SQL 一词是 Structured Query Language(结构式查询语言)的缩写。从 1982 年开始,美国国家标准协会(ANSI)即着手 SQL 的标准化工作,1986 年,ANSI 的数据库委员会批准了 SQL 作为关系数据库语言的美国标准,这就是第一个 SQL 标准,同时公布了 SQL 标准文本。在此后不久的 1987 年,国际标准化组织(ISO)也做出了同样的决定,目前被广泛遵循的 SQL 标准是 1992 年制定的 SQL—92 标准,是一种用于与数据库进行交互的语言。随着数据库技术的发展和数据库功能的增强,目前,各个 DBMS 厂商都自称采用 SQL,但完全按 ISO 标准实现的并不多。IBM 公司实际上以其 DB2 的 SQL 作为 IBM 的标准,其他厂商所实现的 SQL,由于历史原因,也有不少差异,但总的倾向是向国际标准靠拢,并与 DB2 的 SQL 保持兼容。SQL 的极大普及是当今计算机工业中最引人注目的趋势之一。在过去的几年中,SQL 已经发展成为标准计算机数据库查询语言。现在,从微型计算机到大型计算机上,有很多数据库产品支持 SQL,SQL 的国际标准已经被采用并被不断扩充。SQL 在所有主要计算机开发商的数据库体系中占有重要的地位。

1.4.1　SQL 的特点

SQL 是一种综合的、通用的、功能极强的关系数据库语言,它包括数据定义、数据操纵、数据管理、存取保护、处理控制等多种功能。利用表、索引、码、行和列等来确定存储位置。

SQL 本身并不是一个很完整的编程语言,例如它不支持流控制等。一般它都与其他编程语言(如 Delphi、PowerBuilder、VB、VC 等)结合来使用。

SQL 具有下列主要特点:

1. 一体化的特点

SQL 能完成定义关系模式、录入数据以建立数据库、查询、更新、维护、数据库重构、数据库安全性控制等一系列操作要求,用 SQL 可以实现数据库生命周期中的全部活动。由于关系模型中实体及实体间的联系都是用关系来表示的,这种数据结构的单一性保证了操作符的单一性。

2. 统一的语法结构,多种使用方式

SQL 有两种使用方式,一种是联机使用方式,另一种是嵌入程序方式。大多数的程序接口都采用嵌入的 SQL。虽然使用方式不同,SQL 的语法结构却是一致的。这使得用户与程序员之间的通信得以改善。

3. 高度非过程化

在 SQL 中,只需用户提出"干什么",而无须指出"怎么干",存取路径的选择和 SQL 语句操作的过程由系统自动完成。

4. 语言简洁

SQL 十分简洁,语法简单。在标准 SQL 中,完成核心功能只用了 6 个动词(如表 1-1 所示),因此简单易学,SQL 按其功能可以分为三大部分:

表 1-1　标准 SQL 的 6 个核心功能

SQL 功能	动　　词
数据定义	CREATE
数据操作	INSERT, UPDATE, DELETE, SELECT
数据控制	GRANT

- 数据定义语言(Data Definition Language, DDL),用于定义、撤销和修改数据库对象。

- 数据操纵语言(Data Manipulation Language,DML),用于数据库中数据的修改和检索。
- 数据控制语言(Data Control Language,DCL),用于数据访问权限的控制。

5. Client/Server(客户机/服务器)结构

SQL 能使应用程序采取分布式客户机/服务器结构。交互式查询、报表打印和应用程序称为数据库的"前端",在个人机上运行,存储和数据管理的后端数据库引擎在服务器上运行,在此情况下,SQL 作为用于用户交互的前端工具和用于数据库管理的后端引擎之间通信的桥梁。

6. 支持异类复制

它可以将 SQL Server 数据复制到其他的数据库中,包括 Access、Oracle、Sybase 和 DB2 等,并采用 ODBC 作为其连接机制。

7. Internet 数据库功能的集成

支持数据库信息自动发布到 HTML 文档,同时结合 Microsoft Internet Information Server 和 SQL Server Internet Connector 这两个产品/技术,使用户得到完整的 Internet 数据发布的能力。

1.4.2　SQL 的处理

要处理一个 SQL 语句,数据库管理系统(DBMS)将执行下列 5 步操作:

(1) DBMS 首先分析 SQL 语句。它把语句分成独立的字、被调用的记号,确保语句具有有效的动词和有效的句子等。在这个步骤中能检测出语法错误和拼写错误。

(2) DBMS 验证语句。它按系统编目检查语句。所有在语句中命名的表在数据库中存在吗?所有的列都存在吗?这些列名明确吗?用户有执行语句所需要的权力吗?在这个步骤中能检测出某些语义错误。

(3) DBMS 给语句生成一个访问计划。访问计划是执行语句所需要步骤的二进制表示。它等效于 DBMS 可执行代码。

(4) DBMS 优化访问计划,它探寻执行访问计划不同的途径。一个索引能否用于加速搜索?DBMS 是否首先对表 A 应用一个搜索条件,然后把它连接到表 B,或者它从连接开始,然后使用搜索条件?能否避免表的顺序搜索?或者,对表的搜索可以变成搜索其子集吗?在研究了各种方法后,DBMS 选择其中之一。

(5) DBMS 通过运行访问计划来执行语句。

1.5　Microsoft SQL Server 概述

Microsoft SQL Server 是目前最流行的数据库开发平台之一,是一个关系数据库管理系统。SQL Server 2008 在 Microsoft 的数据平台上发布,帮助用户随时随地管理任何数据。它可以将结构化、半结构化和非结构化文档的数据（例如图像和音乐）直接存储到数据库中。不仅具有良好的可靠性、可用性、可编程性、易用性和对日常任务的自动化管理等特点，还能够有效地进行大规模联机事务处理、完成数据仓库和电子商务应用等许多具有挑战性的工作。

SQL Server 具有以下主要特点：

- 真正的客户机/服务器体系结构。
- 图形化用户界面，使系统管理和数据库管理更加直观、简单。
- 丰富的编程接口工具，为用户进行程序设计提供了更大的选择余地。
- 与 Windows NT 完全集成，利用了 NT 的许多功能，如发送和接收消息、管理登录安全性等。
- 具有很好的伸缩性，可跨越多种版本的 Windows 操作系统（即可运行 SQL Server 的操作系统是很多的）及大型多处理器等平台。
- 对 Web 技术的支持，使用户能够很容易地将数据库中的数据发布到 Web 页面上。
- SQL Server 还提供了数据仓库功能。

1.5.1 SQL Server 2008 的版本

SQL Server 2008 拥有以下 7 种版本：企业版（Enterprise）、标准版（Standard）、工作组版（Workgroup）、网络版（Web）、开发者版（Developer）、免费精简版（Express），以及免费的集成数据库 SQL Server Compact 3.5。它们的功能和主要应用范围如下所述。

1. 企业版

企业版是满足企业联机事务处理和数据仓库应用程序高标准要求的综合数据平台。它提供了一个可信任的、高效的、智能的企业数据管理和商业智能平台，使得企业可以以很高的安全性、可靠性和可扩展性来运行它们最关键任务的应用程序，降低开发和管理它们的数据基础设施的时间和成本。企业版是最完整的 SQL Server 版本，提供最高的安全性、可靠性和可扩展性。

2. 标准版

标准版是一个完整的数据管理和商业智能平台，为正在运行的部门应用程序提供一流的易用性和易管理性。虽然标准版的功能没有企业版那样齐全，但它所具有的功能已满足中小型企业的数据管理和分析要求。

3. 工作组版

工作组版是一个可靠的数据管理和报表平台，可以提供安全性的远程同步和管理功能。它包括了 SQL Server 产品线的核心数据库特点，是理想的入门级数据库，可以轻易地升级为标准版或企业版。适用于那些需要在大小和用户数量上没有限制的数据库的小型企业。

4．网络版

网络版是一个基于 Web 应用的高性价比、可扩展的数据平台。借助于面向 Web 服务环境的高度可用的 Internet，为客户提供低成本、大规模、高度可用的 Web 应用程序或主机解决方案。网络版是一个总拥有成本较低的选择。

5．开发者版

开发者版允许开发人员在 SQL Server 上生成和测试任何类型的应用程序。它包括企业版的所有功能，但只许可用做开发、测试和演示。为了快速部署生产，可以不用重新安装而轻易无缝地升级为企业版本。

6．Express 版

Express 版是最轻量级的 SQL Server 版本，通常被应用程序开发人员用于建立全功能的小规模数据库。Express 版可以免费下载，对于学习和构建桌面和小型服务器应用程序，以及对于通过 ISV 重新分发非常理想。

7．移动版

Compact 通常用于建立客户端的嵌入式数据库，可以免费下载，是所有 Microsoft Windows 平台上的移动设备、桌面和 Web 客户端构建单机应用程序和偶尔连接的应用程序。

此外，还有一个评估版，即 SQL Server 2008 企业评估版，它是免费的功能完整的版本。仅用于评估 SQL Server 2008 的功能；通常下载 180 天后该版本将停止运行。

用户可以根据自己的需要，选择合适的版本安装。本教程将介绍 SQL Server 2008 简体中文评估版的应用。

1.5.2　SQL Server 2008 的新特性

SQL Server 2008 提供了一个可信的、高效率的智能数据平台，几乎可以满足所有数据需求。SQL Server 2008 与以前的版本相比较，具有以下新特性：

- 可信任性：使得企业可以以很高的安全性、可靠性和可扩展性来运行最关键任务的应用程序。
- 高效性：使得企业可以降低开发和管理数据基础设施的时间和成本。
- 智能性：提供了一个全面的平台，可以在用户需要的时候给他发送信息。

1．可信任性

SQL Server 为业务关键型应用程序提供了强大的安全性、可靠性和可扩展性。

1）保护有价值的信息

为了增强系统的安全性，SQL Server 2008 在以下几个方面做了改进：

- 透明的数据加密：允许加密整个数据库、数据文件或日志文件，而不需要更改应用程序。这样做的好处包括同时使用范围和模糊查询来搜索加密的数据,加强数据安全性以防止未授权的用户访问,可以在不更改现有应用程序的情况下进行数据加密。

- 可扩展的键管理:为加密和键管理提供一个全面的解决方案。SQL Server 2008 通过支持第三方键管理和硬件安全模块产品提供一个优秀的解决方案,以满足不断增长的需求。
- 增强审查:通过 DDL 创建和管理审查,同时通过提供更全面的数据审查来简化遵从性。

2）确保业务连续性

为了使企业具有简化管理和高可靠性的应用能力,SQL Server 2008 在以下几个方面做了改进:

- 增强数据库镜像:SQL Server 2008 构建于 SQL Server 2005 之上,但增强了数据库镜像,包括页面自动修复、提高性能和可支持性的加强,因而是一个更加可靠的平台。
- 数据页的自动恢复:允许主机器和镜像机器从 823/824 类型的数据页错误透明地恢复,它可以从透明于终端用户和应用程序的镜像伙伴处请求新副本。
- 日志流压缩:数据库镜像需要在镜像实现的参与方之间进行数据传输。使用 SQL Server 2008,可为参与方之间的输出日志流压缩提供最佳性能,并最小化数据库镜像使用的网络带宽。

3）启用可预测的响应

为了使数据平台上的所有工作负载的执行都是可扩展的和可预测的,SQL Server 2008 提供了一个广泛的功能集合:

- 资源监控器:通过资源监控器提供一致的、可预测的响应给终端用户。允许数据管理员为不同的工作负载定义资源限制和优先级,这允许并发工作负载为它们的终端用户提供一致的性能。
- 可预测的查询性能:通过提供功能锁定查询计划支持更高的查询执行稳定性和可预测性。允许组织在硬件服务器替换、服务器升级和生产部署之间推进稳定的查询计划。
- 数据压缩:改进的数据压缩可以更有效地存储数据,并减少数据的存储需求。数据压缩还极大地提高了大 I/O 边界工作量（例如数据仓库）的性能。
- 备份压缩:保持在线进行基于磁盘的备份是昂贵且耗时的。通过备份压缩减少了需要的磁盘 I/O 和在线备份需要的存储空间,能够明显加快备份速度。
- 热添加 CPU:允许 CPU 资源在支持的硬件平台上添加到 SQL Server 2008,以动态调节数据库大小而不强制应用程序关闭。注意,SQL Server 已经支持在线添加内存资源。

2. 高效性

SQL Server 2008 降低了管理和开发应用程序的时间和成本。

1）基于策略进行管理

为了努力降低企业的总成本，SQL Server 2008 推出了宣告式管理架构（Declarative Management Framework，DMF），它是一个用于 SQL Server 数据库引擎的新的基于策略的管理框架。陈述式管理具有遵从系统配置的政策，监控和防止通过创建不符合配置的政策来改变系统，通过简化管理工作来减少企业的总成本，使用 SQL Server 管理套件查找遵从性问题等优点。DMF 由三个组件组成：政策管理、创建政策的政策管理员和显式管理。

要使用 DMF，SQL Server 政策管理员需要使用 SQL Server 管理套件创建政策，这些政策管理服务器上的实体。管理员选择一个或多个要管理的对象，并显式检查这些对象是否遵守指定的政策，或者显式地使这些对象遵守某个政策。政策管理员使用下面的执行模式之一，使政策自动执行：

- 强制：使用 DDL 触发器阻止违反政策的操作。
- 对改动进行检查：当一个与某个政策相关的改动发生时，使用事件通知来评估这个政策。
- 检查时间表：使用一个 SQL Server Agent 工作定期地评估一个政策。

2）精简的安装

SQL Server 2008 通过重新设计安装、设置和配置体系结构，为 SQL Server 服务生命周期提供了显著的改进。这些改进将计算机上的各个安装与 SQL Server 软件的配置分离开来，允许企业和软件合作伙伴提供推荐的安装配置。

3）简化应用程序开发

SQL Server 2008 引入了更有效、优化的支持来提高性能和简化开发。

SQL Server 2008 提供了语言级集成查询能力（LINQ），使得开发人员可以使用诸如 C♯ 或 VB. NET 等托管的编程语言而不是 SQL 语句查询数据。

为了增强编程人员的开发体验，SQL Server 2008 对 Transact-SQL 做了几个关键的改进：Table Value Parameters、对象相关性、新的日期和时间数据类型。

4）性能数据收集

性能调节和故障诊断对于管理员来说是一项耗时的任务。为了给管理员提供可操作的性能检查，SQL Server 2008 包含了更多详尽性能数据的集合、一个用于存储性能数据的集中化的新数据仓库，以及用于报告和监视的新工具。

5）偶尔连接系统

有了移动设备和活动式工作人员，偶尔连接成为一种工作方式。SQL Server 2008 推出了一个统一的同步平台，使应用程序、数据存储和数据类型之间达到一致性同步。

SQL Server 2008 使客户可以以最小的执行消耗进行功能强大的执行，以此来开发基于缓存的、基于同步的和基于通知的应用程序。

6）非关系数据

应用程序正在结合使用越来越多的数据类型，而不仅仅是过去数据库所支持的那些。SQL Server 2008 基于过去对非关系数据的强大支持，提供了新的数据类型使得开发人员和管理员可以有效地存储和管理非结构化数据，例如文档和图片。还增加了对管理高级地理数据的支持。除了新的数据类型，SQL Server 2008 还提供了一系列对不同数据类型的服务，同时为数据平台提供了可靠性、安全性和易管理性。

3. 智能性

SQL Server 2008 提供了全面的平台，在用户需要的时候提供智能。

1) 集成任何数据

SQL Server 2008 提供了一个全面的、可扩展的数据仓库平台，通过提供一些新的功能使其在数据仓库方面具有显著优势。这些功能包括：

- 备份压缩。
- 已分区表并行：分区允许企业更有效地管理增长迅速的表，可以将这些表透明地分成易于管理的数据块。SQL Server 2008 提高了大型分区表的性能。
- 星型连接查询优化：星型连接查询优化通过识别数据仓库连接模式来减少查询响应时间。
- 分组设置（Grouping Sets）：对 GROUP BY 子句的扩展，允许用户在同一个查询中定义多个分组。Grouping Sets 生成单个结果集，这个结果集等价于对不同分组行的一个 UNION ALL 操作，使得聚集查询和报告变得更加简单快速。
- 更改数据捕获：捕获更改内容并存放在更改表中。它捕获完整的更改内容，维护表的一致性，甚至还能捕获跨模式的更改。这使得组织可以将最新的信息集成到数据仓库中。
- MERGE SQL 语句：通过引入 MERGE SQL 语句，使开发人员可以更加高效地处理常见的数据仓库存储应用场景，比如检查某数据行是否存在，然后执行插入或更新操作。
- 可扩展的集成服务：集成服务的可扩展性方面的两个关键优势是 SQL Server 集成服务（SSIS）管道线改进和 SSIS 持久查找。

2) 发布相应的报表

SQL Server 2008 提供了一个可扩展的商业智能基础设施，使得 IT 人员可以在整个公司内使用商业智能来管理报表以及进行任何规模和复杂度的分析。SQL Server 2008 使得公司可以有效地以用户想要的格式和他们的地址发送相应的、个人的报表给成千上万的用户。通过提供交互发送用户需要的企业报表，大大增加了获得报表服务的用户数目。这使得用户获得对各自领域的相关信息的及时访问，使他们可以做出更好、更快、更合适的决策。

SQL Server 2008 通过提供一些新的功能，帮助所有用户制作、管理和使用报表，这些功能包括企业报表引擎、新的报表设计器、强大的可视化、Microsoft Office 渲染以及 Microsoft SharePoint 集成。

3) 使用户获得全面的洞察力

及时访问准确信息，使用户快速对问题，甚至是非常复杂的问题做出反应，这是在线分析处理（Online Analytical Processing，OLAP）的前提。SQL Server 2008 基于 SQL

Server 2005 强大的 OLAP 能力,为所有用户提供了更快的查询速度。这个性能的提升使得企业可以执行具有许多维度和聚合的非常复杂的分析。这个执行速度与 Microsoft Office 的深度集成相结合,使 SQL Server 2008 可以让所有用户获得全面的洞察力。

总之,SQL Server 2008 是一个可信任的、高效的、智能的数据平台,具有在关键领域方面的显著的优势。SQL Server 2008 为企业提供了可依靠的技术和能力,以接受不断发展的对于管理数据和给用户发送全面的相关信息的挑战。

1.5.3　SQL Server 2008 的体系结构

SQL Server 2008 具有大规模处理联机事务、数据仓库和商业智能等许多强大的功能,这是与其内部完善的体系结构密切相关的。SQL Server 系统的体系结构是 SQL Server 系统主要组成部分以及这些部分之间关系的描述。

SQL Server 2008 系统由 4 个主要部分组成:数据库引擎、Analysis Services(分析服务)、Reporting Services(报表服务)和 Integration Services(集成服务)。这些服务之间的相互关系如图 1-1 所示。

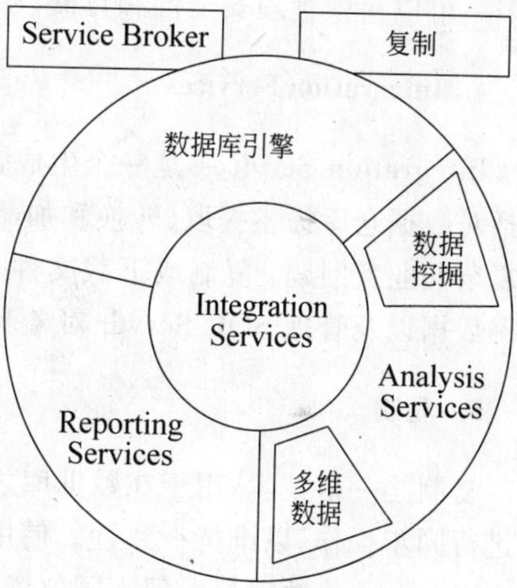

图 1-1　SQL Server 2008 系统的体系结构图

1. 数据库引擎

数据库引擎是用于存储、处理和保护数据的核心服务。利用数据库引擎可控制访问权限和快速处理事务,以满足企业内最苛刻的数据消费应用程序的要求。数据库引擎还提供了大量的支持以保持高可用性。

使用数据库引擎可以创建用于联机事务处理或联机分析处理数据的关系数据库。这包括创建用于存储数据的表和用于查看、管理和保护数据安全的数据库对象(如索引、视图和存储过程)。可以使用 SQL Server Management Studio 管理数据库对象,使用 SQL Server Profiler 捕获服务器事件。

2. Analysis Services

Analysis Services 允许在内置计算支持的单个统一逻辑模型中,设计、创建和管理包含从其他数据源(如关系数据库)获得的详细信息和聚合数据的多维结构,从而实现对 OLAP 的支持。Analysis Services 可以提供对此统一数据模型上生成的大量数据的快速、直观、由上而下的分析,这些数据是可以用多种语言发送给用户的。Analysis Services 可以使用数据仓库、数据集市、生产数据库和操作数据存储区,从而可支持历史数据分析和实时数据分析。

Analysis Services 包含创建复杂数据挖掘解决方案所需的一组行业标准数据挖掘

算法、数据挖掘设计器和数据挖掘扩展插件语言。通过组合使用这些功能和工具,可以发现数据中存在的趋势和模式,然后使用这些趋势和模式对业务难题做出明智的决策。

3. Reporting Services

Reporting Services 是基于服务器的报表平台,提供了企业级的 Web 报表功能。Reporting Services 提供了各种现成可用的工具和服务以帮助创建、部署和管理单位的报表,并提供了扩展和自定义报表功能的编程功能。

使用 Reporting Services,可以从关系数据源、多维数据源和基于 XML 的数据源创建交互式、表格式、图形式或自由格式的报表。可以按需发布报表、计划报表处理或者评估报表。可以集中管理安全性和订阅。

4. Integration Services

Integration Services 是一个生成企业级数据集成和数据转换解决方案的平台,其中包括对数据仓库提供提取、转换和加载处理的包。使用 Integration Services 可解决一系列复杂的业务问题:复制或下载文件,发送电子邮件以响应事件,更新数据仓库,清除和挖掘数据以及管理 SQL Server 对象和数据。

5. 复制

复制是一组技术,用于在数据库之间复制和分发数据和数据库对象,然后在数据库之间进行同步操作,以维持一致性。使用复制,可以在局域网和广域网、拨号连接、无线连接和 Internet 上将数据分发到不同位置以及分发给远程用户或移动用户。

6. Service Broker

Service Broker 为消息和队列应用程序提供 SQL Server 数据库引擎本机支持,帮助开发人员生成安全的可缩放数据库应用程序。这一新的数据库引擎技术提供了一个基于消息的通信平台,从而使独立的应用程序组件可作为一个工作整体来执行。Service Broker 包括可用于异步编程的基础结构,该结构可用于单个数据库或单个实例中的应用程序,也可用于分布式应用程序。

1.5.4 SQL Server 2008 的性能

表 1-2 列出了各种 SQL Server 2008 对象的系统范围,实际的范围将根据应用的不同而有所变动。

表 1-3 列出了各版本 SQL Server 2008 支持的最大处理器数。在表中,下面的处理器将被视为单处理器:

- 每个套接字层中有两个逻辑 CPU 的单核超线程处理器。
- 具有两个逻辑 CPU 的双核处理器。
- 具有 4 个逻辑 CPU 的四核处理器。

表 1-2　SQL Server 2008 的性能

对　　象	范　　围
数据库	最多 32 767
表	受数据库中对象数限制 *
列	每个非宽表的列数最多 1024，每个宽表的列数最多 30 000
索引	每个表 1 个聚集索引，999 个非聚集索引
触发器	受数据库中对象数限制 *
存储过程	最多 32 级嵌套
用户连接	最多 32 767
锁定及打开的对象	最多 2 147 483 647
打开的数据库	最多 32 767

* 受数据库中对象数限制：数据库对象包括诸如表、视图、存储过程、用户定义函数、触发器、规则、默认值和约束等对象，数据库中所有对象的数量总和不能超过 2 147 483 647。

表 1-3　SQL Server 2008 支持的最大处理器数

SQL Server 2008 版本	支持的处理器数	SQL Server 2008 版本	支持的处理器数
企业版	操作系统支持的最大值	网络版	4
开发者版	操作系统支持的最大值	工作组版	2
标准版	4	Express 版	1

1.6　SQL Server 2008 的安装规划

1.6.1　SQL Server 2008 的硬件和软件安装要求

对于安装 SQL Server 2008 的 32 位和 64 位版本，适用以下要求：

- 建议在使用 NTFS 文件格式的计算机上运行 SQL Server 2008。
- SQL Server 安装程序会阻止在只读或者压缩驱动器上进行安装。
- SQL Server 安装程序要求使用 Microsoft .NET Framework 3.5 SP1 和 Microsoft Windows Installer 4.5 或更高版本。
- SQL Server 2008 图形工具需要使用 VGA 或更高分辨率：分辨率至少为 1024× 768 像素。
- 系统驱动器中有至少 2GB 的可用磁盘空间。

安装和运行不同版本的 Microsoft SQL Server 2008 的最低硬件和软件要求如表 1-4 所示。

安装 Microsoft SQL Server 2008 时的实际硬盘空间需求取决于系统配置和用户决定安装的功能。表 1-5 提供了 SQL Server 2008 各组件对磁盘空间的要求。

表 1-4　SQL Server 2008 对硬件和软件的最低要求

版本	处 理 器	操 作 系 统	内存
企业版	32 位系统： Intel 1GHz(或同等性能的兼容处理器)或速度更快的处理器 64 位系统： 1.4GHz 或速度更快的处理器	Windows 2003/2008/2008 R2	512 MB
标准版		Windows XP/2003/Vista/2008/7/2008 R2	512 MB
开发者版			512 MB
工作组版			512 MB
Express 版			256 MB
网络版		Windows XP/2003/Vista/2008/2008 R2	512 MB

表 1-5　Microsoft SQL Server 2008 系统组件要求的磁盘空间

功　能	磁盘空间要求
数据库引擎和数据文件、复制以及全文搜索	280MB
Analysis Services 和数据文件	90MB
Reporting Services 和报表管理器	120MB
Integration Services	120MB
客户端组件	850MB
SQL Server 联机丛书和 SQL Server Compact 联机丛书	240MB

1.6.2　SQL Server 2008 的安装内容

SQL Server 2008 的安装向导提供了一个用来安装所有 SQL Server 组件的功能树，可供安装的主要组成部件如下：

- SQL Server 数据库引擎：包括数据库引擎(用于存储、处理和保护数据的核心服务)、复制、全文搜索以及用于管理关系数据和 XML 数据的工具。
- Analysis Services：包括用于创建和管理联机分析处理(OLAP)以及数据挖掘应用程序的工具。
- Reporting Services：包括用于创建、管理和部署表格报表、矩阵报表、图形报表以及自由格式报表的服务器和客户端组件，它还是一个可用于开发报表应用程序的可扩展平台。
- Integration Services：是一组图形工具和可编程对象，用于移动、复制和转换数据。
- SQL Server 管理工具：用于访问、配置、管理和开发 SQL Server 的 SQL Server Management Studio，为 SQL Server 服务、服务器协议、客户端协议和客户端别名提供基本配置管理的 SQL Server 配置管理器，提供图形用户界面用于监视数据库引擎实例或 Analysis Services 实例的 SQL Server Profiler，数据库引擎优化顾问。
- 连接组件：安装用于客户端和服务器之间通信的组件，以及用于 DB-Library、ODBC 和 OLE DB 的网络库。
- 示例数据库、示例和 SQL Server 联机丛书。

1.6.3　SQL Server 2008 的安全性简介

SQL Server 使用两层安全机制来确认用户的有效性——登录认证；根据数据库用户账户和角色进行权限有效性判定。

1. 登录认证

用户必须拥有连接 SQL Server 2008 的登录账户才能进行登录。SQL Server 2008 能够识别两种登录认证机制，即 Windows 认证和 SQL Server 认证。

1）Windows 认证机制

当使用 Windows 认证机制时，用户对 SQL Server 访问的控制由 Windows 账户或用户组完成。

当进行连接时，用户不需要提供 SQL Server 登录账户，SQL Server 系统管理员必须定义 Windows 账户或工作组作为有效的 SQL Server 登录账户。

2）SQL Server 认证机制

当使用 SQL Server 认证机制时，SQL Server 的系统管理员必须定义 SQL Server 登录账户和口令。

当用户要连接到 SQL Server 上时，必须同时提供 SQL Server 的登录账户和口令。

SQL Server 2008 的安全性是和 Windows 操作系统集成在一起的，SQL Server 系统管理员可以指定 SQL Server 2008 在两种安全模式之一下运行：Windows 认证模式和混合认证模式。

在 Windows 认证模式下，只允许 SQL Server 使用 Windows 的用户账户和密码连接到数据库服务器进行身份认证。在混合认证模式下，允许以 SQL Server 认证机制或 Windows 认证机制连接到数据库服务器进行身份验证。

2. 数据库用户账户和角色

在用户通过登录认证并被允许登录到 SQL Server 2008 上之后，他们必须拥有数据库账户。

1）数据库用户账户

可以针对特定的数据库，给 Windows 用户或用户组以及 SQL Server 2008 登录账户授予一定的安全权限。

2）角色

角色是将用户组成一个管理权限相近的安全账户的集合。SQL Server 2008 为常用的管理工作提供了一组预定义的服务器角色和数据库角色，以便能够容易地把一组管理权限授予特定的用户。也可以创建用户自己定义的数据库角色。在 SQL Server 2008 中，用户可以属于多个角色。

3. 权限有效性的确认

在确认权限时，SQL Server 2008 采取下述步骤：

（1）当用户执行一项操作时，例如用户执行了删除一条记录的指令，客户端把该 T-SQL 语句发送给 SQL Server 2008。

（2）当 SQL Server 2008 接收到该 T-SQL 语句后，立即检查该用户是否有执行这条指令的权限。

（3）如果用户不具备执行该指令的权限，SQL Server 2008 将返回一个错误，否则 SQL Server 2008 将完成相应的操作。

1.7　SQL Server 2008 的安装过程

下面介绍利用 SQL Server 2008 的安装向导安装 SQL Server 2008 的全过程。

（1）插入 SQL Server 2008 的安装媒体，然后双击根文件夹中的 setup.exe，系统会出现 Microsoft SQL Server 2008 安装提示信息（如图 1-2 所示）。

单击"确定"按钮，开始安装 .NET Framework 3.5 SP1（如图 1-3 所示）。

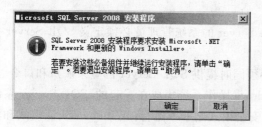

图 1-2　安装提示信息

图 1-3　加载安装组件信息

请单击相应的单选按钮以接受 .NET Framework 3.5 SP1 许可协议，然后单击"安装"按钮（如图 1-4 所示）。系统会从 Internet 下载并安装 .NET Framework 3.5 SP1 程序（如图 1-5 所示）。

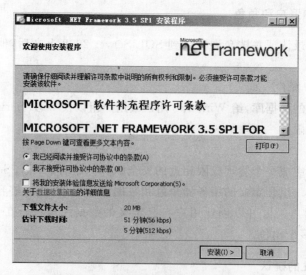

图 1-4　.NET Framework 安装程序

图 1-5 .NET Framework 安装进度

安装完成后,出现如图 1-6 所示的信息,单击"退出"按钮。至此,安装 SQL Server 2008 所需的.NET Framework 环境配置完成。

图 1-6 .NET Framework 安装完成

(2) 所需的必备组件安装完成后,安装向导会运行 SQL Server 安装中心(如图 1-7 所示)。因为要创建 SQL Server 2008 的全新安装,单击左侧目录树的"安装"按钮,再单击"全新 SQL Server 独立安装或向现有安装添加功能",如图 1-8 所示。

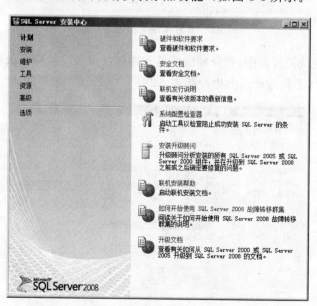

图 1-7 SQL Server 安装中心的"计划"选择页

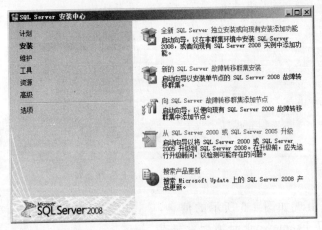

图 1-8　SQL Server 安装中心的"安装"选择页

（3）系统进行安装程序支持规则检查，以确定安装 SQL Server 安装程序支持文件时可能发生的问题（如图 1-9 所示）。若出现问题，必须更正所有失败，安装过程才能继续进行。单击"确定"按钮。

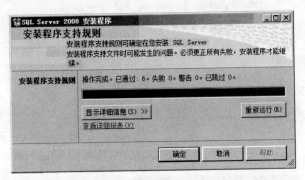

图 1-9　安装程序支持规则检查

（4）在"产品密钥"页面中，选择相应的单选按钮指定是安装免费版本的 SQL Server，还是安装具有 PID 密钥的产品的生产版本，如图 1-10 所示。然后单击"下一步"按钮。

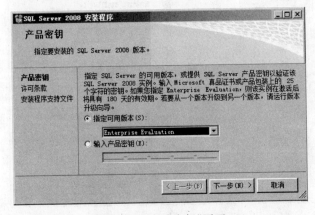

图 1-10　"产品密钥"页面

（5）阅读"许可条款"页面上的许可协议，然后选中相应的复选框以接受许可条款和条件（如图 1-11 所示），然后单击"下一步"按钮。

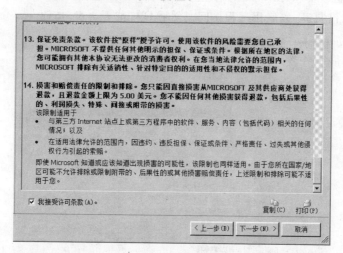

图 1-11 "许可条款"页面

（6）如果计算机上尚未安装 SQL Server 必备组件，则安装向导将安装它们。若要安装必备组件，请单击"安装"（如图 1-12、图 1-13 所示）按钮。

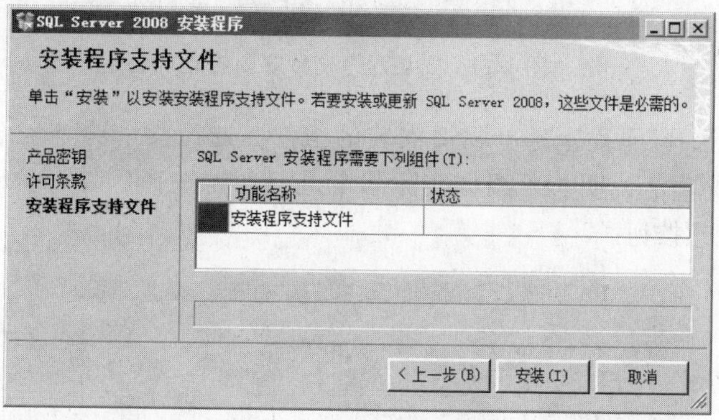

图 1-12 "安装程序支持文件"页面

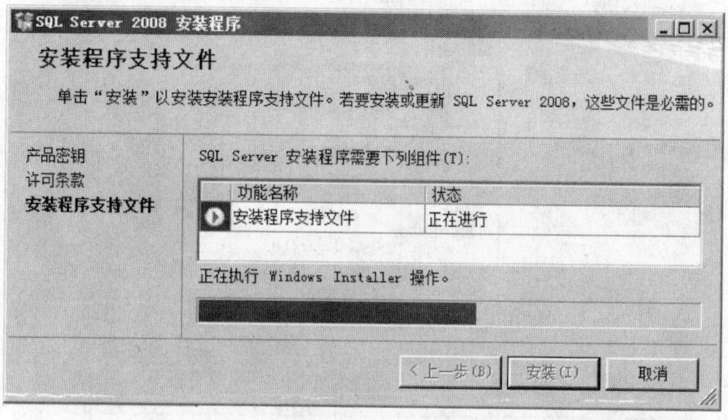

图 1-13 正在安装程序支持文件

（7）系统配置检查器将在继续安装之前检查计算机的系统状态。必须更正所有失败，安装程序才能继续（如图1-14所示）。例如，若规则"Windows防火墙"生成了警告，请确保相应的端口已打开，以启用远程访问。然后，单击"下一步"按钮。

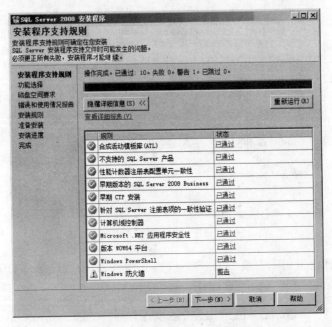

图1-14　安装程序支持规则检查

（8）在"功能选择"页面上选择需要安装的组件。选择某个功能名称后，右侧窗格中会显示每个组件的功能说明。可根据实际需求进行功能选择（如图1-15所示）。选择完毕后，单击"下一步"按钮。

图1-15　"功能选择"页面

（9）在"实例配置"页面上指定是安装默认实例还是命名实例（如图 1-16 所示）。如果尚未安装 SQL Server 实例，除非指定命名实例，否则将创建默认实例，默认实例名称是MSSQLSERVER。一次只能安装一个 SQL Server 默认实例。选择好实例后，单击"下一步"按钮。

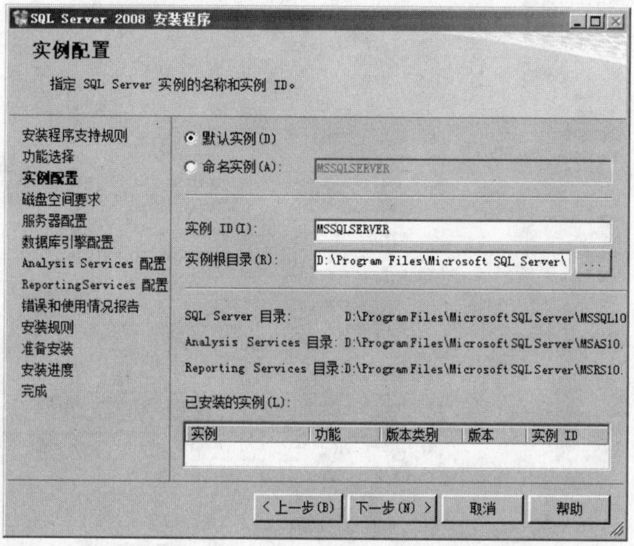

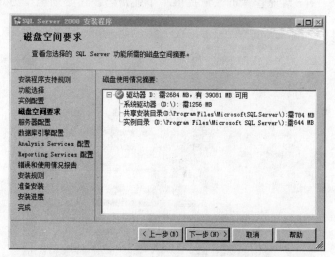

图 1-16　"实例配置"页面

（10）"磁盘空间要求"页面计算指定的功能所需的磁盘空间，然后将所需空间与可用磁盘空间进行比较（如图 1-17 所示）。如果空间可以满足要求，则单击"下一步"按钮；否则，单击"上一步"按钮，返回实例配置页面重新设置实例根目录。

图 1-17　"磁盘空间要求"页面

（11）在"服务器配置"页面上指定 SQL Server 服务的登录账户（如图 1-18 所示）。可以为所有 SQL Server 服务分配相同的登录账户，也可以分别配置每个服务账户。还可以指定服务是自动启动、手动启动还是禁用。Microsoft 建议对各服务账户进行单独配置，以便为每项服务提供最低特权，即向 SQL Server 服务授予它们完成各自任务所需的最低权限。配置后，单击"下一步"按钮。

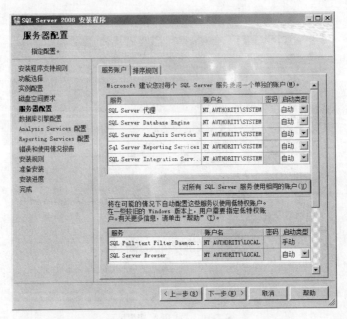

图 1-18 "服务器配置"页面

（12）使用"数据库引擎配置"页面指定数据库引擎身份验证安全模式和管理员（如图 1-19 所示）。如果选择"混合模式（SQL Server 身份验证和 Windows 身份验证）"，则必须为内置 SQL Server 系统管理员账户提供一个强密码。还必须至少为 SQL Server 实例

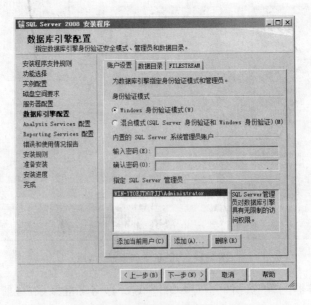

图 1-19 "数据库引擎配置"页面

指定一个系统管理员。若要添加用以运行 SQL Server 安装程序的账户，请单击"添加当前用户"。若要向系统管理员列表中添加账户或从中删除账户，请单击"添加"或"删除"，然后编辑将拥有 SQL Server 实例的管理员特权的用户、组或计算机的列表。配置完毕后，单击"下一步"按钮。

　　（13）使用"Analysis Services 配置"页面指定将拥有 Analysis Services 的管理员权限的用户或账户（如图 1-20 所示）。必须为 Analysis Services 至少指定一个系统管理员。若要添加用以运行 SQL Server 安装程序的账户，请单击"添加当前用户"。若要向系统管理员列表中添加账户或从中删除账户，请单击"添加"或"删除"，然后编辑将拥有 Analysis Services 的管理员特权的用户、组或计算机的列表。配置完毕后，单击"下一步"按钮。

　　（14）使用"Reporting Services 配置"页面指定要创建的 Reporting Services 的类型（如图 1-21 所示）。选择完毕后，单击"下一步"按钮。

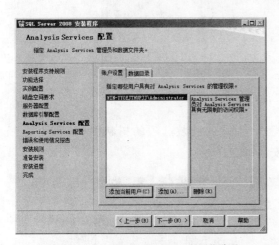
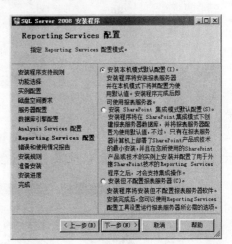

图 1-20　"Analysis Services 配置"页面　　　　　图 1-21　"Reporting Services"页面

　　（15）在"错误和使用情况报告"页面上指定要发送到 Microsoft 以帮助改善 SQL Server 的信息（如图 1-22 所示），然后单击"下一步"按钮。

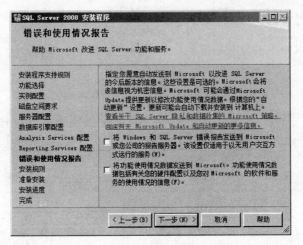

图 1-22　"错误和使用情况报告"页面

（16）系统配置检查器将再运行一组规则来针对指定的 SQL Server 功能验证当前计算机配置（如图 1-23 所示）。然后，单击"下一步"按钮。

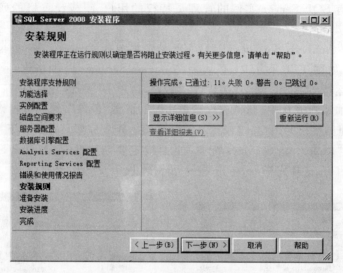

图 1-23   "安装规则"页面

（17）"准备安装"页面显示在安装过程中指定的安装选项的树状图（如图 1-24 所示）。若要继续并确认没有问题，请单击"安装"按钮。

图 1-24   "准备安装"页面

　　(18) 在安装过程中，"安装进度"页面会提供相应的状态，用于在安装过程中监视安装进度（如图 1-25 所示）。当提示"安装过程完成"后（如图 1-26 所示），单击"下一步"按钮。

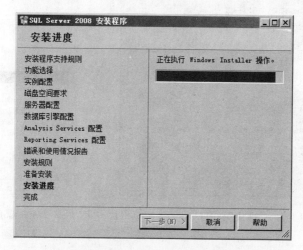

图 1-25　"安装进度"页面

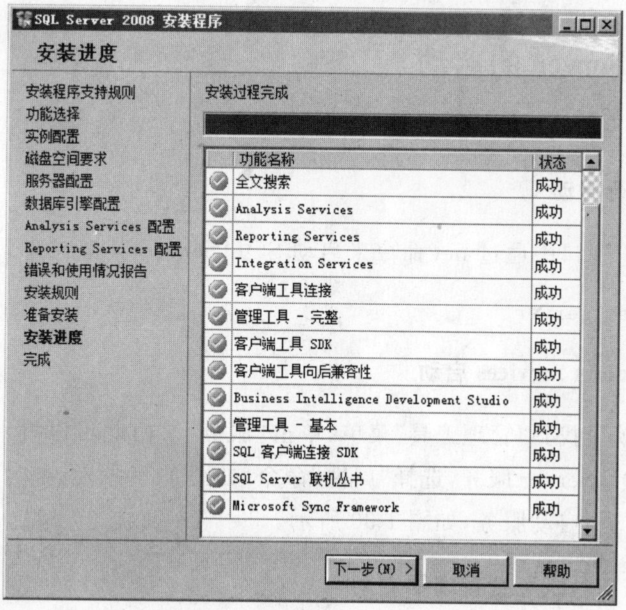

图 1-26　安装过程完成页面

　　(19) 安装完成后，"完成"页面会提供指向安装日志文件摘要以及其他重要说明的链接（如图 1-27 所示）。若要完成 SQL Server 安装过程，请单击"关闭"按钮。

　　安装完成后，在"开始"菜单的"所有程序"组中增加了 Microsoft SQL Server 2008 程序组，如图 1-28 所示。

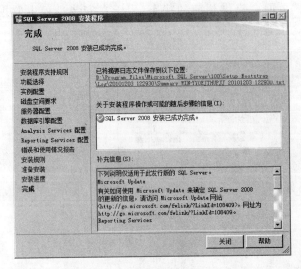

图 1-27 "完成"页面   图 1-28 Microsoft SQL Server 2008

程序组

1.8 SQL Server 2008 的服务器管理

1.8.1 SQL Server 的启动

要启动 SQL Server，可以通过以下 4 种方式来完成。

1. 利用命令行启动

在命令提示符窗口中通过 net 命令来启动 SQL Server，其格式如下：

```
net start mssqlserver
```

2. 利用 Windows Services 启动

在"开始"菜单里找到"管理工具"菜单，单击"服务"。由此可以看到系统中各项服务的状态。右击 SQL Server 服务，选择"属性"命令，如图 1-29 所示。

在"属性"窗口中启动服务，如图 1-30 所示。

3. 利用 SQL Server 配置管理器启动

在"开始"菜单中，通过选择 Microsoft SQL Server 2008→"配置工具"→"SQL Server 配置管理器"，启动 SQL Server 配置管理器，如图 1-31 所示。

单击左侧窗口中的"SQL Server 服务"，在右侧窗口中可以看到所有的 SQL Server 服务。右击服务名称，选择"启动"命令即可，如图 1-32 所示。

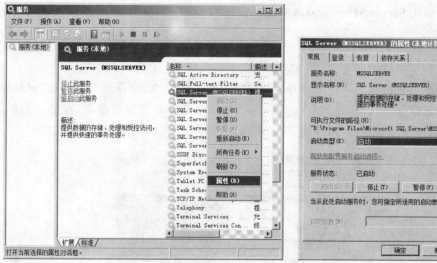

图 1-29 选择"属性"命令   图 1-30 配置服务

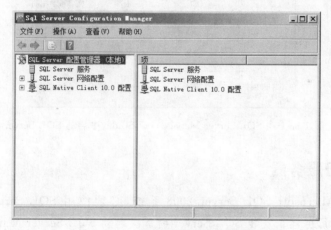

图 1-31 SQL Server 配置管理器

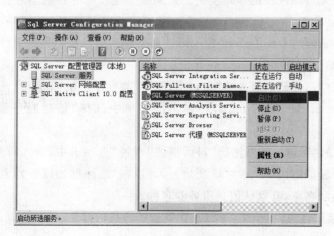

图 1-32 在 SQL Server 配置管理器中启动 SQL Server

4. 利用 SQL Server Management Studio 启动

在"开始"菜单中，通过选择 Microsoft SQL Server 2008→SQL Server Management Studio，启动 SQL Server Management Studio。

单击"视图"，在出现的菜单中选择"已注册的服务器"。在"已注册的服务器"窗口中，依次展开"数据库引擎"、Local Server Groups 节点，用鼠标右击服务器名，在弹出菜单的"服务控制"里选择"启动"命令，如图 1-33 所示。

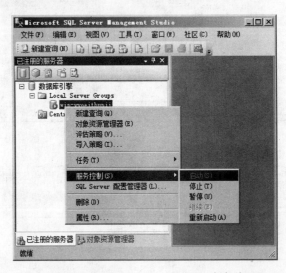

图 1-33　在 SQL Server Management Studio 中启动 SQL Server

1.8.2　注册服务器

为了管理 Microsoft SQL Server 2008 系统，必须使用 SQL Server Management Studio 工具注册服务器。安装 SQL Server 后首次启动 SQL Server Management Studio 时，将自动注册 SQL Server 的本地实例。如果需要在其他客户机上进行管理，就需要手工注册。

使用 SQL Server Management Studio 注册数据库引擎服务器的操作如下：

（1）启动 SQL Server Management Studio，单击"视图"，在出现的菜单中选择"已注册的服务器"。在"已注册的服务器"窗口中，展开"数据库引擎"节点。

（2）右击 Local Server Groups，在弹出的菜单中选择"新建服务器注册"命令，如图 1-34 所示。

（3）在出现的"新建服务器注册"对话框的"常规"选项卡中，输入需要注册的服务器名称并选择身份验证方式（如图 1-35 所示）。可以在"已注册的服务器名称"文本框中输入该服务器的显示名称，其默认值是服务器名称。

（4）在"连接属性"选项卡中，可以设置默认的连接数据库、网络协议、连接超时值等，如图 1-36 所示。

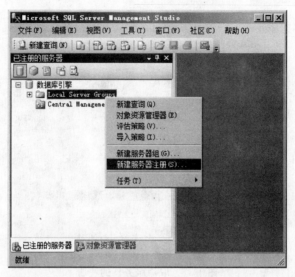

图 1-34 "新建服务器注册"命令

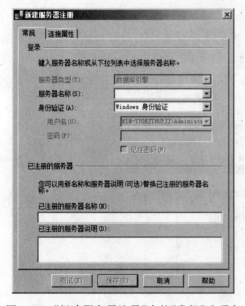

图 1-35 "新建服务器注册"中的"常规"选项卡

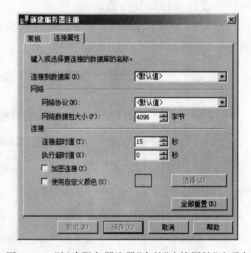

图 1-36 "新建服务器注册"中的"连接属性"选项卡

（5）设置完成后，单击"测试"按钮。若设置正确，则显示测试成功，若报错，请重新设置。

（6）单击"保存"按钮，新服务器注册完毕。

在 SQL Server Management Studio 中注册了服务器后，还可以取消注册。方法为：右击 Local Server Groups 节点下的某个服务器名，在弹出的菜单中选择"删除"命令，如图 1-37 所示。

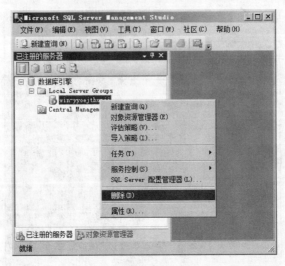

图 1-37　取消服务器的注册

1.8.3　SQL Server 2008 的配置

用户可以通过查看 SQL Server 2008 的系统配置以了解 SQL Server 2008 的性能或修改配置以获得最佳性能。

首先进入 SQL Server Management Studio 的"对象资源管理器"窗口，用鼠标右击实例名称，在弹出的菜单中选择"属性"命令，如图 1-38 所示。

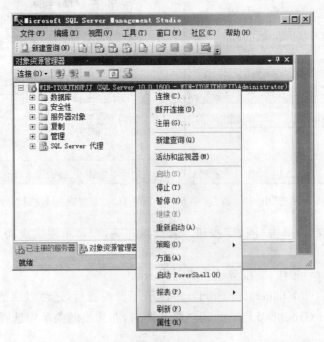

图 1-38　选择"属性"命令

此时弹出"服务器属性"窗口(如图 1-39 所示),用户可以通过图中的各个选项卡对系统配置做必要的修改。

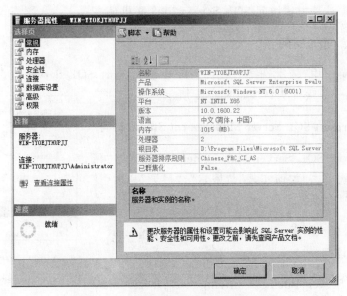

图 1-39　"服务器属性"窗口配置选项

1.9　SQL Server 2008 联机丛书和教程

SQL Server 联机丛书是 Microsoft SQL Server 帮助的主要来源,涵盖了有效使用 SQL Server 所需的概念和操作过程,以及通过 SQL Server 存储、检索、报告和修改数据时所使用的语言和编程接口的参考资料,如图 1-40 所示。

图 1-40　SQL Server 2008 联机丛书

1.9.1　访问 SQL Server 2008 联机丛书

可通过以下几种方式访问 SQL Server 2008 联机丛书：

1. 从"开始"菜单访问

在"开始"菜单中，依次选择"所有程序"→Microsoft SQL Server 2008→"文档和教程"→"SQL Server 联机丛书"，如图 1-41 所示。

2. 从 Microsoft SQL Server Management Studio 访问

在 Microsoft SQL Server Management Studio 的"帮助"菜单上，依次单击"如何实现"、"搜索"、"目录"、"索引"或"帮助收藏夹"命令。

3. 从 SQL Server Business Intelligence Development Studio 访问

在 SQL Server Business Intelligence Development Studio 的"帮助"菜单上，依次单击"如何实现"、"搜索"、"目录"、"索引"或"帮助收藏夹"命令。

图 1-41　"开始"菜单中的"SQL Server 联机丛书"

4. 按 F1 键或单击用户界面中的"帮助"按钮访问

若要获取与上下文相关的信息，请按键盘上的 F1 键或单击用户界面对话框中的"帮助"命令。

5. 从"动态帮助"窗口访问

"动态帮助"窗口会自动显示与正在执行的任务相关的联机丛书主题链接。若要启动动态帮助，请在 SQL Server Management Studio 或 Business Intelligence Development Studio 中，单击"帮助"菜单上的"动态帮助"命令。

1.9.2　SQL Server 2008 联机丛书的主要功能

Microsoft 文档资源管理器是 SQL Server 联机丛书查看器，它包含了许多专为帮助用户在文档集中简便、快捷地查找信息而设计的功能。下面简要介绍 SQL Server 联机丛书中的主要功能。

- 目录：为了便于用户浏览，根据相应的情况，将主题按技术、组件和任务进行逻辑分组。
- 索引：使用户能够按字母顺序通过任务或关键字搜索 SQL Server 主题。
- 搜索：用于对主题执行筛选或未筛选的关键字搜索的搜索引擎。为"搜索"提供结果的资源有本地帮助、MSDN Online、Codezone 社区和问题。
- 如何实现：将包含 SQL Server 常见任务主题的一组页面进行分组，使用其中的链接可以快速找到特定类别的 SQL Server 信息。
- 帮助收藏夹：使用户能够保存主题和搜索结果以便于检索。
- 动态帮助：当用户在 SQL Server Management Studio 或者 Business Intelligence Development Studio 环境中工作时，会自动显示相关信息的链接。

1.9.3　SQL Server 2008 教程

教程有助于用户了解 SQL Server 2008 中的新功能，如图 1-42 所示。访问教程的方法与访问联机丛书的方法基本相同。

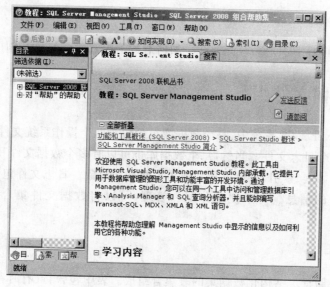

图 1-42　SQL Server 2008 教程

SQL Server 2008 的教程主要包括数据库引擎教程、管理工具教程、Analysis Services 多维数据教程、Analysis Services 数据挖掘教程、Integration Services 教程、Replication 教程、Reporting Services 教程以及 Service Broker 教程。

在 SQL Server 2008 联机丛书中，这些教程已集成在与每项组件技术关联的内容中。例如，介绍如何设计和实现 Replication（复制）的教程位于联机丛书的"复制"部分的"开发"中。

第2章
数据库的基本操作

本章主要说明在 SQL Server 2008 中如何对数据库和文件组进行创建和管理。

2.1 文件和文件组

在 SQL Server 2008 系统中,每个数据库至少包含两个操作系统文件,它们分别是一个数据文件和一个日志文件。当然,每个数据库也可以有多个数据文件和多个日志文件。数据文件包含诸如表、索引、存储过程和视图等数据和对象。日志文件包含恢复数据库中的所有事务所需的信息。为了便于分配和管理,可以将数据文件集合起来,放到文件组中。

2.1.1 文件

数据库由存储特定结构化数据集的表集合组成。表中包含行(有时称做记录或元组)和列(有时称做特性)的集合。SQL Server 2008 使用一组操作系统文件映射数据库。

数据库中的所有数据和对象(如表、存储过程、触发器和视图)都存储在下列操作系统文件中:

- 主要数据文件:每个数据库有一个主要数据文件,该文件的建议文件扩展名为.mdf。主要数据文件是数据库的起点,指向数据库中的其他文件。它包含数据库的启动信息,并指向数据库中的其他文件,每个数据库都有且仅有一个主要数据文件,用户数据和对象可存储在此文件中。
- 次要数据文件:这些文件含有不能置于主要数据文件中的所有数据。如果主文件可以包含数据库中的所有数据,那么数据库就不需要次要数据文件,因此次要数据文件是可选的,由用户定义并存储用户数据,次要数据文件的建议文件扩展名是.ndf。有些数据库可能足够大,故需要多个次要数据文件,或使用位于不同磁盘驱动器上的辅助文件将数据扩展到多个磁盘。另外,如果数据库超过了单个Windows 文件的最大大小,可以使用次要数据文件,这样数据库就能继续增长。
- 事务日志文件:保存用于恢复数据库的日志信息。每个数据库必须至少有一个日志文件。事务日志的建议文件扩展名是.ldf。默认情况下,数据和事务日志被放在同一个驱动器上的同一个路径下。这是为处理单磁盘系统而采用的方法。

但是,在生产环境中,这可能不是最佳的方法。建议将数据和日志文件放在不同的磁盘上。

SQL Server 2008 不强制使用 mdf、ndf 和 ldf 文件扩展名,不过使用它们有助于标识文件的各种类型和用途。

2.1.2 文件组

为了方便数据的分配、放置和管理,SQL Server 2008 允许对文件进行分组处理。在同一个组里的文件共同组成一个文件组。例如,可以分别在三个硬盘驱动器上创建三个文件(D1.ndf、D2.ndf 和 D3.ndf),并将这三个文件指派到文件组 group1 中。然后,可以明确地在文件组 group1 上创建一个表。这样,对表中数据的查询将被分散到三个磁盘上,因而查询性能将得到提高。在 RAID(独立磁盘冗余阵列)上创建单个文件也可以获得相同的性能改善。然而,文件和文件组可以使用户在新磁盘上轻易地添加新文件。另外,如果数据库超过单个 Windows 文件的最大大小,则可以使用次要数据文件允许数据库继续增长。

使用文件和文件组时,需要注意的有:

① 文件或文件组不能由一个以上的数据库使用。例如,如果文件 names.mdf 和 names.ndf 包含了数据库 names 中的数据和对象,那么任何其他数据库都不能使用这两个文件;

② 文件只能是一个文件组的成员;

③ 事务日志文件不能属于任何文件组。

如果在数据库中创建对象时没有指定对象所属的文件组,对象将被分配给默认的 PRIMARY(除非使用 ALTER DATABASE 语句进行了更改)文件组。不管何时,只能将一个文件组指定为默认文件组。默认文件组中的文件必须足够大,能够容纳未分配给其他文件组的所有新对象。

2.2 创建数据库

2.2.1 利用 Microsoft SQL Server Management Studio 创建数据库

在 Microsoft SQL Server Management Studio 对话框中,可以看到,系统安装完后自动生成了 4 个系统数据库,它们分别是 master 数据库、model 数据库、msdb 数据库和 tempdb 数据库,如图 2-1 所示。

在 Microsoft SQL Server Management Studio 窗口中选择"数据库",并单击右键,在弹出的下拉菜单中选择"新建数据库"菜单项(如图 2-2 所示),进入"新建数据库"窗口。

在"新建数据库"的"常规"属性页中输入所要建立的数据库的名称,如 My_test_DB,单击"确定"按钮建立数据库。根据系统确定的默认值,新建的 My_test_DB 数据库的文件组初始大小为 3MB,而且可以根据需要以 1MB 的步长递增,如图 2-3 所示。

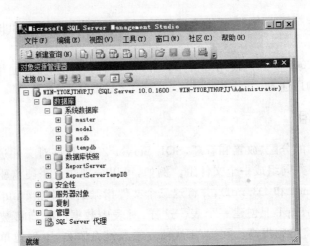

图 2-1　Microsoft SQL Server Management Studio 对话框

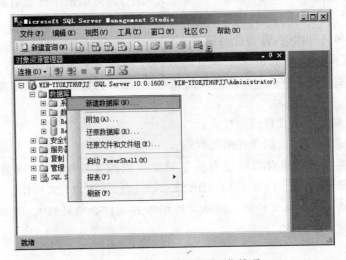

图 2-2　选择"新建数据库"菜单项

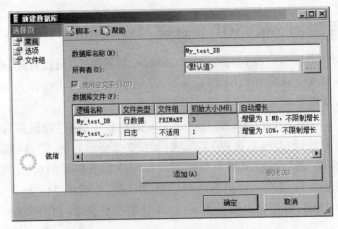

·图 2-3　"新建数据库"对话框

在成功创建数据库 My_test_DB 后,在 Microsoft SQL Server Management Studio 窗口中新增了 My_test_DB 数据库项,如图 2-4 所示。在 My_test_DB 数据库项下,单击鼠标右键,在弹出的快捷菜单中选择"属性"菜单项,在弹出的"数据库属性"对话框中,可以对刚创建的数据库 My_test_DB 的属性进行全面观察,如图 2-5 所示,选择其中的"文件"选项,弹出"更改 My_test_DB 的自动增长设置"对话框,可以在这个对话框中对文件增长的步长及最大文件大小的上限进行限制。

图 2-4 新增 My_test_DB 数据库项

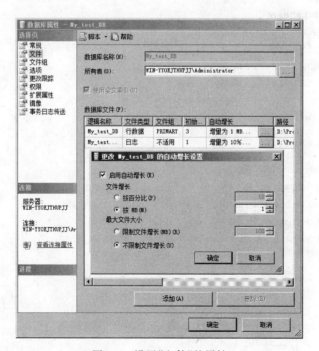

图 2-5 设置"文件"的属性

同理，用户也可以对数据库的事务日志文件 My_test_DB_log 的默认属性进行修改。需要注意的是，数据库的名称必须遵循 SQL Server 2008 的命名规则：

- 长度为 1～128 个字符。
- 第一个字符必须是字母或"_"、"@"和"♯"中的任意字符。
- 不能包含空格。
- 不能包含 SQL Server 2008 中的保留字。
- 在中文版的 SQL Server 2008 中，名称可以是汉字。

2.2.2　利用 CREATE DATABASE 语句创建数据库

除了可以利用 SQL Server Management Studio 以图形化界面创建数据库以外，还可以用 T-SQL 语句创建数据库。

创建数据库的 T-SQL 语句的具体语法如下：

```
CREATE DATABASE database_name
    [ON
        [PRIMARY][<filespec>[,...n]
    [,<filegroup>[,...n]]
  [LOG ON{<filespec>[,...n]}]
  ]
  [COLLATE collation_name]
  [WITH<external_access_option>]
]
[;]
```

To attach a database

```
CREATE DATABASE database_name
  ON<filespec>[,...n]
    FOR{ATTACH[WITH<service_broker_option>]
        | ATTACH_REBUILD_LOG}
[;]
```

<filespec>::=

```
{
(
    NAME=logical_file_name ,
        FILENAME={'os_file_name'|'filestream_path'}
        [,SIZE=size[KB|MB|GB|TB]]
    [,MAXSIZE={max_size[KB|MB|GB|TB]|UNLIMITED}]
    [,FILEGROWTH= growth_increment[KB|MB|GB|TB|%]]
)[,...n]
}
```

<filegroup>::=

```
{
FILEGROUP filegroup_name[CONTAINS FILESTREAM][DEFAULT]
    <filespec>[,...n]
}
```

```
<external_access_option>::=
{
  [DB_CHAINING{ON|OFF}]
  [,TRUSTWORTHY{ON|OFF}]
}
```

```
<service_broker_option>::=
{
    ENABLE_BROKER
  |NEW_BROKER
  |ERROR_BROKER_CONVERSATIONS
}
```

Create a database snapshot

```
CREATE DATABASE database_snapshot_name
    ON
        (
        NAME=logical_file_name,
        FILENAME='os_file_name'
        )[,...n]
    AS SNAPSHOT OF source_database_name
[;]
```

其中,各参数的意义如下:

- database_name:所要创建的数据库的名称,该名称在 SQL Server 的实例中必须唯一,并且要符合标识符规则。除非没有为日志文件指定逻辑名称,否则 database_name 的最大长度为 128 个字符。
- ON:指定显式定义用来存储数据库数据部分的数据文件。
- PRIMARY:指定关联的<filespec>列表定义主文件。在主文件组的<filespec>项中指定的第一个文件就是主文件。一个数据库只能有一个主文件,值得注意的是,如果未指定 PRIMARY,那么 CREATE DATABASE 语句中列出的第一个文件将默认成为主文件。
- LOG ON:指定显式定义用来存储数据库日志的日志文件。如果不指定 LOG ON,系统将自动创建一个日志文件,其大小为该数据库的所有数据文件大小总和的 25% 或 512KB。
- COLLATE collation_name:指定数据库的默认排序规则。排序规则名称可以是 Windows 或 SQL 排序规则名称。默认值为 SQL Server 实例的排序规则。
- FOR ATTACH[WITH<service_broker_option>]:指定通过附加一组现有的操作系统文件来创建数据库。FOR ATTACH 要求所有数据文件(MDF 和 NDF)都必须可用,而且如果存在多个日志文件,这些文件都必须可用,但不能对数据库快照指定 FOR ATTACH。
- FOR ATTACH_REBUILD_LOG:指定通过附加一组现有的操作系统文件来创建数据库。它仅限于读/写数据库。如果缺少一个或多个事务日志文件,将重新生成日志文件。必须有一个指定主文件的<filespec>项。通常,它用于将具有大型日志的可读/写数据库复制到另一台服务器上，在这台服务器上，数据库副本频繁使用或仅用于读操作，因而所需的日志空间少于原始数据库。

- <filespec>：控制文件属性。
- NAME=logical_file_name：指定文件的逻辑名称。指定 FILENAME 时，需要使用 NAME，除非指定 FOR ATTACH 子句之一。Logical_file_name 在数据库中必须是唯一的，名称既可以是字符或 Unicode 常量，也可以是常规标识符或分隔标识符。
- FILENAME={'os_file_name'|'filestream_path'}：指定操作系统文件名称。

  os_file_name：由操作系统使用的路径和文件名。执行 CREATE DATABASE 语句前，指定路径必须存在。如果为该文件指定了 UNC 路径（UNC 是 Universal Naming Convention 的缩写，即"通用命名约定"，统一命名约定地址，用于确定保存在网络服务器上的文件位置。这些地址以两个反斜线(\)开头，并提供服务器名、共享名和完整的文件路径，UNC 路径符合\\servername\sharename 的格式，其中 servername 是服务器名，sharename 是共享资源的名称），则无法设置 SIZE、MAXSIZE 和 FILEGROWTH 等参数。

  filestream_path：对于 FILESTREAM 文件组，FILENAME 指向将存储 FILESTREAM 数据的路径。在最后一个文件夹之前的路径必须存在，但不能存在最后一个文件夹。例如，如果指定路径 C:\ABC\DEF，C:\ABC 必须存在才能运行 ALTER DATABASE，但 DEF 文件夹不能存在。
- MAXSIZE=max_size：指定文件可增大到的最大大小。值得注意的是，如果不指定 max_size，则文件将会不断地增长，直至整个磁盘空间被占满。
- UNLIMITED：如果给定了这个参数，原则上意味着指定文件增长到磁盘被充满。但在 SQL Server 2008 中，指定为不限制增长的日志文件的最大大小为 2TB，而数据文件的最大大小为 16TB。
- FILEGROWTH=growth_increment：当数据库空间不足时，可以在有空间的前提下进行空间增长，该参数指定了每次需要新空间时为文件添加的空间量。当 growth_increment 值为 0 时，表示不允许增加空间。如果未指定 FILEGROWTH，则数据文件的默认值为 1MB，日志文件的默认增长比例为 10%，并且最小值为 64KB。
- <filegroup>：控制文件组属性。
- FILEGROUP filegroup_name：文件组的逻辑名称。
- CONTAINS FILESTREAM：指定文件组在文件系统中存储 FILESTREAM 二进制大型对象（BLOB）。
- <external_access_option>：控制外部与数据库之间的双向访问。当 DB_CHAINING 为 ON 时，数据库可以为跨数据库所有权链接的源或目标，默认值为 OFF，表明数据库不能参与跨数据库所有权链接。当 TRUSTWORTHY 设置为 ON 时，使用模拟上下文的数据库模块可以访问数据库以外的资源，默认值为 OFF，表明模拟上下文中的数据库模块不能访问数据库以外的资源。
- database_snapshot_name：新数据库快照的名称，最多可以包含 128 个字符。

- AS SNAPSHOT OF source_database_name：指定要创建的数据库为 source_database_name 指定的源数据库的数据库快照，值得注意的是，快照和源数据库必须位于同一实例中。

【例 2-1】 在 C 盘根目录下创建数据库名为 My_test_DB1 的数据库，其主文件大小为 10MB，最大长度为 30MB，日志文件大小为 10MB。

具体命令如下：

```
CREATE DATABASE My_test_DB1
ON PRIMARY
(NAME='My_DBData',
FILENAME='C:\My_test_DB1.mdf',
SIZE=10MB,
MAXSIZE=30MB,
FILEGROWTH=2MB)
LOG ON
(NAME='My_DBLog',
FILENAME='C:\My_test_DB1.ldf',
SIZE=10MB,
MAXSIZE=20MB,
FILEGROWTH=25%)
COLLATE Chinese_PRC_CI_AS
GO
```

在 SQL Server Management Studio 中，单击工具栏上的"新建查询"按钮，启动 T-SQL 编辑器窗口，如图 2-6 所示。在 T-SQL 编辑器的查询窗口中输入 T-SQL 语句，单击"执行"按钮，服务器将执行输入的 T-SQL 命令，并将在"消息"窗口中返回执行结果。

图 2-6 T-SQL 编辑器窗口

T-SQL 编辑器是一个图形用户界面，用以交互地设计和测试 T-SQL 语句、批处理和脚本。T-SQL 编辑器提供了如下的功能：

- 自由格式文本编辑器，用于输入 T-SQL 语句。
- 在 T-SQL 语法中使用不同的颜色，以提高复杂语句的易读性。
- 对象浏览器和对象搜索工具，可以轻松查找数据库中的对象和对象结构。
- 模板，可用于加快创建 SQL Server 对象的 T-SQL 语句的开发速度。模板是包含创建数据库对象所需的 T-SQL 语句基本结构的文件。
- 用于分析存储过程的交互式调试工具。
- 以网格或自由格式文本窗口的形式显示结果。
- 显示计划信息的图形关系图，用以说明内置在 T-SQL 语句执行计划中的逻辑步骤。
- 使用索引优化向导分析 T-SQL 语句以及它所引用的表，以了解通过添加其他索引是否可以提高查询的性能。

2.2.3　事务日志

在 SQL Server 2008 中，数据库必须至少包含一个数据文件和一个事务日志文件。数据和事务日志信息从不混合在同一文件中，并且每个文件只能由一个数据库使用。

在默认情况下，所有数据库都使用事务日志。事务日志的使用是可选的，但是，除非因特殊原因而不使用，否则应始终使用它。运行带有事务日志的数据库可提供更强的故障保护功能、更好的性能以及数据复制功能。

事务日志是一个与数据库文件分开的文件。SQL Server 2008 使用各数据库的事务日志来恢复事务，它存储对数据库进行的所有更改，并记录全部插入、更新、删除、提交、回退和数据库模式变化，也就是说它记录了每个事务的开始，记录了在每个事务期间对数据的更改及撤销所做更改（以后如有必要）所需的足够信息，它是备份和恢复的重要组件。对于一些大的操作（如 CREATE INDEX），事务日志则记录该操作发生的事实，而不记录所发生的数据。随着数据库中发生被记录的操作，日志会不断地增长。

记录日志的过程如下：

（1）应用程序发送数据修改。

（2）在执行修改时，受影响的数据页面从磁盘加载到缓冲区中，假定这些页面尚未因先前的查询加载到缓冲区高速缓冲中。

（3）每一条数据修改语句都随着它的执行，记录在事务日志中。在修改实际写入数据库之前，这些修改总是首先记录到事务日志中，并把事务日志写入到磁盘中。这种类型的日志称做预写日志（write-ahead log）。

（4）基于递归原则，检查点进程把所有已经完成的事务写入磁盘上的数据库中。如果系统失败的话，自动恢复进程使用事务日志前滚所有已经提交的事务，回滚任何不完整的事务。

在自动恢复过程中，日志中的事务标记用于确定事务的起始点和结束点。当 BEGIN

TRANSACTION 标记具备相应的 COMMIT TRANSACTION 标记时,认为这个事务是完整的。当发生检查点时,数据页面被写入磁盘。

2.2.4 查看数据库信息

对于已有数据库,可以利用 Microsoft SQL Server Management Studio 图形化界面或 T-SQL 语句来查看数据库信息。

1. 利用 Microsoft SQL Server Management Studio 以图形化界面查看数据库信息

打开 Microsoft SQL Server Management Studio 的图形化界面,在"对象资源管理器"中,选中需要查看信息的数据库如 My_test_DB1,单击鼠标右键,在弹出的快捷菜单中选择"属性"命令,即可弹出"数据库属性"窗口。在"数据库属性"窗口中,用户可以选择查看数据库的各种属性,如图 2-7 所示。

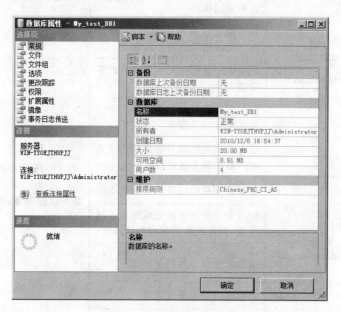

图 2-7 "数据库属性"窗口

2. 在 T-SQL 编辑器窗口中用 T-SQL 命令查看数据库信息

在 T-SQL 中,存在多种查看数据库信息的语句。最常用的为使用函数 DATABASEPROPERTYEX 或系统存储过程 sp_helpdb 来显示有关数据库和数据库参数的信息。

使用函数 DATABASEPROPERTYEX 的语法为:

```
SELECT DATABASEPROPERTYEX(database,property)
```

其中,参数 database 为需要查看的数据库的名称;参数 property 为数据库的属性。表 2-1 给出了一些数据库的常用属性。

表 2-1　数据库的常用属性

属　　性	说　　明	返 回 的 值
Collation	数据库的默认排序规则名称	排序规则名称，NULL＝数据库没有启动 基本数据类型：nvarchar(128)
ComparisonStyle	排序规则的 Windows 比较样式	返回比较样式 对所有二进制排序规则均返回 0 基本数据类型：int
IsAnsiNullDefault	数据库遵循 ISO 规则，允许 NULL 值	1＝TRUE，0＝FALSE，NULL＝输入无效 基本数据类型：int
IsAnsiNullsEnabled	所有与 NULL 的比较将取值为未知	
IsAnsiPaddingEnabled	在比较或插入前，字符串将被填充到相同长度	
IsAnsiWarningsEnabled	如果发生了标准错误条件，则将发出错误消息或警告消息	
IsArithmeticAbortEnabled	如果执行查询时发生溢出或被零除错误，则将结束查询	
IsAutoClose	数据库在最后一位用户退出后完全关闭并释放资源	
IsAutoCreateStatistics	在查询优化期间自动生成优化查询所需的缺失统计信息	
IsAutoShrink	数据库文件可以自动定期收缩	
IsAutoUpdateStatistics	如果表中数据更改造成统计信息过期，则自动更新现有统计信息	
IsCloseCursorsOnCommitEnabled	提交事务时打开的游标已关闭	
IsFulltextEnabled	数据库已启用全文功能	
IsInStandBy	数据库以只读方式联机，并允许还原日志	
IsLocalCursorsDefault	游标声明默认为 LOCAL	
IsMergePublished	如果安装了复制，则可以发布数据库表供合并复制	
IsNullConcat	NULL 串联操作数产生 NULL	
IsNumericRoundAbortEnabled	表达式中缺少精度时将产生错误	
IsParameterizationForced	PARAMETERIZATION 数据库 SET 选项为 FORCED	1＝TRUE，0＝FALSE，NULL＝输入无效

续表

属　　性	说　　明	返 回 的 值
IsQuotedIdentifiersEnabled	可对标识符使用英文双引号	1＝TRUE,0＝FALSE,NULL＝输入无效 基本数据类型：int
IsPublished	如果安装了复制,可以发布数据库表供快照复制或事务复制	
IsRecursiveTriggersEnabled	已启用触发器递归触发	
IsSubscribed	数据库已订阅发布	
IsSyncWithBackup	数据库为发布数据库或分发数据库,并且在还原时不用中断事务复制	
IsTornPageDetectionEnabled	SQL Server 数据库引擎检测到因电力故障或其他系统故障造成的不完全 I/O 操作	
LCID	排序规则的 Windows 区域设置标识符(LCID)	LCID 值(十进制格式) 基本数据类型：int
Recovery	数据库的恢复模式	FULL＝完整恢复模式 BULK_LOGGED＝大容量日志记录模型 SIMPLE＝简单恢复模式 基本数据类型：nvarchar(128)
SQLSortOrder	SQL Server 早期版本中支持的 SQL Server 排序顺序 ID	0＝数据库使用的是 Windows 排序规则 ＞0＝SQL Server 排序顺序 ID NULL＝输入无效或数据库未启动 基本数据类型：tinyint
Status	数据库状态	ONLINE＝数据库可用于查询 OFFLINE＝数据库已被显式置于脱机状态 RESTORING＝正在还原数据库 RECOVERING＝正在恢复数据库,尚不能用于查询 SUSPECT＝数据库未恢复 EMERGENCY＝数据库处于紧急只读状态。只有 sysadmin 成员可进行访问 基本数据类型：nvarchar(128)
Updateability	指示是否可修改数据	READ_ONLY＝可读取但不能修改数据 READ_WRITE＝可读取和修改数据 基本数据类型：nvarchar(128)

续表

属 性	说 明	返 回 的 值
UserAccess	指示哪些用户可以访问数据库	SINGLE_USER＝一次仅一个 db_owner、dbcreator 或 sysadmin 用户 RESTRICTED_USER＝仅限 db_owner、dbcreator 和 sysadmin 角色的成员 MULTI_USER＝所有用户 基本数据类型：nvarchar(128)
Version	用于创建数据库的 SQL Server 代码的内部版本号。标识为仅供参考。不提供支持。不保证以后的兼容性	版本号＝数据库处于打开状态 NULL＝数据库没有启动 基本数据类型：int

使用系统存储过程 sp_helpdb 的语法为：

```
EXEC sp_helpdb database_name
```

其中，参数 database_name 为需要查看的数据库的名称。

【例 2-2】 在 T-SQL 编辑器的查询窗口中输入命令 sp_helpdb My_test_DB1，体会其功能。

输入该命令后，在查询的结果窗口中将看到如图 2-8 所示的详细信息。

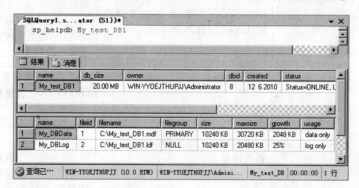

图 2-8　利用系统存储过程命令查询数据库属性

【例 2-3】 在 T-SQL 编辑器的查询窗口中分别用函数 DATABASEPROPERTYEX 和系统存储过程 sp_helpdb 两种方法来查看数据库 My_test_DB1 的属性。

操作如图 2-9 所示，具体命令如下：

```
SELECT DATABASEPROPERTYEX('My_test_DB1','Collation')
GO
EXEC sp_helpdb 'My_test_DB1'
GO
```

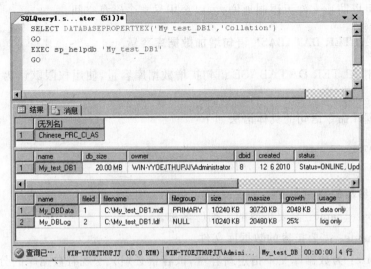

图 2-9　在 T-SQL 编辑器中用 T-SQL 语句查看数据库属性

2.3　管理数据库

随着数据库的增长和修改,用户需要以自动或手动方式对数据库进行有效的管理。下面介绍用户在管理数据库时必须掌握的某些操作。

2.3.1　打开数据库

在同一个 T-SQL 编辑器的查询子窗口或 T-SQL 批命令内,利用 USE 命令可以让用户打开并切换至不同的数据库,当连接上 SQL Server 时,假如没有预先指定用户连上哪个数据库,SQL Server 会自动替用户连上 master 系统数据库,如此可能会使系统数据库中数据由于用户操作不当而造成损失,可以用 USE 命令,从 master 系统数据库切换至别的数据库或替用户设定,一旦上网就连接上某个默认数据库(不同于 master 系统数据库)来避免此问题的发生。

打开并切换数据库命令如下:

USE database_name

其中 database_name 是想打开并切换的数据库名称。

使用权限:dbo(database owner,数据库所有者)可以依据 sp_adduser 系统存储过程指派给其他用户。

2.3.2　增加数据库容量

增加数据库容量是提供给它额外的设备空间,当数据库的数据增长到要超过它的使用空间时,必须加大数据库的容量。在扩充数据库时,建议指定文件的最大允许增长的大小。这样做可以防止文件无限制地增大，以至用尽整个磁盘空间。

1. 利用 ALTER DATABASE 语句增加数据库容量

可以使用 ALTER DATABASE 语句扩增数据库容量，使用权限默认为 dbo（数据库拥有者）。

扩增数据库命令语句的具体语法如下：

```
ALTER DATABASE database_name
MODIFE FILE(NAME=file_name,SIZE=newsize)
```

其中，各参数的意义如下：

- database_name：需要扩容的数据库名称。
- file_name：需要扩容的数据库文件。
- newsize：为数据库文件指定新容量，该容量必须大于现有数据库的分配空间。

【例 2-4】 将数据库文件 My_DBData 的初始分配空间 10MB，指派给 My_test_DB1 数据库使用，然后将其大小扩充至 20MB。

具体命令如下：

```
USE My_test_DB1
GO
ALTER DATABASE My_test_DB1
MODIFY FILE
(NAME=My_DBData,SIZE=20MB)
GO
```

2. 利用 Microsoft SQL Server Management Studio 增加数据库容量

若需要增加数据库容量（在数据库允许的容量范围内），用户可以在如图 2-5 所示的"数据库属性"对话框中选择"文件"选项，即可进行相关操作，读者可以回到前面的图 2-5 部分进行体验。

2.3.3 缩减数据库容量

如果指派给某数据库过多的设备空间，可以通过缩减数据库容量来节省设备空间的浪费，缩减数据库容量也有两种操作方式，即用 T-SQL 命令和图形化方式来缩减数据库容量。SQL Server 允许收缩数据库中的每个文件以删除未使用的页。数据和事务日志文件都可以收缩。数据库文件可以作为组或单独地进行手工收缩，数据库也可设置为按给定的时间间隔自动收缩。该活动在后台进行，并且不影响数据库内的用户活动。当然不能将整个数据库收缩到比其原始大小还要小。

可以通过执行 DBCC SHRINKDATABASE 命令和使用 Microsoft SQL Server Management Studio 来实现数据库容量的缩减。值得注意的是，不能通过在 ALTER DATABASE 语句中直接修改数据文件的大小，达到收缩数据库的目的。

1. 利用 DBCC SHRINKDATABASE 语句缩减数据库容量

缩减数据库容量的具体语法如下：

```
DBCC SHRINKDATABASE
( database_name|database_id|0
    [,target_percent]
    [,{NOTRUNCATE|TRUNCATEONLY}]
)
[WITH NO_INFOMSGS]
```

其中,各参数的意义如下：

- database_name|database_id|0：要收缩的数据库的名称或 ID。如果指定 0,则使用当前数据库。
- target_percent：数据库收缩后的数据库文件中所需的剩余可用空间百分比。
- NOTRUNCATE：通过将已分配的页从文件末尾移动到文件前面的未分配页来压缩数据文件中的数据,NOTRUNCATE 只适用于数据文件,日志文件不受影响。
- TRUNCATEONLY：将文件末尾的所有可用空间释放给操作系统,但不在文件内部执行任何页移动。数据文件只收缩到最近分配的区。如果与 TRUNCATEONLY 一起指定,将忽略 TARGET_PERCENT。TRUNCATEONLY 只适用于数据文件,日志文件不受影响。
- WITH NO_INFOMSGS：取消严重级别从 0 到 10 的所有信息性消息。

【例 2-5】 将 My_test_DB1 数据库的容量缩减 20%。

具体命令如下：

```
USE My_test_DB1
GO
DBCC SHRINKDATABASE('My_test_DB1',20,NOTRUNCATE) WITH NO_INFOMSGS
GO
```

2. 利用 Microsoft SQL Server Management Studio 缩减数据库容量

还可以通过使用 Microsoft SQL Server Management Studio 以图形化界面缩减数据库容量。可以按照以下步骤进行：打开 Microsoft SQL Server Management Studio 用户界面,在对象资源管理器中,展开“数据库”节点,用鼠标右击数据库名称 My_test_DB1,选择的操作如图 2-10 所示。在弹出的“数据库收缩”菜单中进行相应的操作,如图 2-11 所示。

2.3.4 查看及修改数据库选项

通过设定数据库选项,可以使用户控制数据库是否为单用户使用模式,数据库是否仅可读取数据等。可以使用 Microsoft SQL Server Management Studio 以图形化的方式对

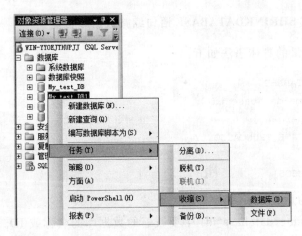

图 2-10　选择对数据库进行收缩

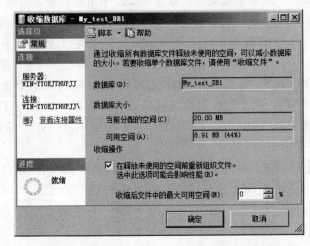

图 2-11　在图形化用户界面中进行数据库收缩操作

数据库选项进行查看和修改。

　　用户可以通过选择如图 2-7 所示的"数据库属性"窗口中的"选项"选择页进入数据库的选项设置，如图 2-12 所示。如果需要修改某个属性值，只要双击所要修改的属性条目就可以了，操作起来很方便。

2.3.5　更改数据库名称

　　创建数据库后，一般不要更改数据库的名称，因为许多应用程序都可能已经用到了它。如果在某些情况下用户确实需要修改数据库的名称，可以通过使用带 MODIFY NAME 子句的 ALTER DATABASE 语句实现。

　　更改数据库名称的具体语法如下：

```
ALTER DATABASE database_name MODIFY NAME=new_database_name
```

　　其中，database_name 是数据库原名称；new_database_name 是数据库新的名称。

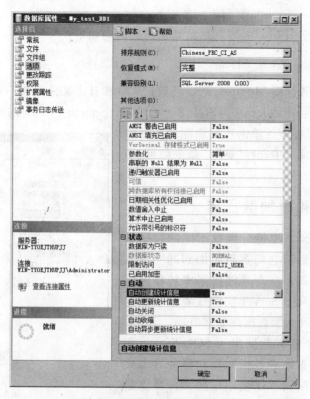

图 2-12 数据库属性选项的设置

【例 2-6】 将数据库 My_test_DB1 的名称修改为 My_test_DB2。

具体命令如下：

```
ALTER DATABASE My_test_DB1 MODIFY NAME=My_test_DB2
```

在 T-SQL 编辑器的查询窗口中输入以上命令并执行，在查询结果的消息窗口中将显示"数据库名称'My_test_DB2'已设置"，说明修改成功。

2.3.6 删除数据库

当不再需要用户定义的数据库，或者已将其移到其他数据库或服务器上时，即可删除该数据库。数据库删除之后，文件及其数据都从服务器上的磁盘中删除，只有通过还原备份才能重新创建已删除的数据库。

不能删除系统数据库（master、model、msdb、tempdb）。不能删除当前正在使用（正打开供用户读写）的数据库。

任何时候删除数据库，都应备份 master 数据库。因为删除数据库将更新 master 中的信息，如果必须还原 master，自上次备份 master 以来删除的任何数据库仍将引用这些不存在的数据库。这可能导致产生错误消息。

删除数据库的语法格式如下：

```
DROP DATABASE database_name[,...n]
```

其中，database_name 是要删除的数据库名称。

例如，删除名字为 My_test_DB2 的数据库的语句如下：

```
DROP DATABASE My_test_DB2
```

执行完毕后，数据库 My_test_DB2 的数据文件和日志文件将被一并清除。

此外，还可以利用 Microsoft SQL Server Management Studio 以图形化界面进行数据库的删除。用鼠标右键单击所要删除的数据库名字后，在弹出的菜单中选择"删除"命令即可，如图 2-13 所示。

2.3.7　分离和附加数据库

SQL Server 2008 支持分离数据库的数据和事务日志文件，然后将它们重新附加到同一或其他 SQL Server 实例。在需要将数据库转移到同一计算机的不同 SQL Server 实例或要移动数据库的情况下，分离和附加数据库非常有用。

分离数据库是指将数据库从 SQL Server 实例中删除，但是数据库的数据文件和事务日志文件保持不变。这样，就可以使用这些文件将该数据库附加到任何 SQL Server 实例，包括分离该数据库的服务器。分离数据库时，如果该数据库是

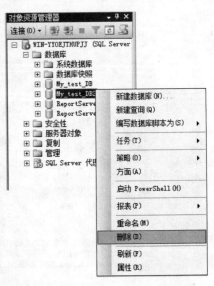

图 2-13　通过图形化界面删除数据库

任何登录账户的默认数据库，则 master 将成为其默认数据库。

可以利用存储过程 sp_detach_db 实现数据库分离操作。使用 sp_detach_db 的具体语法如下：

```
sp_detach_db[@dbname=]'database_name'
```

其中，database_name 是要分离的数据库的名称。

但是，在下列任何情况中，数据库是不能分离的：

- 数据库正在被使用。
- 已复制并发布的数据库。
- 数据库中存在数据库快照。
- 该数据库正在进行镜像。
- 数据库处于可疑状态。
- 数据库是系统数据库。

当需要将分离后的数据库附加到某个 SQL Server 实例中时，可以使用 CREATE DATABASE 语句。附加数据库时，所有数据文件（MDF 文件和 NDF 文件）都必须可用。如果任何数据文件的路径不同于首次创建数据库或上次附加数据库时的路径，则必须指定文件的当前路径。

第3章

数据库中表的建立

3.1 表的概念

表是包含数据库中所有数据的数据库对象。表定义是一个列集合。数据在表中的组织方式都是按行和列的格式组织的。每一行代表一条唯一的记录,每一列代表记录中的一个字段。例如,在公司的员工信息管理数据的表中,每一行代表一名员工,各列分别代表该员工的相关信息,如员工的编号、姓名、性别、家庭地址、电子信箱、手机号码等。也就是说,表是由数据记录按一定的顺序和格式构成的数据集合,不同表的集合构成数据库。表是数据库的对象之一,表中包含多条记录(即前面涉及的"行"),而记录中有多个字段(即前面涉及的"列"),字段是描述事物的属性,由于字段存储了不同类型的数据,因此,其数据类型可能是字符型、整型、实型、时间类型、货币类型等。在设计数据库时,应先确定需要什么样的表,各表中都有哪些数据、各个表的存取权限以及存储的数据类型等。在创建和操作表的过程中,将对表进行更为细致的设计。

在设计数据库时,必须先确定数据库所需的表、每个表中数据的类型以及可以访问每个表的用户。在创建表及其对象之前,最好先规划出表的下列特征:

- 表要包含的数据的类型。
- 表中的列数,每一列中数据的类型和长度(如果必要)。
- 哪些列允许空值。
- 是否要使用以及何处使用约束、默认设置和规则。
- 所需索引的类型,哪里需要索引,哪些列是主键,哪些列是外键。

创建表的最有效的方法是同时定义表中所需的所有内容。这些内容包括表的数据限制和其他组件。在创建和操作表后,将对表进行更为细致的设计。

创建表的方法是:创建一个基表,向其中添加一些数据,并使用这个基表一段时间。这种方法使用户可以在添加各种约束、索引、默认设置、规则和其他对象形成最终设计之前,发现哪些事务最常用,哪些数据经常输入。

表是数据库中最基本的一个元素。为了建立数据库,首先必须建立基表结构,即对表进行定义,然后输入数据,供用户使用,因此,在建立表之前,必须对表中的数据类型有个系统的了解。

3.2　SQL Server 2008 的数据类型

设计表时首先要执行的操作之一是为每列指定数据类型。数据类型定义了各列允许使用的数据值。Microsoft SQL Server 2008 提供了 33 种数据类型。这些数据类型可分为精确数字、近似数字、日期和时间、字符串、Unicode 字符串、二进制字符串和其他数据类型 7 大类。

在 SQL Server 2008 中，根据其存储特征，某些数据类型被指定为属于下列各组：

- 大值数据类型：varchar(max)、nvarchar(max)和 varbinary(max)。
- 大型对象数据类型：text、ntext、image、varchar(max)、nvarchar(max)、varbinary(max)和 xml。

3.2.1　数字

数字有两种分类：精确数字和近似数字。

精确数字包括 bigint、int、smallint、tinyint、bit、decimal、numeric、money、smallmoney 等，其中：

- bigint 的有效表示范围为 $-2^{63} \sim 2^{63}-1$。
- int 的有效表示范围为 $-2^{31} \sim 2^{31}-1$。
- smallint 的有效表示范围为 $-2^{15} \sim 2^{15}-1$。
- tinyint 的有效表示范围为 0～255。
- decimal 和 numeric 是带固定精度和小数位数的数据类型，格式为 decimal[(p[, s])] 和 numeric[(p[,s])]，其中 p 为精度，表示最多可以存储的十进制数字的总位数，包括小数点左边和右边的位数。该精度必须是从 1 到最大精度 38 之间的值，默认精度为 18。s 为小数位数，表示小数点右边可以存储的十进制数字的最大位数。小数位数必须是从 0 到 p 之间的值。默认的小数位数为 0；使用最大精度时，有效值从 $-10^{38}+1$ 到 $10^{38}-1$。decimal 和 numeric 类型在功能上是一样的。就是说，它们的使用、计算和行为都是一样的。大多数 SQL Server 的应用程序使用 decimal。一个 decimal 的长度最多可达到 38 位。当定义了 decimal，它的总长度和右侧的小数点部分的最大长度也就被配置了。定义的位数越多，每条记录上使用的物理磁盘空间就越多。
- money 和 smallmoney 都是货币型数据类型，其有效表示范围分别为 $-2^{63} \sim 2^{63}-1$ 和 $-2^{31} \sim 2^{31}-1$，money 和 smallmoney 数据类型精确到它们所代表的货币单位的万分之一。货币数据由十进制货币的数值数据组成，在货币数据前加 $ 前缀。为了表示负货币值，在 $ 的后面加一个减号（—），尽管货币数据的默认打印格式是每三位后有一个逗号，但在输入货币数据时不能带逗号。值得注意的是，虽然 money、smallmoney 数据类型准确度至小数点后第 4 位，但假如某一记录中有一个字段值为 1.0005，用 SELECT 命令查询时仅能显示 1.00，而用 SELECT…WHERE 字段=1.0005 却能找到此记录。

- 近似数字包含 float 和 real 数字类型,是用于表示浮点数值数据的大致数值的数据类型。浮点数据为近似值;因此,并非数据类型范围内的所有值都能精确地表示,它们的表示值范围可以参见 SQL Server 自带的帮助文档,这里不再赘述。real 精度在 1～7 之间,float 精度在 8～15 之间。近似数字数据由以二进制记数系统所允许的精度保留的数值型数据组成。许多浮点数不能在二进制记数法中精确表示。对于这些数,必须存储其十进制的近似值。此时可以用 real 和 float 来定义,real 和 float 不能精确地存储所有的十进制数据。

3.2.2　字符串

字符串是一种固定长度或可变长度的字符数据类型,用 char(n)、varchar(n|max) 或 text 表示,char(n)、varchar(n|max) 的最大长度为 8000 个字符,其中 char 用以定义定长字符型数据,varchar 用以定义变长字符型数据。max 可达的最大存储大小是 $2^{31}-1$ 个字节。存储大小是输入数据的实际长度加两个字节。所输入数据的长度可以为 0 个字符。如果未在数据定义或变量声明语句中指定 n,则默认长度为 1。值得注意的是,如果列数据项的字符长度一致,应该使用 char;如果列数据项的大小差异较大,则应使用 varchar;如果列数据项的大小差异不大又希望提高查询效率,可以使用 char;如果列数据项大小相差很大,而且大小可能超过 8000 字节,建议使用 varchar(max)。

text 是一种在服务器代码页中长度可变的非 Unicode 数据,其最大长度为 $2^{31}-1$ 个字符。

text 数据类型的列可用于存储大于 8KB 的 ASCII 字符。例如,由于 HTML 文档均由 ASCII 字符组成且一般长于 8KB,所以用浏览器查看之前应在 SQL Server 2008 中存储在 text 列中。字符列宽度的定义最好不超过所存储的字符数据可能的最大长度,如果要存储国际化字符数据,请使用 nchar、nvarchar 和 ntext 数据类型。

text 数据类型是可变长度的数据类型,text 最多为 $2^{31}-1$ 个符号,当用 CREATE TABLE 建立表格或用 ALTER TABLE 命令修改表格结构时,不必指定字段的长度,当用 INSERT 命令增加新记录时,对于 text 数据类型,要增加的数据要用单引号'　'加以表示,而对于 image 数据类型,要增加的数据则要用"0x"加以表示。

用户可以将 text 字段的数据用 CONVERT 函数转换成 char 或 varchar 数据类型,但要受 char 和 varchar 数据类型的 255 个符号最大长度的限制,对 text 语句可以用 LIKE 关键字和通配符;用户也可以将 image 字段的数据用 CONVERT 函数转换成 binary 或 varbinary 数据类型,但要受 binary 和 varbinary 数据类型的 255 个字节的最大长度限制,image 数据类型不能用于存储过程中的变量和参数。

text 数据类型用于存储大量的文字,而其实 varchar(max) 被称为大数据类型,可以代替 text 数据类型。微软建议,用户应尽量避免使用 text 数据类型,而用 varchar(max) 存储大文本数据。

为了输入 text 和下面提到的 image 数据,该列必须首先被初始化。初始化引起分配一个 2KB 的数据页。通过 INSERT 语句提供非空值或 UPDATE 语句提供任何值包括 NULL 来初始化,然后使用 READTEXT 语句读 text 或 image 数据,使用 WRITETEXT

语句替代 text 或 image 数据，使用 UPDATETEXT 语句修改 text 或 image 数据。值得注意的是，INSERT、SELECT 命令都只能处理 255 字节内数据长度的限制，若希望处理超过 255 字节的数据时，必须用 UPDATETEXT、WRITETEXT 和 READTEXT 命令。

3.2.3　时间

时间类型数据有 date、time、smalldatetime、datetime、datetime2 和 datetimeoffset。

关于 date 数据类型，其默认的字符串文字格式是 YYYY-MM-DD，表示的日期范围为公历 0001-01-01 至 9999-12-31，其字符串固定长度为 10 个字符。

关于 time 类型数据，其格式为 time，秒的小数部分指定数字的位数为 0~7 之间的整数，默认的小数精度为 7，表示 100ns（纳秒）。其默认的字符串格式是 hh：mm：ss[. nnnnnnn]，表示范围是 00：00：00.0000000~23：59：59.9999999，其中 hh 表示"小时"，mm 表示"分钟"，ss 表示"秒"，n＊是 0~7 位数字，范围为 0~9999999，它表示秒的小数部分。

datetime 可以记录从 1753 年 1 月 1 日到 9999 年 12 月 31 日的日期和时间数据，时间精度是 3.33ms（毫秒）。SQL Server 2008 拒绝所有其不能识别的 1753 年到 9999 年间的日期的值。

smalldatetime 可以记录从 1900 年 1 月 1 日到 2079 年 6 月 6 日的日期和时间数据，时间精度是 1 分钟。

SQL Server 2008 允许用指定的数字日期格式指定日期数据。例如，5/20/97 表示 1997 年 5 月的第 20 天，当使用数字日期格式时，在字符串中以斜杠（/）、连字符（－）或句号（.）作为分隔符来指定月、日、年。字符串必须以下面的形式出现：

数字 分隔符 数字 分隔符 数字 [时间] [时间]

下面的数字日期格式是有效的：

```
[0]4/15/[19]96-- (mdy)      [0]4-15-[19]96-- (mdy)      [0]4.15.[19]96-- (mdy)
[0]4/[19]96/15---- (myd)    15/[0]4/[19]96-- (dmy)      15/[19]96/[0]4-- (dym)
[19]96/15/[0]4-- (ydm)      [19]96/[0]4/15-- (ymd)
```

如果输入的数字日期格式没有明确地指定日，系统将自动取当月的第一天作为该日期数据的日。

当语言被设置为 us_english 时，默认的日期顺序是 mdy。可以使用 SET DATEFORMAT 语句改变日期的顺序，其语法结构如下：

```
SET DATEFORMAT {format|@format_var}
```

其中：format|@format_var 是日期部分的顺序。可以是 Unicode 或转换为 Unicode 的 DBCS。有效参数包括 mdy、dmy、ymd、ydm、myd 和 dym。美国英语默认值是 mdy。

对 SET DATEFORMAT 的设置决定了如何解释日期数据。如果顺序和设置不匹配，则该值不会被解释为日期（因为它们超出了范围），或者将被错误地解释。例如，根据不同的 DATEFORMAT 设置，11/10/09 能被解释为 6 种日期的一种。

3.2.4 Unicode 字符串

Unicode 是一个标准的方法,它允许应用程序记录其他语言的字符而不仅仅是我们自己的。当建立多语言应用程序或全球 Web 网站时,Unicode 就很方便了。char 和 varchar 数据类型都可以配置为允许 Unicode,只要在它们之前加个字母"n",如 nchar 和 nvarchar。

nchar(n)格式中,n 值在 1～4000 之间(含);nvarchar(n|max)的 n 值在 1～4000 之间(含)。max 指示最大存储大小为 $2^{31}-1$ 字节。存储大小是所输入字符个数的两倍＋两个字节。所输入数据的长度可以为 0 个字符。

传统上非 Unicode 数据类型允许使用由特定字符集定义的字符。字符集是在安装 SQL Server 2008 时选择的,不能更改,也就是说,它仅适合某一特定的字符集。使用 Unicode 数据类型,列可存储由 Unicode 标准定义的任何字符,包含由不同字符集定义的所有字符。Unicode 数据类型需要相当于非 Unicode 数据类型两倍的存储空间。当列中各项所包含的 Unicode 字符数不同时(至多为 4000),使用 nvarchar 类型;当列中各项为同一固定长度时(至多为 4000 个 Unicode 字符),使用 nchar 类型;当列中任意项超过 4000 个 Unicode 字符时,使用 nvarchar(max)类型。

3.2.5 二进制字符串

二进制字符串数据类型包括 binary(n)和 varbinary(n|max)以及 image。其中 binary 和 varbinary 的 n 值范围为 1～8000,max 可达的最大存储大小是 $2^{31}-1$ 个字节。当 binary 数据类型与 ALTER TABLE 或 CREATE TABLE 语句一起使用的时候,定义为 NULL 的列作为 varbinary(n)列处理,当希望空值或变化数值大小时,选择 varbinary。一般来说,由于 binary 的存取速度比 varbinary 快,因此,当一张表中全部记录的数据长度很固定时,应考虑用 binary 类型。

image 数据列可以用来存储超过 8 KB 的可变长度的二进制数据,最大可达 $2^{31}-1$ 个字节,如 Word 文档、Excel 电子表格、包含位图的图像、图形交换格式(GIF)文件和联合图像专家组(JPEG)文件。除非数据长度超过 8KB 时用 image 数据类型存储,一般宜用 varbinary 类型来存储二进制数据。同时,微软建议使用 varbinary(max)代替 image 数据类型。

不论是前面介绍的 text 类型数据,还是这里介绍的 image 数据,均有如下限制:

* 不可作为局部变量。
* 不可使用在 SELECT 命令中的 ORDER BY、COMPUTER BY、GROUP BY 语句中。
* 不可作为索引文件的关键字。
* 不可以使用在 WHERE 语句中,但在 text 字段上用 WHERE…LIKE 语句则是例外。

3.2.6 特殊类型数据

特殊数据包括不能用前面所述的二进制、字符、Unicode、日期和时间、数字和货币数据类型表示的数据,这些数据类型有 cursor、timestamp、hierarchyid、uniqueidentifier、sql_variant、xml 和 table 等。

① cursor：这是变量或存储过程 OUTPUT 参数的一种数据类型,这些参数包含对游标的引用。使用 cursor 数据类型创建的变量可以为空。有些操作可以引用那些带有 cursor 数据类型的变量和参数。

② timestamp：公开数据库中自动生成的唯一二进制数字的数据类型。timestamp 通常用做给表添加版本戳的机制。存储大小为 8 个字节。timestamp 数据类型只是递增的数字,不保留日期或时间。若要记录日期或时间,请使用 datetime2 数据类型。timestamp 时间标签数据类型与系统时间没有关系,它只是个单调增加的计数器,它的值在数据库中总是唯一的。值得注意的是,若没有提供数据类型,名字为 timestamp 的列自动定义为 timestamp 数据类型,但可以建一个名字为 timestamp 的列并把它分配给另一个数据类型,不过为避免混乱,最好不要这样做。

注意,微软不推荐使用 timestamp 语法。后续版本的 Microsoft SQL Server 将删除该功能,请避免在新的开发工作中使用该功能。

③ hierarchyid：它是一种长度可变的系统数据类型。可使用 hierarchyid 表示层次结构中的位置。hierarchyid 数据类型的值表示树层次结构中的位置。

④ uniqueidentifier 数据类型的列或局部变量。可通过以下方式初始化为一个值：

- 使用 NEWID 函数。
- 通过从 xxxxxxxx-xxxx-xxxx-xxxx-xxxxxxxxxxxx 形式的字符串常量进行转换,其中每个 x 都是 0～9 或 a～f 范围内的十六进制数字。

⑤ sql_variant：一种存储 SQL Server 所支持的各种数据类型(text、ntext、image、timestamp 和 sql_variant 除外)的值的数据类型。由于 sql_variant 数据类型包括了基类型信息和基类型值,所以它可以存储的数据的最大长度是 8016 个字节。一个表可以包含任意多个 sql_variant 列。

⑥ xml 数据类型：xml 数据类型使用户可以在 SQL Server 数据库中存储 XML 文档和片段。XML 片段是缺少单个顶级元素的 XML 实例。用户可以创建 xml 类型的列和变量,并在其中存储 XML 实例。xml 数据类型实例的存储表示形式不能超过 2GB。

⑦ table 数据类型：这是一种特殊的数据类型,用于存储结果集以进行后续处理。table 主要用于临时存储一组作为表值函数的结果集返回的行。

在创建数据库中的表的时候,牵涉到表体结构,也就是说牵涉到表中的字段数据的格式,因此,要对字段中的数据类型进行定义。

SQL Server 2008 中需要定义数据类型的情况有如下 4 种：

- 建立表格字段。
- 申请局部变量。
- 申请存储过程里的局部变量。
- 转换数据类型。

3.3 数据库中表的创建与维护

在 SQL Server 2008 中创建、修改或删除数据库表都可以通过 Microsoft SQL Server Management Studio 图形化界面和 T-SQL 编辑器的 T-SQL 语句来完成。

3.3.1 表的创建

要对信息内容通过数据库进行管理，在创建了数据库后，就要创建相应数据库下的表，通过表来存储所需管理的信息。

使用 T-SQL 语句 CREATE TABLE 命令可以创建数据表。具体语法格式如下：

```
CREATE TABLE
    [database_name .[schema_name] .|schema_name .] table_name
        ({<column_definition>|<computed_column_definition>
            |<column_set_definition>}
        [<table_constraint>][,...n])
    [ON{partition_scheme_name(partition_column_name)|filegroup
        |"default"}]
    [{TEXTIMAGE_ON{filegroup|"default"}}]
    [FILESTREAM_ON{partition_scheme_name|filegroup
        |"default"}]
    [WITH(<table_option>[,...n])]
[;]
```

上述的＜column_definition＞为：

```
<column_definition>::=
column_name<data_type>
    [FILESTREAM]
  [COLLATE collation_name]
    [SPARSE]
  [NULL|NOT NULL]
  [
      [CONSTRAINT constraint_name] DEFAULT constant_expression]
    |[IDENTITY[(seed ,increment)][NOT FOR REPLICATION]
    ]
    [ROWGUIDCOL][<column_constraint>[...n]]
<data type>::=
[type_schema_name .] type_name
    [(precision[,scale]|max|
        [{CONTENT|DOCUMENT}] xml_schema_collection)]
<column_constraint>::=
[CONSTRAINT constraint_name]
{   {PRIMARY KEY|UNIQUE}
    [CLUSTERED|NONCLUSTERED]
```

```
    [
            WITH FILLFACTOR=fillfactor
      |WITH(<index_option >[,...n])
    ]
    [ON{partition_scheme_name(partition_column_name)
            |filegroup|"default"}]
  |[FOREIGN KEY]
      REFERENCES[schema_name .] referenced_table_name[(ref_column)]
    [ON DELETE{NO ACTION|CASCADE|SET NULL|SET DEFAULT}]
    [ON UPDATE{NO ACTION|CASCADE|SET NULL|SET DEFAULT}]
    [NOT FOR REPLICATION]
    |CHECK[NOT FOR REPLICATION](logical_expression)
}
```

<computed_column_definition>::=
```
column_name AS computed_column_expression
[PERSISTED[NOT NULL]]
[
    [CONSTRAINT constraint_name]
  {PRIMARY KEY|UNIQUE}
  [CLUSTERED|NONCLUSTERED]
    [
            WITH FILLFACTOR=fillfactor
      |WITH(<index_option>[,...n])
    ]
  |[FOREIGN KEY]
    REFERENCES referenced_table_name[(ref_column)]
    [ON DELETE{NO ACTION|CASCADE}]
    [ON UPDATE{NO ACTION}]
    [NOT FOR REPLICATION]
    |CHECK[NOT FOR REPLICATION](logical_expression)
    [ON{partition_scheme_name(partition_column_name)
        |filegroup|"default"}]
]
```

<column_set_definition>::=
```
    column_set_name XML COLUMN_SET FOR ALL_SPARSE_COLUMNS
```

<table_constraint >::=
```
[CONSTRAINT constraint_name]
{
    {PRIMARY KEY|UNIQUE}
    [CLUSTERED|NONCLUSTERED]
                (column[ASC|DESC][,...n])
      [
          WITH FILLFACTOR=fillfactor
      |WITH(<index_option>[,...n])
```

```
        ]
      [ON{partition_scheme_name(partition_column_name)
          |filegroup|"default"}]
    |FOREIGN KEY
              (column[,...n])
    REFERENCES referenced_table_name[(ref_column[,...n])]
    [ON DELETE{NO ACTION|CASCADE|SET NULL|SET DEFAULT}]
    [ON UPDATE{NO ACTION|CASCADE|SET NULL|SET DEFAULT}]
    [NOT FOR REPLICATION]
    |CHECK[NOT FOR REPLICATION](logical_expression)
}
<table_option>::=
{
    DATA_COMPRESSION={NONE|ROW|PAGE}
    [ON PARTITIONS(({<partition_number_expression>|<range>}
        [,...n]))]
}
<index_option>::=
{
    PAD_INDEX={ON|OFF}
  |FILLFACTOR=fillfactor
  |IGNORE_DUP_KEY={ON|OFF}
  |STATISTICS_NORECOMPUTE={ON|OFF}
  |ALLOW_ROW_LOCKS={ON|OFF}
  |ALLOW_PAGE_LOCKS ={ON|OFF}
  |DATA_COMPRESSION={NONE|ROW|PAGE}
      [ON PARTITIONS(({<partition_number_expression>|<range>}
    [,...n]))]
}
<range>::=
<partition_number_expression>TO<partition_number_expression>
```

上面列出了详细的建表语法,下面就其中的一些主要参数加以说明(实际建表的时候,下面很多参数都可以以默认参数的方式加以省略,更多的参数含义请参见 SQL Server 2008 联机丛书),以利读者理解:

- database_name:创建表的时候必须指明现有数据库 database_name 的名称,如果不指明,则默认为当前数据库。
- schema_name:新表所属架构的名称。
- table_name:所建表的名称。
- column_name:所建表中列的名称,这些名称建议用其英文单词或缩写表示,以便识别。
- computed_column_expression:定义计算列的值的表达式。该列由同一表中的其他列通过表达式计算得到。

- PERSISTED：指定 SQL Server 数据库引擎将在表中物理存储计算值，而且，当计算列依赖的任何其他列发生更新时对这些计算值进行更新。
- TEXTIMAGE_ON{filegroup|"default"}：指示 text、ntext、image、xml、varchar(max)、nvarchar(max)、varbinary(max)和 CLR 用户定义类型的列存储在指定文件组的关键字。
- FILESTREAM _ ON { partition _ scheme _ name | filegroup | " default"}：指定 FILESTREAM 数据的文件组。
- COLLATE collation_name：指定列的排序规则。排序规则名称可以是 Windows 排序规则名称或 SQL 排序规则名称。collation_name 只适用于 char、varchar、text、nchar、nvarchar 和 ntext 等数据类型列。
- CONSTRAINT：它是可选关键字，表示 PRIMARY KEY、NOT NULL、UNIQUE、FOREIGN KEY 或 CHECK 约束定义的开始，有关约束问题，在后面的章节中将加以介绍。
- [ASC|DESC]：指定加入到表约束中的一列或多列的排序顺序，其默认值为 ASC。
- WITH FILLFACTOR＝fillfactor：指定数据库引擎存储索引数据时每个索引页的填充程度，其值范围是 1～100。

为了对表的创建操作有更好的理解，下面将通过几个例子给读者一个直观的印象。

【例 3-1】 在 My_test_DB 数据库中创建一张用于员工信息管理的表 staff_info，表中包括的员工信息分别为：员工号（staff_id）、员工姓名（name）、出生年月（birthday）、性别（gender）、家庭地址（address）、电话号码（telcode）、邮政编码（zipcode），每月的薪水（salary）。

用户可以在 T-SQL 编辑器窗口中输入以下内容：

```
CREATE TABLE My_test_DB.dbo.staff_info
(
staff_id int CONSTRAINT perid_chk NOT NULL PRIMARY KEY,
name nvarchar(5)NOT NULL,
birthday datetime,
gender nchar(1),
address nvarchar(20),
telcode char(12),
zipcode char(6)CONSTRAINT zip_chk CHECK(zipcode LIKE'[0-9][0-9][0-9][0-9][0-9]
[0-9]'),
salary money DEFAULT 1000
)
```

通过【例 3-1】可以看到建表的关键字是 CREATE TABLE(SQL 对关键字的大小写不敏感)，紧接着给出创建表所在的数据库 My_test_DB 以及表的拥有者 dbo 和表名 staff_info，然后在括号内定义表的字段。定义字段必须包括字段名和字段的数据类型，数据类型可以是系统提供的，也可以是用户自定义的。每一字段描述了客观对象（如本例中的

staff_info)的某一方面的属性,因此应当选用合适的数据类型来定义字段。在创建表的同时还可以指明约束条件及约束名,如不指定约束名,系统将会自动加上一个约束名。本例中指明了 staff_id 不空而且为主关键字(PRIMARY KEY),也称为主键,它是表中行的唯一标识,表中只能有一个主键,并指定其约束名为 perid_chk(第二行代码),约束内容为非空,也就是输入此项时,不能是空的;对 zipcode 字段,指定其约束名为 zip_chk,限定 zipcode 字段为 6 位数字字符构成,限定格式为"zipcode LIKE'[0-9][0-9][0-9][0-9][0-9][0-9]'",说明每个位数都必须是 0～9 之间(含 0 和 9)的字符,不能是其他字符;对 salary 字段例子中给它指定了默认值为 1000(最后一行代码)。关于约束将在后面详细讲解。

运行【例 3-1】即可在 My_test_DB 数据库中创建一个名为 staff_info 的表。用户在 T-SQL 编辑器窗口中的结果显示窗口中可以看到运行的结果,如图 3-1 所示。

图 3-1 的下部窗口显示"命令已成功完成",表明表已经成功建好。这时,可以看到新建的表 staff_info,如图 3-2 所示。

图 3-1　T-SQL 编辑器窗口中的结果显示　　　　图 3-2　新建表 staff_info

【例 3-1】中主键为一个字段的内容,即 staff_id,实际上,有时需要多字段的内容的组合作为主键,下面通过一个例子来说明多字段内容作为主键的实际应用。

【例 3-2】　在 My_test_DB 数据库中创建一张员工年度考评表,以方便员工年度考核成绩的统计。该表包含的字段依次为:年度(year)、员工号(staff_id)、销售成绩(sell_score)、创新成绩(inno_score)和团队协作成绩(team_score)。

本例就是一个多字段内容组合作为主键的例子。选择 My_test_DB,同样可以在 T-SQL 编辑器窗口中输入以下内容,创建的新表名字为 staff_score:

```
CREATE TABLE My_test_DB.dbo.staff_score
(
year int NOT NULL,
staff_id int NOT NULL,
sell_score numeric(4,1)CHECK(sell_score >=0 and sell_score<=100),
inno_score numeric(4,1)CHECK(inno_score >=0 and inno_score<=100),
team_score numeric(4,1)CHECK(team_score >=0 and team_score<=100),
```

```
CONSTRAINT pk_chk PRIMARY KEY(year,staff_id)
)
```

本例中的主键定义为 PRIMARY KEY(year,staff_id)，它是以 year 和 staff_id 的组合作为该表的主键。在 SQL Server 的表中，一个表只能有一个主键，且主键的值必须唯一，当需要多列组合作为主键时，必须把选择作为主键的列用括号组合起来。在 check 子句中对一系列数据进行了范围限定。运行该例将在 My_test_DB 数据库上创建一个名为 staff_score 的表。

按照【例 3-1】的查看步骤，可以利用 Microsoft SQL Server Management Studio 对新建的 staff_score 表进行查看。

【例 3-3】　带有参照性约束的表的创建。先在数据库 My_test_DB 中创建一个公司固定资产信息管理表，并将该表命名为 property_manage。表中包括的信息有：设备编号（pro_id）、设备名称（pro_name）、同种设备的数量（pro_qty）、设备购买价格（unit_price）及设备供货商（supply_id）。

具体命令如下：

```
CREATE TABLE My_test_DB.dbo.property_manage
(
pro_id varchar(15)CONSTRAINT pk_chk NOT NULL PRIMARY KEY,
pro_name varchar(20)NOT NULL,
pro_qty int,
unit_price money,
supply_id varchar(15)
)
```

接着再在同一数据库中创建一张用于记录每月固定资产使用情况的表 property_use。该表中记录的信息有：使用地点（use_site）、月份（month）、员工号（staff_id）以及该员工使用的设备编号（pro_id）。假设每月每个员工用且只用同一台设备，但必须为固定资产信息管理表中所记录的设备，即表 property_use 中的设备编号必须参照表 property_manage 中的设备编号。该表创建的具体命令如下：

```
CREATE TABLE My_test_DB.dbo.property_use
(
use_site varchar(20),
month char(7),
staff_id int,
pro_id varchar(15)CONSTRAINT fk_chk REFERENCES property_manage(pro_id)
)
```

值得注意的是，在【例 3-3】中出现了参照性约束（REFERENCES），所谓参照性约束就是指一个表的某一字段的值必须是所参照的另一表的字段中的值。本例中表 property_use 的 pro_id 字段的值就必须参照表 property_manage 的 pro_id 字段中的值。用 REFERENCES 定义关联性限制仅限用于同一个数据库中的表格，若是要跨越不同的数据库实行关联整体性需要用 Trigger(触发器),有关触发器的概念及应用,将在后续的内容中进行介绍。

3.3.2 表的删除

有时,由于种种原因,会遇到某些表已经不必要保留,或某些信息已经过时或已创建替代的新表,那么,数据库中就没有必要保留那些不用的旧表,因此就可以对那些表进行删除,以节省存储空间。

数据库中表的删除可以通过如下的命令来实现:

```
DROP TABLE[database_name .[schema_name] .|schema_name .]
        table_name[,...n][;]
```

其中:

- database_name:要在其中删除表的数据库的名称。
- schema_name:表所属架构的名称。
- table_name:要删除的表的名称。

例如要删除 staff_info 这个表,就应该选择 My_test_DB 这个数据库,在 T-SQL 编辑器中输入如下命令:

```
USE My_test_DB
GO
DROP TABLE staff_info
GO
```

执行完命令后就可以删除 My_test_DB 数据库中的 staff_info 表。在 Microsoft SQL Server Management Studio 的对象资源管理器中查看数据库 My_test_DB,可以发现表 staff_info 已经被删除。值得注意的是,删除一个表将删除表中所有的记录,所以一定要慎重。(注:为了方便以后章节的实验,请读者按照【例 3-1】将表 staff_info 进行重建。)

3.3.3 表结构的修改

在建立好数据库的表后,有时需要对表的结构进行修改。可以使用 T-SQL 语句或者 SQL Server Management Studio 修改表结构。

1. 使用 ALTER TABLE 语句修改表结构

使用 T-SQL 语句的 ALTER TABLE 命令可以对表结构进行修改。具体语法格式如下:

```
ALTER TABLE[database_name .[schema_name] .|schema_name .] table_name
{
    ALTER COLUMN column_name
    {
        [type_schema_name.] type_name[({precision[,scale]
```

```
                    |max|xml_schema_collection})]
            [COLLATE collation_name]
            [NULL|NOT NULL]
        |{ADD|DROP}
                    {ROWGUIDCOL|PERSISTED|NOT FOR REPLICATION|SPARSE}
        }
                    |[WITH{CHECK|NOCHECK}]
            |ADD
        {
            <column_definition>
          |<computed_column_definition>
          |<table_constraint>
          |<column_set_definition>
        }[,...n]
        |DROP
        {
            [CONSTRAINT] constraint_name
            [WITH(<drop_clustered_constraint_option>[,...n])]
            |COLUMN column_name
        }[,...n]
        |[WITH{CHECK|NOCHECK}]{CHECK|NOCHECK} CONSTRAINT
            {ALL|constraint_name[,...n]}
        |{ENABLE|DISABLE} TRIGGER
            {ALL|trigger_name[,...n]}
        |{ENABLE|DISABLE} CHANGE_TRACKING
            [WITH(TRACK_COLUMNS_UPDATED={ON|OFF})]
        |SWITCH[PARTITION source_partition_number_expression]
            TO target_table
            [PARTITION target_partition_number_expression]
        |SET(FILESTREAM_ON={partition_scheme_name|filegroup|
                "default"|"NULL"})
        |REBUILD
            [[PARTITION=ALL]
                [WITH(<rebuild_option>[,...n])]
            |[PARTITION=partition_number
            [WITH(<single_partition_rebuild_option>[,...n])]
            ]
            ]
        |(<table_option>)
    }
    [;]
<column_set_definition>::=
        column_set_name XML COLUMN_SET FOR ALL_SPARSE_COLUMNS
<drop_clustered_constraint_option>::=
```

```
    {
        MAXDOP=max_degree_of_parallelism
    |ONLINE={ON|OFF}
    |MOVE TO{partition_scheme_name(column_name)|filegroup
        |"default"}
    }
```

<table_option>::=
```
    {
        SET(LOCK_ESCALATION={AUTO|TABLE|DISABLE})
    }
```

<single_partition_rebuild__option>::=
```
{
        SORT_IN_TEMPDB={ON|OFF}
    |MAXDOP=max_degree_of_parallelism
    |DATA_COMPRESSION={NONE|ROW|PAGE}}
}
```

下面列出上述语法中常用的几个参数的意义，更多参数的意义请参考 SQL Server 2008 的联机丛书：

- database_name：要在其中更改表的数据库的名称。
- schema_name：表所属架构的名称。
- table_name：要更改的表的名称。
- ALTER COLUMN：指定要更改命名的列。
- precision：指定的数据类型的精度。
- scale：指定数据类型的小数位数。
- max：仅应用于 varchar、nvarchar 和 varbinary 数据类型，以便存储 $2^{31}-1$ 个字节的字符、二进制数据以及 Unicode 数据。
- xml_schema_collection：仅应用于 xml 数据类型，以便将 XML 架构与类型相关联。在架构集合中输入 xml 列之前，必须首先使用 CREATE XML SCHEMA COLLECTION 在数据库中创建架构集合。
- COLLATE<collation_name>：指定更改后的列的新排序规则。如果未指定，则为该列分配数据库的默认排序规则。
- NULL|NOT NULL：指定列是否可接受空值。如果列不允许空值，则只有在指定了默认值或表为空的情况下，才能用 ALTER TABLE 语句添加该列。
- ADD：允许在现存的表中增加新数据项或者一个约束。
- column_name：希望增加的字段名称。
- datatype：新增加字段的数据类型名。
- CONSTRAINT：指定删除数据库中的约束。
- COLUMN：指定删除数据库中的列。
- DROP：指定删除现存表中的一个字段或约束。

【**例 3-4**】 向表 staff_info 中加入字段名为 working_years 的列，以记录该员工的工龄。该列的属性为 int，默认值为 0。

具体命令如下：

```
ALTER TABLE My_test_DB.dbo.staff_info
ADD working_years int NULL DEFAULT 0
```

在 T-SQL 编辑器的查询窗口中执行以上命令。用户可以利用 Microsoft SQL Server Management Studio 对运行结果进行查看。在 Microsoft SQL Server Management Studio 的对象资源管理器中，选中数据库 My_test_DB 下的表 staff_info，单击鼠标右键，在弹出菜单中选择"设计"命令，如图 3-3 所示。

这时，用户可以看到新增加的字段 working_years，以及建立在其上的默认值约束，如图 3-4 所示。

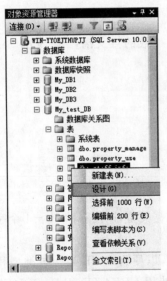

图 3-3　查看修改表后的结果　　　　图 3-4　查看新增加的字段 working_years

需要注意的是，在删除某列时，必须保证基于该列的所有索引和约束包括默认约束首先被删除掉。例如，如果用户此时在 T-SQL 编辑器窗口中直接运行下面的命令想删除新增加列 working_years 时，将出现错误。

```
ALTER TABLE My_test_DB.dbo.staff_info
DROP COLUMN working_years
```

结果显示窗口返回的错误提示如图 3-5 所示。

从消息窗口中的第二行可以看到，由于默认值约束的存在造成了删除列 working_years 的失败。这就需要用户在删除该列之前，首先将其上的默认值约束加以删除。

要删除 working_years 上的默认值约束，用户可以手动将字段 working_years 上的默认值 0 直接删除即可，如图 3-6 所示。

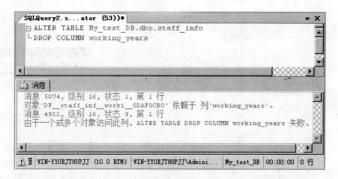

图 3-5　删除新增加列 working_years 时，所出现的错误信息

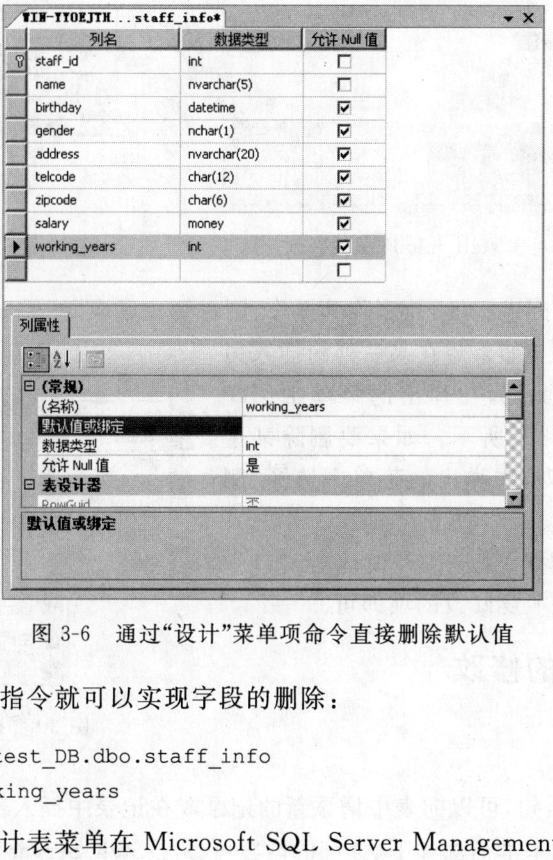

图 3-6　通过"设计"菜单项命令直接删除默认值

然后再运行如下指令就可以实现字段的删除：

```
ALTER TABLE My_test_DB.dbo.staff_info
DROP COLUMN working_years
```

用户可以利用设计表菜单在 Microsoft SQL Server Management Studio 中对运行结果进行查看，如图 3-7 所示。

2. 利用 Microsoft SQL Server Management Studio 修改表结构

也可以使用 Microsoft SQL Server Management Studio 以图形化的方式对表结构进行修改。具体有以下几个步骤。

启动 Microsoft SQL Server Management Studio 后，在对象资源管理器窗口中找到需要修改结构的数据表。如果需要修改数据表的名称，则用鼠标右击数据表，在弹出的菜单中选择"重命名"命令，如图 3-8 所示。

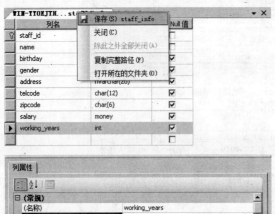

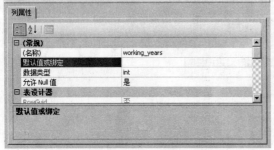

图 3-7 保存对表 staff_info 所做的修改 　　　　　图 3-8 表的重命名操作

如果要对表中的列进行插入、删除等操作，则在弹出的菜单中选择"设计"命令，此时会出现表设计器窗口。如果想在某一列前插入另一列，则用鼠标右击此列，在弹出的菜单中选择"插入列"命令，如图 3-9 所示。如果要删除某个列，则用鼠标右击此列，在弹出的菜单中选择"删除列"命令即可。

如果要修改列数据类型，在表设计器窗口中直接单击数据类型列中要修改的项即可。

图 3-9 插入列操作

3.3.4 表数据的修改

1. 插入数据

通过 INSERT 语句，可以向表中增添新的记录或在记录中插入部分字段的数据。
INSERT 命令的基本语法如下（详细的内容可参见 SQL Server 2008 联机丛书）：

```
INSERT
[INTO] table_name
[(column_list)]
VALUES(value_list)
```

其中，各参数的意义如下：

* table_name：指定插入数据的表格的名称。
* column_list：将要插入数据的字段名称。

- value_list：插入字段中的值。

（1）整行数值插入。

【例 3-5】　向 My_test_DB 中的 staff_info 表插入 10 行记录。

在 T-SQL 编辑器的查询窗口中运行如下命令行：

```
USE My_test_DB
GO
INSERT staff_info
VALUES(100001,'陈峰','2/17/1989','1','北京市','13910007255','100088',1000)
GO
INSERT staff_info
VALUES(100002,'胡楠','8/5/1990','1','杭州市','13501238977','201700',1000)
GO
INSERT staff_info
VALUES(100003,'王伟','1/2/1990','1','天津市','13601234567','300000',1000)
GO
INSERT staff_info
VALUES(100004,'张明','10/25/1989','2','武汉市','13681254321','430000',1000)
GO
INSERT staff_info
VALUES(100005,'黄强','7/6/1989','2','重庆市','18903425678','400000',1000)
GO
INSERT staff_info
VALUES(100006,'李昆','1/9/1990','1','北京市','13287653490','102600',1000)
GO
INSERT staff_info
VALUES(100007,'钱刚','6/12/1988','1','广州市','13678769087','510000',1000)
GO
INSERT staff_info
VALUES(100008,'郑强','9/8/1991','2','南京市','13879078654','210000',1000)
GO
INSERT staff_info
VALUES(100009,'刘荣','1/3/1991','2','长沙市','13366355555','410000',1000)
GO
INSERT staff_info
VALUES(100010,'孔高','5/1/1991','1','昆明市','13567890987','650000',1500)
GO
```

在增添记录过程中应注意输入数据的格式，不同的数据类型有不同的输入格式，例如日期数据的格式，用户输入之前，请用 set DateFormat 将日期数据的格式指定为 mdy 类型。此外字符型数据必须放在单引号内。子句 GO 用来执行一条独立的完整的 T-SQL 命令。事实上，如果用户只需插入一行数据可以通过执行如下的命令来实现，如：

```
INSERT staff_info
```

VALUES(100006,'李昆','1/9/1990','1','北京市','13287653490','102600',1000)

此时不需要 GO 语句。由于每增加一行都需要一个独立的 INSERT 语句,输入项的顺序和数据类型必须与表中字段的顺序和数据类型相对应。定义表结构时如果定义了默认值,此时用户如对相应字段不输入值,则系统会将默认值插入表中。如果插入的数据不能满足约束性条件,则会出错。

在 T-SQL 编辑器的查询窗口运行如下命令:

```
SELECT * FROM[My_test_DB].[dbo].[staff_info]
```

即可显示所输入的 10 条记录,如图 3-10 所示。

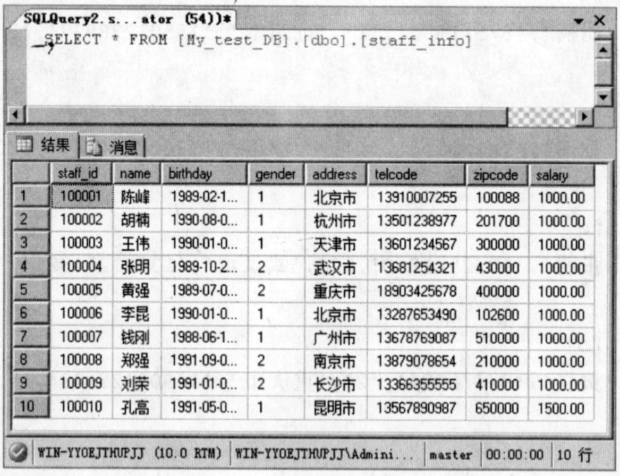

图 3-10　查看输入的记录

对于定义了参照性约束的表的输入,由于参照性约束的存在,必须先向被参照的表中插入数据,然后再向定义了参照性约束的表中输入数据。

【例 3-6】　练习参照性约束的使用。表 property_manage 中的第一个字段与表 property_use 中的最后一个字段是参照性约束的关系,被参照的表为 property_manage,在表 property_use 中定义了参照性约束,其输入方法如下:

首先向 property_manage 表中插入了三行记录(假定需要增加三条记录):

```
USE My_test_DB
GO
INSERT property_manage
VALUES('0789','打印机',20,2000,'电脑器材城 A 铺')
GO
INSERT property_manage
VALUES('0284','摄像机',5,5000,'电脑器材城 B 铺')
GO
INSERT property_manage
VALUES('0394','键盘',200,20,'电脑器材城 C 铺')
GO
```

然后再向 property_use 表中增加记录

```
USE My_test_DB
GO
INSERT property_use
VALUES('一楼会议室','2010/05',970811,'0789')
GO
INSERT property_use
VALUES('多功能厅','2010/05',970890,'0284')
GO
INSERT property_use
VALUES('一楼办公室','2010/06',980609,'0394')
GO
INSERT property_use
VALUES('二楼办公室','2010/06',980814,'0394')
GO
```

由于存在参照性约束关系，property_use 表中的 pro_id 字段的值必须是 property_manage 表的 pro_id 字段中的值。

（2）插入部分数据。

可以在 INSERT 子句中指定列名，VALUES 子句中的数据项与指定的列名相对应，未列出的列必须具有允许 NULL 或 timestamp 或 IDENTITY 或 DEFAULT 4 种定义的条件之一。这样就能向表中插入部分列的数据。跳过的列将以默认值或者用 NULL 填充。

【例 3-7】 向 property_manage 表新增一行，但只输入 pro_id、pro_name 字段的值。要实现此要求，可以通过下述代码实现：

```
USE My_test_DB
GO
INSERT property_manage(pro_id,pro_name)
VALUES('0201','显示器')
```

运行后的结果如图 3-11 所示。

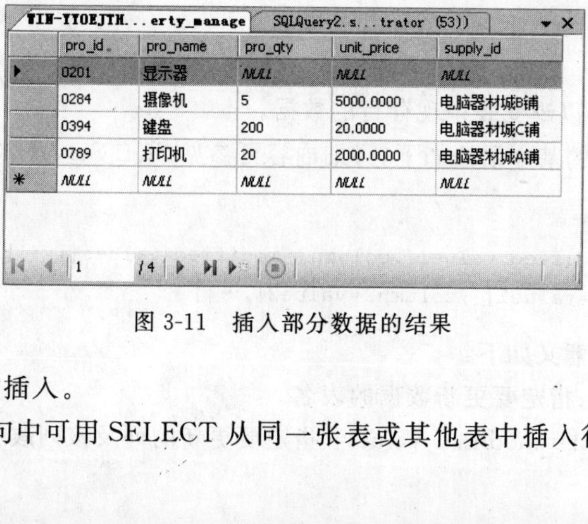

pro_id	pro_name	pro_qty	unit_price	supply_id
0201	显示器	NULL	NULL	NULL
0284	摄像机	5	5000.0000	电脑器材城B铺
0394	键盘	200	20.0000	电脑器材城C铺
0789	打印机	20	2000.0000	电脑器材城A铺
NULL	NULL	NULL	NULL	NULL

图 3-11 插入部分数据的结果

（3）查询结果的插入。

在 INSERT 语句中可用 SELECT 从同一张表或其他表中插入行，插入的表的结构必须与 SELECT 查询返回的结果相容。通过 SELECT 子句可以插入多行。

使用 SELECT 语句插入行的基本语法格式如下（详细内容可参见 SQL Server 2008 联机丛书）：

```
INSERT
[INTO] table_name
[(column_list)]
SELECT selectable_column_list
FROM(table_list)
[WHERE<search_condition>]
```

其中，各参数的意义如下：

- table_name：指定插入数据的表的名称。
- column_list：将要插入数据的字段名称。
- selectable_column_list：从检索表中取出的字段名称。
- table_list：取出数据的表的名称。
- search_condition：检索条件。

即该命令将实现把 table_list 表中符合检索条件 search_condition 的记录中的 column_list 字段插入表 table_name。

【例 3-8】 查询数据库 My_test_DB 中的表 property_manage 中的 pro_id 信息，然后将查询的结果集插入表 property_use 中的 pro_id 字段中。

具体代码如下：

```
USE My_test_DB
GO
INSERT INTO property_use(pro_id)
SELECT pro_id FROM property_manage
GO
```

在 T-SQL 编辑器中的窗口执行完上面的指令后，用户将在"消息"窗口中看到运行的结果为"（4 行受影响）"，说明已经完成插入的操作。

2. 更新数据

用 UPDATE 可以改变表中现存行的数据。

UPDATE 命令的基本语法如下（详细内容可参见 SQL Server 2008 联机丛书）：

```
UPDATE table_name
SET column1=modified_value1[,column2=modified_values[,…]]
[WHERE column1=value1][,column2=value2[,…]]
```

其中，各参数的意义如下：

- table_name：指定要更新数据的表名。
- SET column1＝modified_value1：指定要更新的列及该列改变后的值。

- WHERE 语句：指定被更新的记录所应满足的条件。

该命令将实现在表 table_name 里符合检索条件的记录中，修改指定字段的字段值。

【例 3-9】　把【例 3-8】中在表 property_use 中新添加的记录进行修改。

在 T-SQL 编辑器的查询窗口中执行如下命令：

```
USE My_test_DB
GO
UPDATE dbo.property_use
SET use_site='二楼办公室',month='2010/07',staff_id=970811
WHERE(staff_id is NULL and pro_id='0201')
GO
```

查看表 property_use 中的所有行，用户可以发现在表 property_use 中字段 pro_id= '0201'且字段 staff_id 为空的记录已被更改。

3. 删除数据

通过 DELETE 语句可以从表中删除一行或多行记录。

DELETE 语句的基本语法格式如下：

```
DELETE
FROM table_name
[WHERE column1=value1][,column2=value2[,…]]
```

其中，table_name 指定要删除数据的表名；WHERE 语句用来指定删除行的条件。

【例 3-10】　删除数据库 My_test_DB 中表 staff_score 中的所有记录。

具体命令如下：

```
Use My_test_DB
GO
DELETE FROM staff_score
GO
```

如果未指定 WHERE 条件则将删除表中所有的记录，但将保留表的结构。所有用户在执行这一操作时一定要慎重，以免造成数据丢失。

【例 3-11】　删除符合 WHERE 子句所指定的条件的子句，即删除数据库 My_test_ DB 中表 property_use 中员工号为空的记录。

具体命令如下：

```
USE My_test_DB
GO
DELETE FROM property_use
WHERE staff_id is NULL
GO
```

执行完上面的删除记录的指令后，用户在 T-SQL 编辑器窗口中的结果显示窗口中可以看到运行的结果。此消息表明有多少行记录已经成功地被删除，如"（3 行受影响）"。返回数据库 My_test_DB 中 property_use 表的所有行，用户可以看到已经不存在员工号为空的记录，如图 3-12 所示。

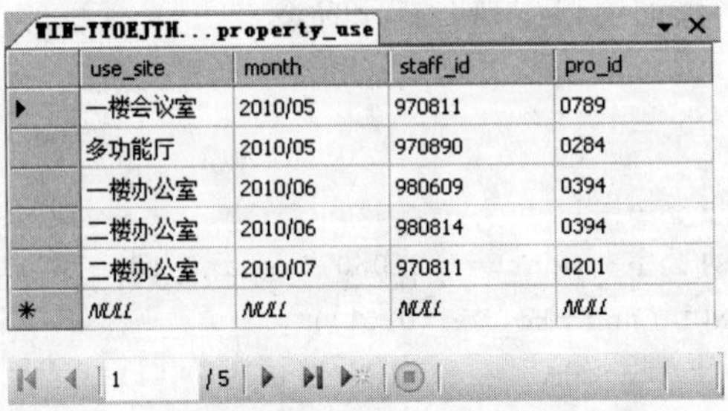

WIN-YYOEJTH... property_use			
use_site	month	staff_id	pro_id
一楼会议室	2010/05	970811	0789
多功能厅	2010/05	970890	0284
一楼办公室	2010/06	980609	0394
二楼办公室	2010/06	980814	0394
二楼办公室	2010/07	970811	0201
NULL	NULL	NULL	NULL

图 3-12　删除员工号为空的记录后的结果

第4章

Transact-SQL基础

Transact-SQL 是使用 SQL Server 的核心。与 SQL Server 实例通信的所有应用程序都通过将 Transact-SQL 语句发送到服务器进行通信，而不管应用程序的用户界面如何。

4.1 Transact-SQL 概述

Transact-SQL 是微软开发的一种 SQL，简称 T-SQL。它不仅包含了 SQL-86 和 SQL-92 的大多数功能，而且还对 SQL 进行了一系列的扩展，增加了许多新特性，增强了可编程性和灵活性。Transact-SQL 是一种非过程化语言，具有功能强大、简单易学的特点，既可以单独执行用于直接操作数据库，也可以嵌入到某种高级程序设计语言中执行。与任何其他程序设计语言一样，Transact-SQL 有自己的数据类型、表达式、关键字等，但它与其他语言相比要简单得多。

Transact-SQL 有以下 4 个特点：

- 一体化：集数据定义语言、数据操纵语言、数据控制语言、事务管理语言和附加语言元素为一体。
- 两种使用方式：交互使用方式和嵌入到高级语言中的使用方式。
- 非过程化语言：只需要提出"做什么"，不需要指出"怎么做"，语句的操作过程由系统自动完成。
- 容易理解和掌握。

4.1.1 Transact-SQL 的语法约定

表 4-1 列出了 Transact-SQL 参考的语法格式中使用的约定，并进行了说明。

表 4-1 Transact-SQL 参考语法格式约定

语法约定	用 途 说 明
大写	Transact-SQL 关键字
斜体	用户提供的 Transact-SQL 语法的参数
粗体	数据库名、表名、列名、索引名、存储过程、实用工具、数据类型名以及必须按所显示的原样输入的文本

续表

语法约定	用途说明
下划线	指示当语句中省略了包含带下划线的值的子句时应用的默认值
|（竖线）	分隔括号或大括号中的语法项，只能使用其中一项
[]（方括号）	可选语法项，不要输入方括号
{ }（大括号）	必选语法项，不要输入大括号
[,...n]	指示前面的项可以重复 n 次，各项之间以逗号分隔
[...n]	指示前面的项可以重复 n 次，每一项由空格分隔
;	Transact-SQL 语句终止符。虽然在 SQL Server 2008 中大部分语句不需要分号，但将来的版本需要分号
<label>::=	语法块的名称。此约定用于对可在语句中的多个位置使用的过长语法段或语法单元进行分组和标记。可使用的语法块的每个位置由括在尖括号内的标签指示：<label>

4.1.2　Transact-SQL 中对象的引用

在 SQL Server 2008 系统中，所有对数据库对象名的 Transact-SQL 引用是由 4 部分组成的名称，格式如下：

```
server_name .[database_name].[schema_name].object_name
|database_name.[schema_name].object_name
|schema_name.object_name
|object_name
```

其中，各参数的意义如下：

- server_name：指定连接的服务器名称或远程服务器名称。
- database_name：如果对象驻留在 SQL Server 的本地实例中，则指定 SQL Server 数据库的名称，如果对象在连接服务器中，则 database_name 将指定 OLE DB 目录。
- schema_name：如果对象在 SQL Server 数据库中，则指定包含对象的架构的名称，如果对象在连接服务器中，则 schema_name 将指定 OLE DB 架构名称。
- object_name：对象的名称。

每个架构都是独立于创建它的数据库用户存在的不同命名空间。也就是说，架构只是对象的容器。任何用户都可以拥有架构，并且架构所有权可以转移。在 SQL Server 2008 中，每个用户都拥有一个默认架构。可以使用 CREATE USER 或 ALTER USER 的 DEFAULT_SCHEMA 选项设置和更改默认架构。如果未定义 DEFAULT_SCHEMA，则数据库用户将使用 dbo 作为默认架构。

引用某个特定对象时，不必总是指定服务器、数据库和架构供 SQL Server 数据库引擎标识该对象。但是，如果找不到对象，就会返回错误消息。为了避免名称解析错误，建议只要指定了架构范围内的对象时就指定架构名称。以下对象引用格式均有效：

- server. database. schema. object
- server. database. . object
- server. . schema. object
- server...object
- database. schema. object
- database. . object
- schema. object
- object

4.1.3 Transact-SQL 的类型

Transact-SQL 主要包括以下 5 种类型：

- 数据定义语言(Data Definition Language,DDL)
- 数据操纵语言(Data Manipulation Language,DML)
- 数据控制语言(Data Control Language,DCL)
- 事务管理语言(Transact Management Language,TML)
- 附加的语言元素

1. 数据定义语言

数据定义语言是最基础的 Transact-SQL 类型,用于创建数据库和数据库对象,为数据库操作提供对象。只有创建数据库和数据库中的各种对象之后,数据库中的各种其他操作才有意义。

在数据定义语言中,主要的 Transact-SQL 语句包括 CREATE 语句、ALTER 语句和 DROP 语句。

CREATE 语句用于创建数据库以及数据库中的对象,如数据库、表、触发器、存储过程、函数、索引等,是一个从无到有的过程。也就是说,CREATE 语句用于创建将要在今后使用的数据库或数据库对象。

ALTER 语句用于更改数据库以及数据库对象的结构。也就是说,ALTER 语句的操作对象必须已经存在。ALTER 语句只是更改对象的结构,对象中已有的数据将不受任何影响。

DROP 语句用于删除数据库或数据库对象的结构。需要注意的是,删除对象结构包括删除该对象中的所有内容和对象本身。

2. 数据操纵语言

数据操纵语言主要用来完成操纵表和视图中的数据。例如,当使用 DDL 创建了表之后,就可以使用 DML 向表中插入数据、检索数据、更新数据等。

在数据操纵语言中,主要的 Transact-SQL 语句包括 INSERT 语句、UPDATE 语句和 DELETE 语句。

INSERT 语句用于向已经存在的数据表中插入新的数据,一次只插入一行数据。当需要插入多行数据时,需要多次使用 INSERT 语句。

UPDATE 语句用于更新数据表中不正确、不合适或者已经变化的数据。

DELETE 语句用于删除数据表中的数据。一般地,如果在 DELETE 语句中没有指定删除条件,那么将删除表中的所有数据。需要注意的是,DELETE 语句与 DROP 语句不同：DELETE 语句只删除表中的数据,保留该表对象；DROP 语句则不仅删除表对象,表中的数据也一并删除了。

3. 数据控制语言

数据控制语言主要用来执行有关权限管理的操作。该语言主要包括 GRANT 语句、REVOKE 语句和 DENY 语句。GRANT 语句可以将指定的安全对象的权限授予相应的主体,REVOKE 语句则删除授予的权限,DENY 语句拒绝授予主体权限,并且防止主体通过组或角色成员继承权限。

4. 事务管理语言

在 SQL Server 2008 系统中,可以使用 BEGIN TRANSACTION、COMMIT TRANSACTION 及 ROLLBACK TRANSACTION 等事务管理语言(TML)语句来管理显式事务。事务的详细概念将在后面的章节中讲到。

5. 附加的语言元素

除了前面介绍的语句之外,Transact-SQL 还包括了附加的语言元素。这些附加的语言元素主要包括标识符、变量和常量、运算符、表达式、数据类型、函数、控制流语言、错误处理语言及注释等。

4.1.4　Transact-SQL 的保留关键字

SQL Server 2008 将保留关键字用于创建、操作和访问数据库。保留关键字是 SQL Server 使用的 Transact-SQL 语法的一部分,用于分析和理解 Transact-SQL 语句和批处理。表 4-2 列出了 SQL Server 2008 中的保留关键字。

表 4-2　SQL Server 2008 系统的保留关键字

ADD	CURRENT_TIMESTAMP	FUNCTION	OPENDATASOURCE	SECURITYAUDIT
ALL	CURRENT_USER	GOTO	OPENQUERY	SELECT
ALTER	CURSOR	GRANT	OPENROWSET	SESSION_USER
AND	DATABASE	GROUP	OPENXML	SET
ANY	DBCC	HAVING	OPTION	SETUSER
AS	DEALLOCATE	HOLDLOCK	OR	SHUTDOWN
ASC	DECLARE	IDENTITY	ORDER	SOME

续表

AUTHORIZATION	DEFAULT	IDENTITY_INSERT	OUTER	STATISTICS
BACKUP	DELETE	IDENTITYCOL	OVER	SYSTEM_USER
BEGIN	DENY	IF	PERCENT	TABLE
BETWEEN	DESC	IN	PIVOT	TABLESAMPLE
BREAK	DISK	INDEX	PLAN	TEXTSIZE
BROWSE	DISTINCT	INNER	PRECISION	THEN
BULK	DISTRIBUTED	INSERT	PRIMARY	TO
BY	DOUBLE	INTERSECT	PRINT	TOP
CASCADE	DROP	INTO	PROC	TRAN
CASE	DUMP	IS	PROCEDURE	TRANSACTION
CHECK	ELSE	JOIN	PUBLIC	TRIGGER
CHECKPOINT	END	KEY	RAISERROR	TRUNCATE
CLOSE	ERRLVL	KILL	READ	TSEQUAL
CLUSTERED	ESCAPE	LEFT	READTEXT	UNION
COALESCE	EXCEPT	LIKE	RECONFIGURE	UNIQUE
COLLATE	EXEC	LINENO	REFERENCES	UNPIVOT
COLUMN	EXECUTE	LOAD	REPLICATION	UPDATE
COMMIT	EXISTS	MERGE	RESTORE	UPDATETEXT
COMPUTE	EXIT	NATIONAL	RESTRICT	USE
CONSTRAINT	EXTERNAL	NOCHECK	RETURN	USER
CONTAINS	FETCH	NONCLUSTERED	REVERT	VALUES
CONTAINSTABLE	FILE	NOT	REVOKE	VARYING
CONTINUE	FILLFACTOR	NULL	RIGHT	VIEW
CONVERT	FOR	NULLIF	ROLLBACK	WAITFOR
CREATE	FOREIGN	OF	ROWCOUNT	WHEN
CROSS	FREETEXT	OFF	ROWGUIDCOL	WHERE
CURRENT	FREETEXTTABLE	OFFSETS	RULE	WHILE
CURRENT_DATE	FROM	ON	SAVE	WITH
CURRENT_TIME	FULL	OPEN	SCHEMA	WRITETEXT

4.2　Transact-SQL 元素

4.2.1　标识符

在 Transact-SQL 中,数据库对象的名称即为其标识符。在 Microsoft SQL Server 系统中,所有的数据库对象都可以有标识符,例如服务器、数据库、表、视图、列、索引、触发器、过程、约束及规则等。大多数对象的标识符是必需的,例如创建表时必须为表指定标识符。但也有一些对象的标识符是可选的,例如创建约束时用户可以不提供标识符,其标识符由系统自动生成。对象标识符是在定义对象时创建的。标识符随后用于引用该对象。

按照标识符的使用方式,可以把这些标识符分为常规标识符和分隔标识符两种类型。常规标识符和分隔标识符包含的字符数必须在 1～128 之间。对于本地临时表,标识符最多可以有 116 个字符。

1. 常规标识符

常规标识符是符合标识符的格式规则的对象名称。在 Transact-SQL 语句中使用常规标识符时,不用使用分隔符将其分隔开。

在 SQL Server 2008 系统中,Transact-SQL 的常规标识符必须符合以下格式规则:

(1) 第一个字符必须是下列字符之一:

- Unicode 标准 3.2 所定义的字母。Unicode 中定义的字母包括拉丁字符 a～z 和 A～Z,以及来自其他语言的字母字符。
- 下划线(_)、at 符号(@)或数字符号(♯)。

(2) 后续字符可以包括:

- Unicode 标准 3.2 中所定义的字母。
- 基本拉丁字符或其他国家/地区字符中的十进制数字。
- at 符号、美元符号($)、下划线或数字符号。

(3) 标识符不能是 Transact-SQL 保留字。

(4) 不允许嵌入空格或其他特殊字符。

(5) 不允许使用增补字符。

在 Transact-SQL 语句中使用标识符时,不符合上述规则的标识符必须由双引号或括号分隔。值得注意的是,Microsoft SQL Server 无法识别分隔开的变量名和存储过程参数,因此,变量名称和存储过程参数名称必须符合常规标识符的规则。

在 SQL Server 中,某些位于标识符开头位置的符号具有特殊意义。以@开头的常规标识符表示局部变量或参数,并且不能用做任何其他类型的对象的名称;以一个♯开头的标识符表示临时表或过程;以♯♯开头的标识符表示全局临时对象。另外,某些 Transact-SQL 函数的名称以@@开头,为了避免与这些函数混淆,不应使用以@@开头的名称。

2. 分隔标识符

包含在双引号("")或方括号([])内的标识符被称为分隔标识符。符合所有标识符格式规则的标识符既可以使用分隔符,也可以不使用分隔符。但是,不符合常规标识符格式规则的标识符必须使用分隔符。

使用双引号分隔的标识符称为引用标识符,使用方括号分隔的标识符称为括号标识符。默认情况下,只能使用括号标识符。

以下两种情况需要使用分隔标识符:一是在对象名称中包含了 SQL Server 2008 保留字时;二是对象名称中使用了未列为限定标识符的字符。

保留的关键字不应作为对象名称。但从 SQL Server 早期版本升级的数据库可能包含这样的标识符:在早期版本中不是保留字而在 SQL Server 2008 系统中是保留字。在改变对象名称之前,可以使用带分隔符的标识符引用该对象。

4.2.2　常量和变量

常量是表示特定数据值的符号。常量的格式取决于它所表示的值的数据类型。

变量是可以保存特定类型的单个数据值的对象,Transact-SQL 中的变量分为两种:用户自己定义的局部变量和系统提供的全局变量。

1. 局部变量

局部变量的作用范围仅限制在程序的内部,即在其中定义局部变量的批处理、存储过程或语句块。局部变量常用来保存临时数据。例如,可以使用局部变量保存表达式的计算结果,作为计数器保存循环执行的次数,或者用来保存由存储过程返回的数据值。

在 Transact-SQL 中,可以使用 DECLARE 语句声明变量。在声明变量时需要注意:为变量指定名称,且必须以@开头;指定该变量的数据类型和长度;默认情况下变量定义后的初始值为 NULL。

可以在一个 DECLARE 语句中声明多个变量,多个变量之间使用逗号分隔开。变量的作用域从声明变量的地方开始到声明变量的批处理的结尾。

有两种为变量赋值的方式:使用 SET 语句为变量赋值和使用 SELECT 语句为变量赋值。

【例 4-1】　定义局部变量@myvar,使用 SET 语句为其赋值,然后输出@myvar 的值。具体命令如下:

```
DECLARE@myvar char(30)
SET@myvar='This is a test sentence.'
PRINT@myvar
```

在 T-SQL 编辑器的查询窗口中运行以上命令,将在运行结果窗口中返回如图 4-1 所示的消息。

【例 4-2】 定义局部变量@myvar，使用 SELECT 语句为其赋值，然后显示@myvar的值。

具体命令如下：

```
DECLARE@myvar char(10)
SELECT@myvar='Hello!'
SELECT@myvar
```

在 T-SQL 编辑器的查询窗口中运行以上命令，将在运行结果窗口中返回如图 4-2 所示的消息。

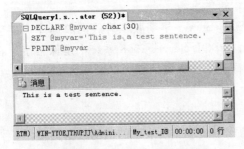

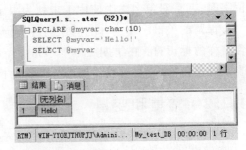

图 4-1 使用 SET 语句为变量赋值   图 4-2 使用 SELECT 语句为变量赋值

2. 全局变量

全局变量是 SQL Server 系统内部使用的变量，其作用范围并不仅仅局限于某一个程序。

全局变量具有以下几个特点：

- 全局变量不是由用户的程序定义的，它们是 SQL Server 系统在服务器级定义的。
- 全局变量通常用来存储一些配置设定值和统计数据，用户可以在程序中用全局变量来测试系统的设定值或者是 Transact-SQL 命令执行后的状态值。
- 用户只能使用系统提供的预先定义的全局变量，不能自己定义全局变量。
- 引用全局变量时，必须以标记符"@@"开头。
- 局部变量的名称不能与全局变量的名称相同，否则会出现不可预测的结果。
- 任何程序均可以随时引用全局变量。

例如，@@VERSION 返回当前的 SQL Server 安装的版本、处理器体系结构、生成日期和操作系统，如图 4-3 所示；@@CONNECTIONS 用于返回自上次启动 SQL Server 以来连接或试图连接的次数；@@LANGUAGE 用于返回当前使用的语言名。

【例 4-3】 执行系统存储过程 sp_monitor 获取预声明的全局变量的信息，以显示有关 Microsoft SQL Server 的统计信息。

具体命令如下：

```
EXEC sp_monitor
GO
```

在 T-SQL 编辑器的查询窗口中运行以上命令,将在运行结果窗口中返回如图 4-4 所示的结果。

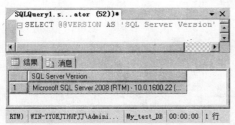

图 4-3   利用@@VERSION 查看 SQL Server 安装版本   图 4-4   SQL Server 相关统计信息

从图 4-4 可以看出,系统给出了@@CPU_BUSY、@@IO_BUSY 和@@PACKETS_RECEIVED 等系统提供的全局变量的信息。

4.2.3 注释

所有的程序设计语言都有注释。注释是程序代码中不执行的文本字符串,用于对代码进行说明或暂时禁用正在进行诊断的部分 Transact-SQL 语句。

使用注释对代码进行说明,便于将来对程序代码进行维护。注释通常用于记录程序名、作者姓名、主要代码更改的日期和描述复杂的算法等。

向代码中添加注释时,需要使用一定的字符进行标识。SQL Server 支持两种类型的注释字符:

- --(双连字符):可与要执行的代码处在同一行,也可另起一行。从双连字符开始到行尾的内容均为注释。对于多行注释,必须在每个注释行的前面使用双连字符。
- /*...*/(正斜杠星号字符对):可与要执行的代码处在同一行,也可另起一行,甚至可以在可执行代码内部。开始注释对(/*)与结束注释对(*/)之间的所有内容均视为注释。对于多行注释,必须使用开始注释字符对(/*)来开始注释,并使用结束注释字符对(*/)来结束注释。

双连字符(--)注释和正斜杠星号字符对(/*…*/)注释都没有注释长度的限制。一般行内注释采用双连字符(--),多行注释采用正斜杠星号字符对。

【例 4-4】 演示在程序中使用不同类型的注释。

具体命令如下:

```
DECLARE@myvar char(10)                --定义变量 myvar
/*下面第一行给变量 myvar 赋值,第二行输出变量值*/
SELECT@myvar='Hello!'
```

```
PRINT@myvar
GO
```

在 T-SQL 编辑器的查询窗口中运行以上命令，将在运行结果窗口中返回如图 4-5 所示的结果。

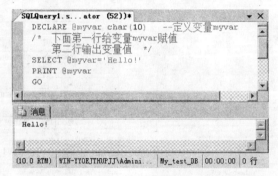

图 4-5　在程序中使用注释

4.2.4　运算符和表达式

运算符是一种符号，可以用于执行算术、比较、串联或赋值操作。在 SQL Server 2008 系统中，可以使用的运算符主要有 7 类：算术运算符、逻辑运算符、赋值运算符、字符串串联运算符、位运算符、一元运算符以及比较运算符。

表达式是标识符、值和运算符的组合，SQL Server 可以对其求值以获取结果。在 SQL Server 2008 系统中，表达式可以在多个不同的位置使用，这些位置包括查询中检索数据的一部分、搜索数据的条件等。

表达式可以分为简单表达式和复杂表达式两种类型。简单表达式只是一个变量、常量、列名、函数或子查询，复杂表达式是由两个或多个简单表达式通过使用运算符连接起来的表达式。在复杂表达式中，两个或多个表达式有相同的数据类型，优先级低的数据类型可以隐式转换为优先级高的数据类型。

1. 算术运算符

可以在多维表达式中使用算术运算符执行算术运算，包含加法、减法、乘法以及除法。Transact-SQL 支持的算术运算符如表 4-3 所示。

表 4-3　算术运算符

运算符	功　能
＋	数值型数据的加法运算
/	数值型数据的除法运算
*	数值型数据的乘法运算
—	数值型数据的减法运算
^	数值型数据的幂运算，以一个数为底，另一个数为幂求值
%	数值型数据的取模运算，返回两数相除后的余数

2. 比较运算符

比较运算符用于比较两个表达式的值是否相等。可以在任何多维表达式中使用比较运算符。比较运算符的计算结果为布尔数据类型，并根据所测试条件的输出结果返回 TRUE 或 FALSE。如果比较运算符左右任一参数的计算结果等于空值，此运算符将返回空值，除非进行了 0＝NULL 比较，在这种情况下，输出结果返回 TRUE。Transact-SQL 支持的比较运算符如表 4-4 所示。

表 4-4　比较运算符

运算符	功能	运算符	功能
＝	等于	＞＝	大于或等于，等同于!＜
＞	大于	＜＝	小于或等于，等同于!＞
＜	小于	＜＞	不等于，等同于!＝

3. 逻辑运算符

逻辑运算符用于计算指定的布尔表达式。逻辑运算符的运算结果值是布尔数据类型 TRUE 或 FALSE。TRUE 表示条件成立，FALSE 则表示条件不成立。在对数据库中的数据进行查询时，常用比较运算符和逻辑运算符来构造查询条件。Transact-SQL 支持的逻辑运算符如表 4-5 所示。

表 4-5　逻辑运算符

运算符	功　能
ALL	AND 运算符的扩展，将二元运算推广到多元运算。如果一组的比较都为 TRUE，则比较结果为 TRUE
AND	组合两个布尔表达式。如果两个表达式都为 TRUE，则组合结果为 TRUE
ANY	OR 运算符的扩展，将二元运算推广到多元运算。如果一组的比较中任何一个为 TRUE，则比较结果为 TRUE
BETWEEN	如果操作数在某个范围之内，那么结果为 TRUE
EXISTS	如果自查询中包含了一些行，那么结果为 TRUE
IN	如果操作数与表达式列表中的任何一项匹配，那么结果为 TRUE
LIKE	如果操作数与某种模式相匹配，那么结果为 TRUE
NOT	对任何其他布尔运算符的结果值取反
OR	如果两个布尔表达式中的任何一个为 TRUE，那么结果为 TRUE
SOME	如果在一组比较中，有些比较为 TRUE，那么结果为 TRUE

SQL Server 2008 还提供了 4 种通配符，用于与逻辑运算符一起描述一组符合特定条件的表达式。Transact-SQL 支持的通配符及其说明如表 4-6 所示。

表 4-6　通配符及其含义

通配符	说　明	示　例
％	包含零个或多个字符的任意字符串	LIKE '％computer％' 将查找任意位置包含单词 computer 的所有字符串
_（下划线）	任何单个字符	LIKE '_an' 将查找以 an 结尾的所有三个字母的字符串
[ ]	指定范围（[a～f]）或集合（[abcdef]）中的任何单个字符	LIKE '[A－K]test' 将查找以 test 结尾并且以介于 A 与 K 之间的任何单个字符开始的字符串
[^]	不属于指定范围（[a～f]）或集合（[abcdef]）的任何单个字符	LIKE 'de[^1]％' 将查找以 de 开始并且其后的字母不为 1 的所有字符串

4. 位运算符

位运算符可以在两个表达式之间执行位操作运算。这两个表达式可以是整数数据类型中的任何数据类型。Transact-SQL 支持的位运算符如表 4-7 所示。

5. 一元运算符

一元运算符对单个操作数执行操作。该操作数可以是 numeric 数据类型类别中的任意一种数据类型。Transact-SQL 支持的一元运算符如表 4-8 所示。

表 4-7　位运算符

运算符	功　能
&	对两个整数值执行位与逻辑运算
|	对两个整数值执行位或逻辑运算
^	对两个整数值执行位异或逻辑运算
～	对整数值执行逻辑位非运算

表 4-8　一元运算符

运算符	功　能
－	返回数值表达式的负值
＋	返回数值表达式的正值
～	返回数值表达式的逻辑非

6. 赋值运算符

在 Transact-SQL 中，赋值运算符只有一个，就是等号（＝）。赋值运算符主要用于给变量赋值，除此之外，还可以为表中的列改变列标题。赋值运算符几乎会出现在所有的语句中。

7. 字符串串联运算符

与赋值运算符一样，字符串串联运算符也只有一个加号（＋），用于将两个字符串串联起来，构成字符串表达式。

例如，语句 SELECT "abc"＋"123"＋"def"的运行结果为 abc123def。

8. 运算符的优先级

在 SQL Server 2008 中，当一个复杂的表达式中含有多个运算符时，运算符的优先级将决定执行表达式计算和比较的顺序。当运算符的优先级不同时，先对较高优先级的运算符进行运算;当运算符的优先级相同时,按照它们在表达式中的位置从左到右进行运算。值得注意的是,如果表达式中使用了括号,则优先进行括号中的表达式的运算。

运算符的优先级按照由高到低的顺序排列,如表 4-9 所示。

表 4-9　运算符的优先级

级别	运　算　符
1	～(位非)
2	*(乘)、/(除)、%(取模)
3	+(正)、-(负)、+(加)、+(连接)、-(减)、&(位与)、^(位异或)、|(位或)
4	=,>,<,>= ,<= ,<> ,!= ,!> ,!<(比较运算符)
5	NOT
6	AND
7	ALL、ANY、BETWEEN、IN、LIKE、OR、SOME
8	=(赋值)

4.2.5　内置函数

函数是一个 Transact-SQL 语句的集合,每个函数用于完成某种特定的功能。SQL Server 2008 系统提供了许多内置函数以完成许多特殊的操作,增强了系统的功能,提高了系统的易用性。

可以把 SQL Server 2008 系统提供的内置函数分为 4 大类:行集函数、聚合函数、排名函数和标量函数。其中,标量函数又可分为 10 种类型。每一种类型的内置函数都可以完成某种类型的操作,这些类型的函数名称和描述如表 4-10 所示。

表 4-10　内置函数的类型和描述

函　　数	说　　明
行集函数	返回可在 SQL 语句中像表引用一样使用的对象
聚合函数	对一组值进行运算,但返回一个汇总值
排名函数	对分区中的每一行均返回一个排名值
配置函数	返回当前配置的信息
游标函数	返回有关游标状态的信息
日期和时间函数	对日期和时间输入值执行运算,然后返回字符串、数字或日期和时间值
数学函数	执行对数、指数、三角函数等数学运算
元数据函数	返回有关数据库和数据库对象的信息
安全函数	返回有关用户和角色的信息
字符串函数	对字符串(char 或 varchar)执行替换、截断、合并等操作
系统函数	返回 SQL Server 实例中有关值、对象和设置的信息
系统统计函数	返回 SQL Server 系统统计信息
文本和图像函数	对文本或图像输入值或列执行运算,然后返回有关值的信息

如果任何时候用一组特定的输入值调用内置函数，返回的结果总是相同的，则这些内置函数为确定的。如果每次调用内置函数时，即使用的是同一组特定输入值，也总返回不同结果，则这些内置函数为不确定的。由此，可以把这些内置函数分为确定性函数和非确定性函数。

只有确定性函数才可以在索引视图、索引计算列、持久化计算列、用户定义的函数中调用。在 SQL Server 2008 系统中，所有的配置函数、游标函数、元数据函数、安全函数、系统统计函数等都是非确定性函数。

4.3　程序设计中批处理的基本概念

批处理是包含一个或多个 Transact-SQL 语句的组，这些语句被应用程序一次性地发送到 SQL Server 执行。SQL Server 将批处理语句作为整体编译成一个可执行单元，此单元称为执行计划。执行计划中的语句每次执行一条。

批处理的大小有一定的限制，批处理结束的符号或标志是关键字 GO。批处理可以交互地运行或从一个文件中运行。提交给 SQL Server 执行的文件可以包含多个 SQL 批处理，每个批处理之间以批处理分隔符 GO 命令中止。

在 SQL Server 中，存储过程、触发器内的所有语句、由 EXECUTE 语句执行的字符串均作为一个执行单元，其所有 SQL 语句构成一个批处理，并生成单个执行计划。

在使用批处理时，用户应当注意如下事项：

- 不能在批处理中既创建又使用 CHECK 约束。
- 不能既删除又重建同一个批处理。
- 不能在改变表中的某个列的同时即引用其新列。
- 规则和默认不能在同一个批处理中既绑定又被使用。
- 如果 EXECUTE 语句是批处理中的第一句，则不需要指定 EXECUTE 关键字，反之则需要。
- CREATE DEFAULT、CREATE FUNCTION、CREATE PROCEDURE、CREATE RULE、CREATE SCHEMA、CREATE TRIGGER 和 CREATE VIEW 语句不能在批处理中与其他语句组合使用。所有跟在批处理中 CREATE 语句后的其他语句将被解释为第一个 CREATE 语句定义的一部分。

批处理语句在执行前，需要被编译成执行计划。如果在编译过程中出现错误提示信息（如语法错误），则编译失败，这时批处理中的任何语句均无法执行。在执行过程中如果出现运行时错误（如算术溢出或违反约束），SQL Server 将可能使用如下两种处理方法：

- 大多数运行时错误将停止执行批处理中当前语句和它之后的语句。
- 少数运行时错误（如违反约束）仅停止执行当前语句，而继续执行批处理中其他所有语句。

但是，在遇到运行时错误之前执行的语句将不受任何影响，除非是在事务中使用批处理而且批处理的运行时错误将会产生事务回滚。例如，在用户创建的某个批处理中包含 20 条 SQL 语句，如果 SQL Server 在编译该批处理时发现其中的第 5 条语句存在一个语法错误,则编译过程停止,该批处理中的任何语句都将不被执行。如果改正所有语法错误后,重新编译该批处理并生成了可执行的执行计划,但其中的第 10 条语句在执行时发生了运行时错误,则前 9 条语句的运行结果将不受影响,因为它们已经被成功执行。

【例 4-5】 初学者在编程中经常会编写无效的批处理命令,下面就是一个无效批处理的例子。

```
USE My_test_DB
GO
CREATE TABLE test(c1 smallint,c2 varchar(5))
GO
ALTER TABLE test
ADD c3 int
INSERT INTO test values(1,'OK',300)
GO
```

在 T-SQL 编辑器的查询窗口中运行以上命令,将在运行结果窗口中返回如图 4-6 所示的错误消息。

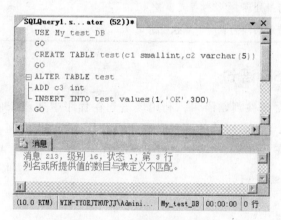

图 4-6　无效的批处理导致错误

上述消息表明此批处理无效的原因在于在第三个批处理中在改变新建表 test 中的某个列后,在插入语句中立即引用了该新列。

4.4　Transact-SQL 控制流语句

一般地,结构化程序设计语言的基本结构有顺序结构、条件分支结构和循环结构。其中,顺序结构是一种自然结构,而条件分支结构和循环结构都需要根据程序的执行状况对程序的执行顺序进行调整。

在 Transact-SQL 中,用于控制语句流的语句被称为控制流语句。用户通过使用控制流语句可以控制程序的流程,允许语句彼此相关及相互依赖。控制流语句可以用于单个的 SQL 语句、语句块和存储过程的执行。Transact-SQL 提供了称为控制流语言的特殊关键字,如表 4-11 所示。

表 4-11 Transact-SQL 控制流语言关键字

关 键 字	描　　述
BEGIN…END	定义语句块,这些语句块作为一组语句执行,允许语句块嵌套
BREAK	退出 WHILE 循环内部的 WHILE 语句或 IF…ELSE 语句最里面的循环。将执行出现在 END 关键字后面的任何语句,END 关键字为循环结束标记
CONTINUE	重新开始循环。在 CONTINUE 关键字之后的任何语句都将被忽略
GOTO <label>	将执行流更改到标签处,跳过 GOTO 后面的 Transact-SQL 语句,并从标签位置继续处理。GOTO 语句和标签可在过程、批处理或语句块中的任何位置使用。GOTO 语句可嵌套使用
IF…ELSE	定义条件执行的 Transact-SQL 语句,及可选地定义条件不符合时的替代执行的 Transact-SQL 语句
RETURN	从查询或过程中无条件退出。不执行 RETURN 之后的语句
TRY…CATCH	使 Transact-SQL 实现错误处理。Transact-SQL 语句组可以包含在 TRY 块中,如果 TRY 块内部发生错误,则会将控制传递给 CATCH 块中包含的另一个语句组
WAITFOR	在达到指定时间或时间间隔之前,或者指定语句至少修改或返回一行之前,阻止执行批处理、存储过程或事务
WHILE	当特定条件为真时重复执行语句

4.4.1　IF…ELSE 语句

IF…ELSE 语句是条件判断语句。利用该语句在程序中处理条件,可完成不同的分支操作。其中,ELSE 子句是可选的。可以嵌套使用 IF…ELSE 语句。

【例 4-6】 练习在 Transact-SQL 语句中使用 IF…ELSE 语句。具体命令如下：

```
DECLARE@ score AS tinyint
SET@ score=59
IF@ score< 60
    PRINT '没有通过考试'
ELSE
    PRINT '考试通过'
GO
```

在 T-SQL 编辑器的查询窗口中运行以上命令,将在运行结果窗口中返回如图 4-7 所示的结果。

4.4.2　BEGIN…END 语句

BEGIN…END 语句可以将多个 Transact-SQL 语句组合成一个语句块,并将它们视为一个单元处理。在条件或循环等控制流语句中,要执行两个或多个 Transact-SQL 语句时,需要使用 BEGIN…END 语句。

【例 4-7】 练习使用 BEGIN…END 语句,使多语句被视为一个处理单元,从而使 IF 语句在运算结果为 FALSE 时跳过整个语句块。

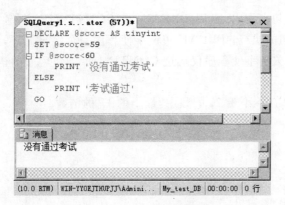

图 4-7   IF…ELSE 语句的使用

具体命令如下：

```
DECLARE@ score AS tinyint
SET@ score= 90
IF@ score< 60
  BEGIN
    PRINT '您的分数为'+STR(@ score)
    PRINT '没有通过考试'
  END
ELSE
  PRINT '考试通过'
GO
```

在 T-SQL 编辑器的查询窗口中运行以上命令,将在运行结果窗口中返回如图 4-8 所示的结果。

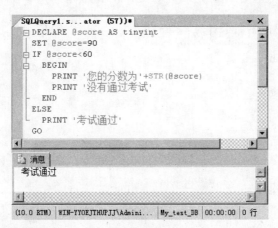

图 4-8   BEGIN…END 语句的使用

4.4.3   WHILE 语句

利用 WHILE 语句可以设置重复执行 SQL 语句或语句块的条件,只要指定的条件为

真,就重复执行语句。可以使用 BREAK 和 CONTINUE 关键字在循环内部控制
WHILE 循环中语句的执行:BREAK 关键字使程序完全跳出循环,结束 WHILE 语句的
执行;CONTINUE 关键字使程序仅跳过 CONTINUE 语句后面的语句,回到 WHILE 循
环的指定条件。

【例 4-8】 计算在不小于 20 的数中,最小的 13 的倍数。

具体命令如下:

```
DECLARE@i AS tinyint
SET@i=20
WHILE(@i%13 !=0)
    SET@i=@i+1
PRINT@i
GO
```

在 T-SQL 编辑器的查询窗口中运行以上命令,将在运行结果窗口中返回如图 4-9 所
示的结果。

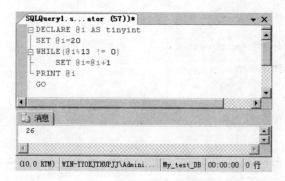

图 4-9　WHILE 语句的使用

本例还可以使用以下命令计算:

```
DECLARE@i AS tinyint
SET@i=20
WHILE(1=1)
  BEGIN
    IF(@i%13=0)
      BREAK
    ELSE
      SET@i=@i+1
  END
PRINT@i
GO
```

在 T-SQL 编辑器的查询窗口中运行以上命令,将同样在运行结果窗口中返回如
图 4-9 所示的结果。

【例 4-9】 使用 Transact-SQL 编程计算 1～50 之间所有能被 4 整除的数的个数和

总和。

具体命令如下：

```
DECLARE@i tinyint,@sum smallint,@num tinyint
SET@i=1
SET@sum=0
SET@num=0
WHILE(@i<=50)
  BEGIN
    IF(@i%4=0)
      BEGIN
        SET@num=@num+1
        SET@sum=@sum+@i
      END
    SET@i=@i+1
  END
PRINT '个数是'+STR(@num)
PRINT '总和是'+STR(@sum)
GO
```

在 T-SQL 编辑器的查询窗口中运行以上命令，将在运行结果窗口中返回如图 4-10 所示的结果。

图 4-10　WHILE 语句的使用

4.4.4　CASE 表达式

CASE 语句用于处理多个条件，完成不同的分支操作。CASE 表达式有两种格式：通过将表达式与一组简单的表达式进行比较来确定结果的 CASE 简单表达式；通过计算一组布尔表达式来确定结果的 CASE 搜索表达式。这两种格式都支持可选的 ELSE

参数。

通过使用 CASE 可以简化 SQL 表达式，CASE 可以用于任何允许使用有效表达式的地方。例如，可以在 SELECT、UPDATE、DELETE 和 SET 等语句中使用 CASE 关键字。值得注意的是，在 SELECT 语句中的简单 CASE 表达式只允许等值检查，不允许其他比较。

【例 4-10】 使用 CASE 简单表达式示例 CASE 关键字在 SELECT 语句中的应用。

首先创建一个临时使用的简单表 stud_score，用于记录学生成绩，其中含有学号 stud_id、平时成绩 usual 和期末成绩 final 三个字段。具体命令如下：

```
USE My_test_DB
GO
CREATE TABLE stud_score
(
    stud_id char(6) PRIMARY KEY,
    usual tinyint NOT NULL,
    final tinyint
)
GO
```

然后，向其中添加 5 条记录，具体命令如下：

```
USE My_test_DB
GO
INSERT INTO stud_score VALUES('100000',90,88)
GO
INSERT INTO stud_score VALUES('100001',85,55)
GO
INSERT INTO stud_score VALUES('100002',90,66)
GO
INSERT INTO stud_score VALUES('100003',80,NULL)
GO
INSERT INTO stud_score VALUES('100004',90,77)
GO
```

对表 stud_score 进行查询，凡期末成绩为空者输出"缺考"，少于 60 分的输出"不及格"，60 分及其以上输出"及格"。

具体命令如下：

```
USE My_test_DB
GO
SELECT '学号'=stud_id,'期末'=
    CASE
        WHEN final IS NULL THEN '缺考'
        WHEN final>=60 THEN '及格'
        WHEN final<60 THEN '不及格'
```

```
END,
  '平时'=usual
FROM stud_score
GO
```

在 T-SQL 编辑器的查询窗口中运行以上命令,将在运行结果窗口中返回如图 4-11
所示的结果。

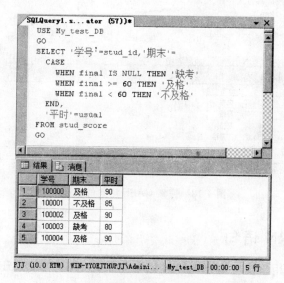

图 4-11　简单 CASE 语句的使用

【例 4-11】　对表 stud_score 进行查询,以平时成绩占总分 20％、期末成绩占 80％计
算最终得分(缺考按 0 分计)。最终成绩少于 60 分的输出"不及格",60～74 分的输出"及
格",75～84 分输出"良好",85 分及其以上输出"优秀"。

具体命令如下:

```
USE My_test_DB
GO
SELECT stud_id AS '学号',
  CASE
    WHEN usual * 0.2+ISNULL(final,0) * 0.8>=85 THEN '优秀'
    WHEN usual * 0.2+ISNULL(final,0) * 0.8>=75 THEN '良好'
    WHEN usual * 0.2+ISNULL(final,0) * 0.8>=60 THEN '及格'
    ELSE '不及格'
  END
  AS '最终'
FROM stud_score
GO
```

其中,ISNULL 函数用于使用指定的替换值替换 NULL。

在 T-SQL 编辑器的查询窗口中运行以上命令,将在运行结果窗口中返回如图 4-12

所示的结果。

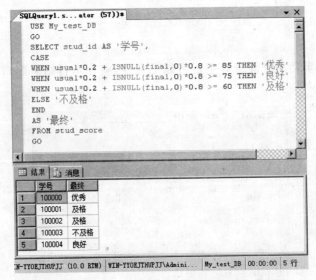

图 4-12　搜索 CASE 语句的使用

4.4.5　RETURN 语句

RETURN 语句用于实现从查询或过程中无条件退出。RETURN 的执行是即时且完全的，RETURN 之后的语句不执行。

RETURN 子句可以返回一个整数给调用它的过程或应用程序。返回值 0 表明成功地返回，保留负数 −1～−99 代表不同的出错原因，如 −1 是指"对象丢失"，−2 是指"发生数据类型错误"。如果未提供用户定义的返回值，则使用 SQL Server 系统定义值。用户定义的返回状态值不能与 SQL Server 的保留值相冲突。当前使用的保留值是从 0 到 −14。

【例 4-12】　创建一个用户存储过程，如果在执行时没有指定相应的参数，则 RETURN 将使过程向用户发送一条消息后退出，否则返回状态代码 1。

具体命令如下：

```
USE My_test_DB
GO
CREATE PROC test@ input int=NULL
AS
IF@ input IS NULL
  BEGIN
    PRINT 'You must give a input value'
    RETURN
  END
ELSE
  RETURN 1
GO
```

在 T-SQL 编辑器的查询窗口中运行以上命令,将在运行结果的消息窗口中显示"命令已成功完成",说明已创建好该存储过程。

在 T-SQL 编辑器的查询窗口中运行如下命令:

```
USE My_test_DB
GO
EXEC test
GO
```

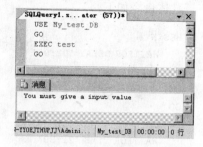

将在运行结果窗口中返回如图 4-13 所示的消息。

在 T-SQL 编辑器的查询窗口中运行如下命令:

```
USE My_test_DB
GO
EXEC test@input=2010
GO
```

图 4-13　无参数执行存储过程

将在运行结果窗口中返回如图 4-14 所示的消息。

若要取得存储过程上述的返回状态代码,可以使用语句 EXEC @return_status = proc_name。具体命令如下:

```
USE My_test_DB
GO
DECLARE@return_status int
EXEC@return_status=test 2010
PRINT@return_status
GO
```

在 T-SQL 编辑器的查询窗口中运行以上命令,将在运行结果窗口中返回如图 4-15 所示的消息。

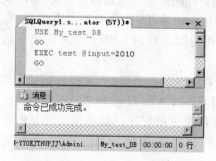

图 4-14　含参数执行存储过程

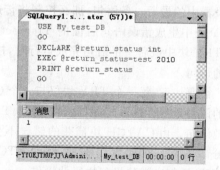

图 4-15　获取存储过程的返回值

4.4.6　WAITFOR 语句

WAITFOR 语句用于暂时停止执行批处理、存储过程或事务,直到达到指定时间或时间间隔,或者直到指定语句至少修改或返回一行记录。

【例 4-13】　使用 WAITFOR 语句，实现在两小时的延迟后执行存储过程 sp_help，在晚上 9:30 执行存储过程 sp_helpdb。

具体命令如下：

```
BEGIN
    WAITFOR DELAY '02:00'
    EXECUTE sp_help
END
GO
BEGIN
    WAITFOR TIME '21:30'
    EXECUTE sp_helpdb
END
GO
```

4.4.7　TRY…CATCH 语句

TRY…CATCH 语句实现了错误处理。其语法格式如下：

```
BEGIN TRY
    {sql_statement|statement_block}
END TRY
BEGIN CATCH
    [{sql_statement|statement_block}]
END CATCH
[;]
```

如果 TRY 块包含的 Transact-SQL 语句组发生错误，控制将被传递给 CATCH 块中的第一个语句以开始处理该错误。CATCH 块处理完该错误之后，控制将被传递到 END CATCH 语句后面的第一个 Transact-SQL 语句。如果 END CATCH 语句是存储过程或触发器中的最后一条语句，那么控制将传递到调用该存储过程或触发器的语句，将不执行 TRY 块中生成错误语句后面的 Transact-SQL 语句。如果 TRY 块内部没有错误，那么当 TRY 块中最后一个语句完成运行时，控制将被传递到关联的 END CATCH 语句后紧跟的语句。

需要注意，每一个 TRY 块仅与一个 CATCH 块关联。由于 TRY 块和 CATCH 块之间的语句是不会执行的，因此，在 END TRY 和 BEGIN CATCH 语句之间不能放置任何其他语句。由 CATCH 块捕获的错误不会返回到调用应用程序。如果错误消息的任何部分都必须返回到应用程序，则 CATCH 块中的代码必须使用 SELECT 结果集或 PRINT 语句之类的机制执行此操作。

TRY…CATCH 语句可以嵌套使用。TRY 块或 CATCH 块均可包含嵌套的 TRY…CATCH 语句。例如，CATCH 块可以包含内嵌的 TRY…CATCH 语句，以处理 CATCH 代码所遇到的错误。

在 TRY…CATCH 语句中，使用错误函数来捕捉错误信息。在 CATCH 块的作用域内，可以使用以下系统函数来获取导致 CATCH 块执行的错误消息：

- ERROR_NUMBER()：返回错误号。
- ERROR_MESSAGE()：返回错误消息的完整文本。
- ERROR_SEVERITY()：返回错误的严重性。
- ERROR_STATE()：返回错误状态号。
- ERROR_LINE()：返回导致错误的例程中的行号。
- ERROR_PROCEDURE()：返回出现错误的存储过程或触发器的名称。

【例 4-14】　使用 TRY…CATCH 语句。TRY 块内部出现了将 0 作为除数的错误，CATCH 块捕捉到了这个错误，并且显示关于该错误的各种错误信息。

具体命令如下：

```
BEGIN TRY
  PRINT 5/0
END TRY
BEGIN CATCH
  SELECT
    ERROR_NUMBER()AS N'ErrorNumber',
    ERROR_MESSAGE()AS N'ErrorMessage',
    ERROR_SEVERITY()AS N'ErrorSeverity',
    ERROR_STATE()AS N'ErrorState',
    ERROR_LINE()AS N'ErrorLine',
    ERROR_PROCEDURE()AS N'ErrorProcedure'
END CATCH
GO
```

其中，"N'ErrorNumber'"中的"N"表示以 Unicode 字符集的方式显示"ErrorNumber"的文本。

在 T-SQL 编辑器的查询窗口中运行以上命令，将在运行结果窗口中返回如图 4-16 所示的结果。

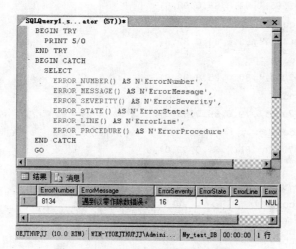

图 4-16　TRY…CATCH 语句的使用

第5章

数 据 检 索

　　在介绍了表的创建并介绍了必要情况下对表的修改之后,下面介绍对表的内容进行查询等操作,以发挥数据库应有的提供信息的作用。查询主要是根据用户提供的限定条件进行,查询的结果将返回一张能满足用户要求的表,查询主要由 SELECT 语句来完成,在创建好数据库及数据库下的表并输入数据后,用户就可以对数据进行检索了。

　　考虑到在本章实验中,需要使用到数据库 My_test_DB 中表 staff_score 中的数据,而该表在前面的章节中,并没有进行记录添加,所以在本章内容开始前,请读者在 SQL 查询分析器的查询窗口中运行如下命令,进行记录添加,以备本章的实验使用。

```
USE My_test_DB
INSERT staff_score
VALUES(2006,'960651',86.5,90.0,76.0)
INSERT staff_score
VALUES(2006,'960811',91.0,55.0,95.0)
INSERT staff_score
VALUES(2006,'964427',87.0,79.5,80.0)
INSERT staff_score
VALUES(2007,'960651',89.0,89.0,90.0)
INSERT staff_score
VALUES(2007,'964427',80.0,84.0,82.0)
INSERT staff_score
VALUES(2007,'970101',80.0,85.0,88.0)
INSERT staff_score
VALUES(2007,'970801',79.0,86.0,89.5)
INSERT staff_score
VALUES(2007,'970811',86.0,87.0,92.0)
INSERT staff_score
VALUES(2007,'970890',77.5,80.0,78.0)
INSERT staff_score
VALUES(2008,'970101',88.0,89.0,93.0)
INSERT staff_score
VALUES(2008,'970801',90.0,60.0,75.0)
INSERT staff_score
```

```
VALUES(2008,'970890',75.0,74.0,78.0)
INSERT staff_score
VALUES(2008,'980609',87.0,79.0,89.0)
INSERT staff_score
VALUES(2008,'980814',84.5,82.0,80.0)
INSERT staff_score
VALUES(2008,'982104',81.0,85.5,80.0)
INSERT staff_score
VALUES(2009,'980609',87.5,86.5,88.0)
INSERT staff_score
VALUES(2009,'980814',88.0,91.5,92.0)
INSERT staff_score
VALUES(2009,'982104',77.0,81.0,80.0)
```

执行完命令后就可以在 My_test_DB 数据库中的 staff_score 表中添加下面实验所需的数据了。用户还可以再次在查询窗口中运行如下命令：

```
SELECT * FROM My_test_DB.dbo.staff_score
```

来查看刚刚插入的记录，如图 5-1 所示。

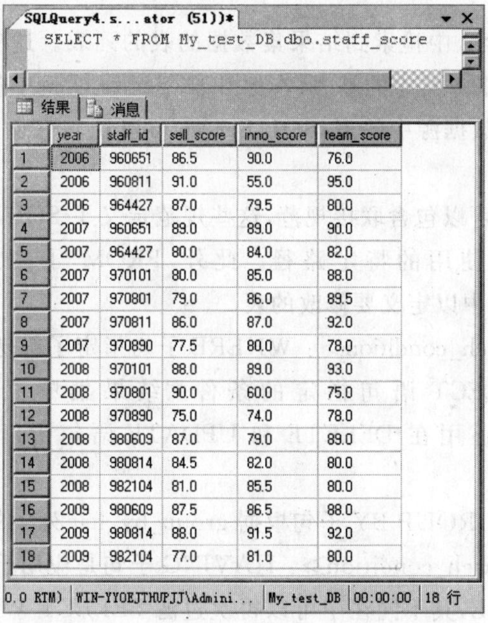

	year	staff_id	sell_score	inno_score	team_score
1	2006	960651	86.5	90.0	76.0
2	2006	960811	91.0	55.0	95.0
3	2006	964427	87.0	79.5	80.0
4	2007	960651	89.0	89.0	90.0
5	2007	964427	80.0	84.0	82.0
6	2007	970101	80.0	85.0	88.0
7	2007	970801	79.0	86.0	89.5
8	2007	970811	86.0	87.0	92.0
9	2007	970890	77.5	80.0	78.0
10	2008	970101	88.0	89.0	93.0
11	2008	970801	90.0	60.0	75.0
12	2008	970890	75.0	74.0	78.0
13	2008	980609	87.0	79.0	89.0
14	2008	980814	84.5	82.0	80.0
15	2008	982104	81.0	85.5	80.0
16	2009	980609	87.5	86.5	88.0
17	2009	980814	88.0	91.5	92.0
18	2009	982104	77.0	81.0	80.0

图 5-1　查看表中的数据操作结果

5.1　SELECT 语句

前面谈到了用 SELECT 语句来查看表中的记录，下面来介绍一下 SELECT 语句及与其他一系列子句的配合使用，虽然 SELECT 语句的完整语法较复杂，但是它的主要子句可归纳如下：

```
SELECT(select_list)
    INTO new_table_name
    FROM(table_list)
    [WHERE<search_condition>]
    [GROUP BY(group_by_list)]
    [HAVING<search_condition>]
    [ORDER BY(order_list)[ASC|DESC]]
```

其中：

- select_list：所要查询的字段名称，它可以是从多个表格中取出来的字段，可以是一个描述结果集的列，也可以是一个逗号分隔的表达式列表，每个表达式都同时定义了数据类型和大小以及结果集列的数据来源。通常，每个选择列表表达式都是对数据所在的源表或视图中的列的引用，但也可能是对任何其他表达式的引用。此外，还可以在选择列表中使用" * "表达式，以返回源表的所有列。

- INTO new_table_name：指定使用结果集来创建新表，new_table_name 指定新表的名称。

- table_list：包含从中检索到结果集数据的表的列表。这些来源可以是运行 SQL Server 的本地服务器中的基表、本地 SQL Server 实例中的视图以及链接表，链接表是 OLE DB 数据源中的表，SQL Server 可以访问它们，这种访问通常称为"分布式查询"。

- FROM 子句还可以包含联接规范，这些规范定义了 SQL Server 在从一个表导航到另一个表时使用的特定路径。此外，FROM 子句还可用在 DELETE 和 UPDATE 语句中以定义要修改的表。

- WHERE<search_condition>：WHERE 子句指定了筛选条件，它要求源表中的行要满足 SELECT 语句指定的条件。结果集中只提供符合条件的行。WHERE 子句还用在 DELETE 和 UPDATE 语句中以定义目标表中要修改的行。

- GROUP BY：GROUP BY 子句根据 group_by_list 列中的值将结果集分成组。

- HAVING<search_condition>：HAVING 子句是应用于结果集的附加筛选。功能如同 WHERE，其不同在于可以再次过滤 SELECT WHERE 语句查询到的结果，从逻辑上讲，HAVING 子句是从应用了任何 FROM、WHERE 或 GROUP BY 子句的 SELECT 语句而生成的中间结果集中筛选行。通常 HAVING 子句会与 GROUP BY 子句一起使用。

- ORDER BY(order_list)[ASC|DESC]：将查询结果以某字段或运算值作为数据排序条件，再传回，它定义了结果集中行的排序顺序。其中 ASC 和 DESC 分别用于指定排序行的排列顺序是升序还是降序。

"SELECT * "是用来进行数据检索的最基本的语句。其中"*"可以用来代表所查询的表中的所有字段的字段名。查询结果将以在 CREATE TABLE 语句中的相同的字段顺序来显示。如果要指定查询的列,可以在 SELECT 后列出指定的字段表列,查询结果将以指定的字段顺序显示。

【例 5-1】　查询数据库 My_test_DB 中表 property_manage 中的所有信息。

具体命令如下:

```
USE My_test_DB
SELECT * FROM property_manage
```

在 T-SQL 编辑器的查询窗口中运行以上命令,在运行结果窗口中返回的查询结果如图 5-2 所示。

上述结果列出了表 property_manage 中所有的内容。

在查询指定字段的同时,还可以修改所查字段在查询结果中显示的字段名,以增加结果的可读性。

【例 5-2】　把表 staff_score 中 inno_score 字段名在查询结果的显示中改为 innovation_score,以便于阅读,本查询要求列出学年度(year)、编号(staff_id)、考查项目(item#)及创新成绩(表中字段名为 inno_score,在输出时改为 innovation_score)等信息。

图 5-2　【例 5-1】的查询结果

具体命令如下:

```
USE My_test_DB
SELECT year,staff_id,item#='Innovation score',innovation_score=inno_score
FROM staff_score
```

在 T-SQL 编辑器的查询窗口中运行以上命令,在运行结果窗口中返回的查询结果如图 5-3 所示。

通过关键字 AS 也可以创建有可读性的别名,具体命令如下:

```
USE My_test_DB
SELECT year,staff_id,'Innovation score' AS item#,inno_score AS innovation_score
FROM staff_score
```

在 T-SQL 编辑器的查询窗口中运行以上命令,在运行结果窗口中返回的查询结果如图 5-4 所示。

在查询中,还可以加入运算符对原始表中的数据进行计算,如算术运算或函数运算。

【例 5-3】　把员工的数学成绩 sell_score 进行输出,且输出值以 new_sell_score 表示,并在原有值的基础上提高了 10%。

图 5-3 【例 5-2】的查询结果   图 5-4 【例 5-2】使用 AS 语句的查询结果

具体命令如下:

```
SELECT year,staff_id,sell_score,new_sell_score=sell_score*1.10
FROM staff_score
```

在 T-SQL 编辑器的查询窗口中运行以上命令,在运行结果窗口中返回的查询结果如图 5-5 所示。从结果中可以看出,new_sell_score 比原来的 sell_score 值增加了10%。

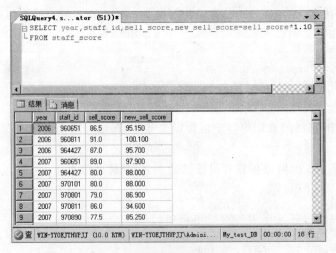

图 5-5 【例 5-3】的查询结果

在对记录值进行数学运算时,请读者注意运算符的优先级:

先乘除(＊、/、％)、后加减(＋ 、－),相同优先级时,表达式采用从左到右的计算顺序。为了有效减少不必要的错误,建议采用括号以明确优先级。

在查询中也可以使用总计函数返回数据,其基本语法如下:

```
SELECT caption=function_name(col_name)
```

总计函数共有 6 个,它们分别是:

- SUM():求总和。
- AVG():求平均值。
- MIN():求最小值。
- MAX():求最大值。
- COUNT():传回非 NULL 值的字段数目。
- COUNT(＊):传回符合查询条件的数目。

【例 5-4】 通过 AVG()函数返回每年度员工的平均成绩。

具体命令如下:

```
SELECT year,average=AVG(inno_score)
FROM staff_score
GROUP BY year
ORDER BY year
```

在 T-SQL 编辑器的查询窗口中运行以上命令,在运行结果窗口中返回的查询结果如图 5-6 所示。

值得提出的是,本例中包含了 GROUP BY year 和 ORDER BY year 两个子句。GROUP BY 子句的意思是根据年度(year)分组,ORDER BY 子句的意思是根据年度排序。对照结果不难理解它们的功能。

图 5-6 【例 5-4】的查询结果

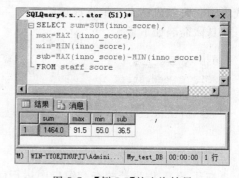

图 5-7 【例 5-5】的查询结果

【例 5-5】 查询 staff_score 表中成绩字段 inno_score 中的总成绩、最高分、最低分以及最高分和最低分的差额。

具体命令如下:

```
SELECT sum=SUM(inno_score),
max=MAX(inno_score),
min=MIN(inno_score),
sub=MAX(inno_score)-MIN(inno_score)
FROM staff_score
```

在 T-SQL 编辑器的查询窗口中运行以上命令,在运行结果窗口中返回的查询结果如图 5-7 所示。

SQL Server 2008 除了提供操作数字型数据的函数外，还提供了对字符串、日期等的操作函数。所有这些函数的功能和用法，可以参看 SQL Server 2008 的有关手册。

5.2 带条件的检索

在检索过程中，经常需要对数据根据一定的条件进行过滤，这就是带条件的检索，带条件的检索主要使用 WHERE、HAVING、GROUP BY 等子句。

5.2.1 WHERE 子句

在检索信息时可以通过 WHERE 子句指定检索的条件，而且 SQL Server 2008 还提供了 NOT、OR、AND 三种逻辑运算符，其中 NOT 的优先级最高，其次是 AND，OR 的优先级最低，如果对优先级的认识还不是很清楚的话，可以通过添加括号改变优先级。有了逻辑运算后，条件检索功能变得更加丰富和灵活。

NOT、OR、AND 三种逻辑运算符的意义如下：

- NOT：表示"非"的关系，表示不满足 NOT 后面的条件。
- AND：表示"与"的关系，即同时满足两个关系。
- OR：表示"或"的关系，即满足两个条件中的一个。

【例 5-6】 查询满足如下条件的员工，其中年度创新成绩（字段名为 inno_score）不大于销售成绩（字段名为 sell_score）且创新成绩大于团队协作成绩（字段名为 team_score），或者团队协作成绩大于销售成绩的员工。

具体命令如下：

```
USE My_test_DB
SELECT year,staff_id
FROM staff_score
WHERE(inno_score<=sell_score AND inno_score>team_score)
OR
team_score>sell_score
```

在 T-SQL 编辑器的查询窗口中运行以上命令，在运行结果窗口中返回的查询结果如图 5-8 所示。

在【例 5-6】中就使用了限定条件如 inno_score<=sell_score 、inno_score>team_score 及 team_score>sell_score。为了明确其中的逻辑关系，在【例 5-6】中加入了括号。事实上本例中去掉括号，查询的结果也是一样的。

【例 5-7】 使用括号时要注意括号的位置。与【例 5-6】对比，本例与【例 5-6】语句虽然一样，但括号位置不同，那么，查询的结果就不一样。

具体命令如下：

```
USE My_test_DB
SELECT year,staff_id
FROM staff_score
WHERE inno_score<=sell_score
```

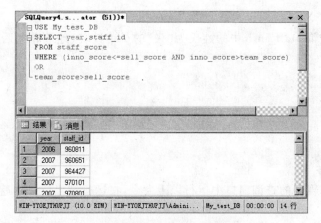

图 5-8 【例 5-6】的查询结果

AND(inno_score>team_score OR team_score>sell_score)

在 T-SQL 编辑器的查询窗口中运行以上命令,在运行结果窗口中返回的查询结果如图 5-9 所示。

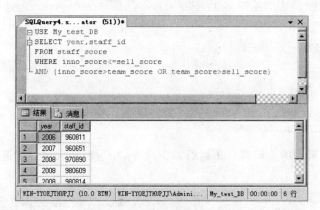

图 5-9 【例 5-7】的查询结果

根据结果,读者不难看到 WHERE 子句是如何工作的。查询结果集将返回符合 WHERE 子句所指定条件的结果集。

5.2.2 WHERE 子句中条件的指定

WHERE 子句的条件指定中,支持的运算符主要如下:

- 逻辑运算符:
  与"AND",或"OR",非"NOT"
- 比较符:
  =,!=,>,>=,<=
  [NOT] IN, ANY, ALL 用于判断是否是集合的成员
  BETWEEN…AND 用于判断列值是否满足指定的区间
  LIKE 用于匹配模式

IS［NOT］NULL 用于测试空值

【例 5-8】　查询 staff_info 中的姓氏为"张"的员工姓名、地址和电话号码。本例牵涉到模式匹配。

具体命令如下：

```
USE My_test_DB
SELECT name,address,telcode
FROM staff_info
WHERE name LIKE '张%'
```

在 T-SQL 编辑器的查询窗口中运行以上命令，在运行结果窗口中返回的查询结果如图 5-10 所示。

该例中的%是字符匹配符，能匹配任意长度的字符串。还有一种字符匹配符"_"，只能匹配一个字符。此外，字符匹配符［］可以匹配指定范围（例如［a-f］）或集合（例如［abcdef］）中的任何单个字符；字符匹配符［^］可以匹配不属于指定范围（例如［a-f］）或集合（例如［abcdef］）的任何单个字符。

【例 5-9】　查询 staff_score 表中 2007（含 2007）到 2008（含 2008）年度的员工创新成绩信息。

具体命令如下：

```
USE My_test_DB
SELECT year,staff_id,inno_score
FROM staff_score
WHERE year BETWEEN 2007 AND 2008
```

在 T-SQL 编辑器的查询窗口中运行以上命令，在运行结果窗口中返回的查询结果如图 5-11 所示。

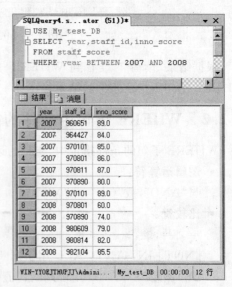

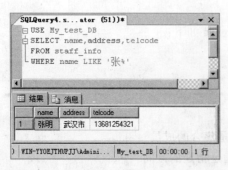

图 5-10　【例 5-8】的查询结果　　　　图 5-11　【例 5-9】的查询结果

通过 BETWEEN…AND 子句可以指定一个范围,例如【例 5-9】中的 2007-2008,注意指定的范围包含区间的两个端点。BETWEEN…AND 子句不仅可以用于数字型的字段,而且可以用于 char、varchar、money、smallmoney、date 和 shortdate 等类型。

【例 5-10】 查询表 staff_info 中出生日期在 1988.1.1 到 1989.12.1 之间的员工的编号、姓名以及出生年月。

具体命令如下:

```
USE My_test_DB
SELECT staff_id,name,birthday
FROM staff_info
WHERE birthday BETWEEN '1988-1-1' AND '1989-12-1'
```

在 T-SQL 编辑器的查询窗口中运行以上命令,在运行结果窗口中返回的查询结果如图 5-12 所示。

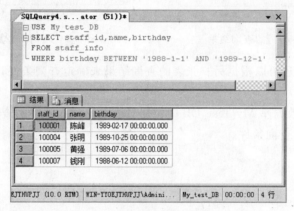

图 5-12 【例 5-10】的查询结果

【例 5-11】 查询数据库 My_test_DB 中表 property_manage 中 supply_id 字段值为 NULL 的设备信息,请读者注意对字段为空或非空时的判断应该在 WHERE 子句中使用 IS NULL 或 IS NOT NULL 判断。

具体命令如下:

```
USE My_test_DB
SELECT pro_id,pro_name
FROM property_manage
WHERE supply_id IS NULL
```

在 T-SQL 编辑器的查询窗口中运行以上命令,在运行结果窗口中返回的查询结果如图 5-13 所示。

【例 5-12】 使用 IN 、ANY 子句判定元素是否在集合中。查询数据库 My_test_DB 中表 staff_score 中员工创新成绩为 60、70 或 80 的员工姓名、年度和该年度的创新成绩。

具体命令如下:

```
USE My_test_DB
```

```
SELECT year,staff_id,inno_score
FROM staff_score
WHERE inno_score IN(60,70,80)
```

在 T-SQL 编辑器的查询窗口中运行以上命令，在运行结果窗口中返回的查询结果如图 5-14 所示。

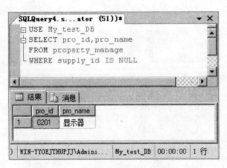

图 5-13 【例 5-11】的查询结果

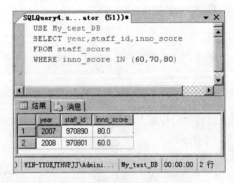

图 5-14 【例 5-12】的查询结果

在信息查询中，还可以根据另一张表的查询结果来确定查询条件，这种情况也称为嵌套查询。

【例 5-13】 在数据库 My_test_DB 中根据对表 property_use 的查询结果来确定对表 property_manage 的查询条件。

具体命令如下：

```
USE My_test_DB
SELECT pro_id,pro_name,supply_id
FROM property_manage
WHERE pro_id=(SELECT pro_id FROM property_use WHERE use_site='多功能厅')
```

在 T-SQL 编辑器的查询窗口中运行以上命令，在运行结果窗口中返回的查询结果如图 5-15 所示。

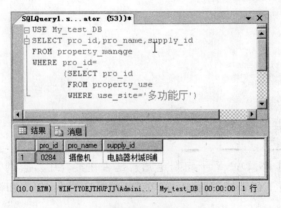

图 5-15 【例 5-13】的查询结果

值得注意的是,当确定查询条件的另一张表的查询结果包含多个返回值时,第一个查询将不成立。就【例 5-13】而言,如果用户将指令中的 WHERE use_site='多功能厅'变为 WHERE use_site IS NOT NULL,其余语句不变。运行后,将在返回的错误中给予如图 5-16 所示的提示。

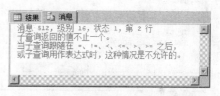

图 5-16　错误提示内容

这是因为在表 property_use 中,use_site 字段不为空的记录对应的 pro_id 值不唯一的缘故。

【例 5-14】　在数据库 My_test_DB 中查询表 property_manage 中 pro_id 字段值不在表 property_use 中 pro_id 字段值范围内的所有设备信息。

具体命令如下:

```
USE My_test_DB
SELECT * FROM dbo.property_manage
WHERE pro_id
NOT IN(SELECT pro_id FROM property_use)
```

5.2.3　HAVING 子句

HAVING 子句也能指定查询条件,查询表达式与 WHERE 子句中的类似。但仅应用于整个组(即应用于表示组的结果集中的行),而 WHERE 子句应用于单个行。

查询可同时包含 WHERE 子句和 HAVING 子句。

【例 5-15】　在数据库 My_test_DB 中从表 staff_score 中查询 2009 年之前的每年 inno_score 的总和。

具体命令如下:

```
USE My_test_DB
SELECT year,total=SUM(inno_score)
FROM staff_score
GROUP BY year
HAVING year<2009
```

在 T-SQL 编辑器的查询窗口中运行以上命令,在运行结果窗口中返回的查询结果如图 5-17 所示。

读者可以和使用 WHERE 子句的 T-SQL 语句对照一下,如图 5-18 所示,以便更好地理解 HAVING 子句的意义与用法。

【例 5-16】　查询 2006 与 2009 年之间(含 2006 和 2009 年)的年度 inno_score 的总和。

具体命令如下:

```
USE My_test_DB
SELECT year,total=SUM(inno_score)
```

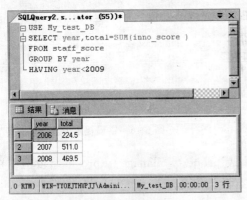 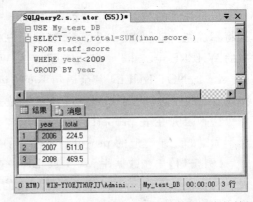

图 5-17 【例 5-15】的查询结果 　　　 图 5-18 【例 5-15】使用 WHERE 子句查询的结果

```
FROM staff_score
GROUP BY year
HAVING year BETWEEN 2006 AND 2009
```

在 T-SQL 编辑器的查询窗口中运行以上命令,在运行结果窗口中返回的查询结果如图 5-19 所示。

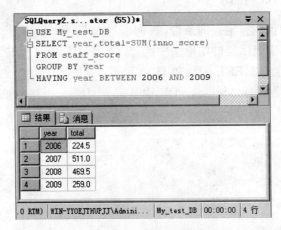

图 5-19 【例 5-16】的查询结果

5.2.4 COMPUTE BY 及 COMPUTE 子句

COMPUTE BY 子句可以通过 BY 指定字段进行分组计算,COMPUTE 子句则计算所有的字段值之和。它允许用同一 SELECT 语句来查看明细行和汇总行,还可以计算子组的汇总值以及计算整个结果集的汇总值。

COMPUTE 子句所生成的汇总值在查询结果中显示为单独的结果集。当COMPUTE 带有可选的 BY 子句时,符合 SELECT 条件的每个组都有两个结果集,每个组的第一个结果集是明细行集,其中包含该组的选择列表信息;第二个结果集有一行,其中包含该组的 COMPUTE 子句中所指定的聚合函数的小计。当 COMPUTE 不带可选的 BY 子句时,SELECT 语句也有两个结果集,第一个结果集是包含选择列表信息的所有明细行,第二个结果集有一行,其中包含 COMPUTE 子句中所指定的聚合函数的合计。

【例 5-17】 查询编号为 98****的员工并按年度分别计算他们的总分,最后计算出所有符合查询条件的员工的 inno_score 的总和。

具体命令如下:

```
USE My_test_DB
SELECT staff_id,year,inno_score
FROM staff_score
WHERE staff_id LIKE '98%'
ORDER BY year
COMPUTE SUM(inno_score)BY year
COMPUTE SUM(inno_score)
```

在 T-SQL 编辑器的查询窗口中运行以上命令,在运行结果窗口中返回的查询结果如图 5-20 所示。

读者可以分别只使用 COMPUTE SUM (inno_score)或 COMPUTE SUM(inno_score) BY year 子句进行查询,以便更好地理解 COMPUTE 和 COMPUTE BY 子句的意义和用法。

图 5-20 【例 5-17】的查询结果

5.3 简单多表查询

以上谈到的都是从一张表中查询数据,用户也可以从多张表中查询数据。例如有一个数据库,库中包含员工基本信息的表,还有一张员工考评成绩信息的表,如果要知道员工的基本信息,但同时又想知道该员工的成绩信息,那就必须综合不同的表进行查询,也就是使用多表查询。

多表查询实际上是通过各个表之间的共同列的相关性来查询数据的。一般需要在 WHERE 语句中设定一个同等联接条件。同等联接是指第一个基表中的一列或多列值与第二个基表中对应的一列或多列值进行相等的联接。一般地,使用外键列建立联接。

【例 5-18】 通过查询 staff_info 和 staff_score 两个表,以获得编号为 970890 的员工的姓名、性别以及其在 2009 年的销售情况考评的成绩。

从前面的例子知道,表 staff_info 和表 staff_score 中并没有 staff_id 字段,这样就达不到本例的目的,为此,向表 staff_info 中加入一条记录如下:

```
INSERT staff_info
VALUES(970890,'陈熹','9/2/1988','1','北京市','13997227272','100088',2000)
```

查询命令如下:

```
USE My_test_DB
SELECT staff_info.staff_id,staff_info.name,staff_info.gender,staff_score.sell
```

```
_score
FROM staff_info,staff_score
WHERE staff_info.staff_id=970890
AND staff_info.staff_id=staff_score.staff_id
AND staff_score.year=2008
```

在 T-SQL 编辑器的查询窗口中运行以上命令，在运行结果窗口中返回的查询结果如图 5-21 所示。

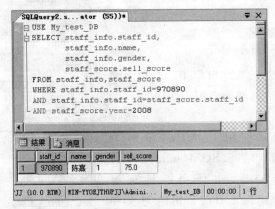

图 5-21 【例 5-18】的查询结果

这样查询存在一个问题，由于两张表中出现相同的字段名 staff_id，故在【例 5-18】的查询命令中为了区分字段，在所有的字段名前都加上了表名，因此整个查询命令显得十分冗长。为了简洁起见，用户可以采用为表指定别名的方法。所以本例中的查询命令可以修改为：

```
USE My_test_DB
SELECT a.staff_id,a.name,a.gender,b.sell_score
FROM staff_info a,staff_score b
WHERE a.staff_id=970890
AND a.staff_id=b.staff_id
AND b.year=2008
```

查询结果不变，如图 5-22 所示。

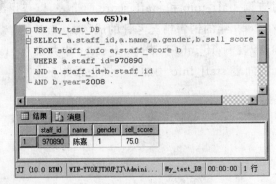

图 5-22 【例 5-18】的查询结果

在查询结果输出时,还可以依据一定的顺序,这样阅读查询结果时就显得有规律。不仅可以给不同的表赋予不同的别名,还可以给同一张表赋以不同的别名,操作起来就像是在操作两张表一样。

【例 5-19】　给表 staff_score 赋以 a,b 两个不同的别名。

具体命令如下:

```
USE My_test_DB
SELECT a. staff _ id, a. name, a. gender,
b.staff_id,b.name,b.gender
FROM staff_info a,staff_info b
WHERE a.staff_id=b.staff_id
```

在 T-SQL 编辑器的查询窗口中运行以上命令,在运行结果窗口中返回的查询结果如图 5-23 所示。

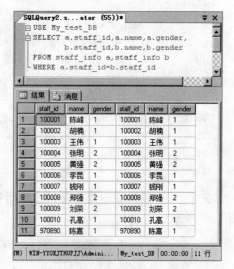

图 5-23　【例 5-19】的查询结果

5.4　集合检索

5.4.1　UNION 操作

通过 UNION 操作可以把两个或两个以上的查询结果合并到一个结果集中。UNION 是一个二元运算,对包括两个以上查询的表达式必须增加括号来指定求值顺序,如没有括号则含有 UNION 运算符的 T-SQL 语句的运算顺序是从左到右。指明 ALL 子句将返回包括重复行在内的所有行。如果不指明 ALL 子句将删除重复行。UNION 可以出现在 INSERT…SELECT 语句中。但是不能出现在 CREATE VIEW 语句内或子查询内,而且在有 UNION 的查询中不能指定 FOR BROWSE 子句。使用 UNION 合并两个查询结果集要遵循两个基本规则,即所有查询中的列数和列的顺序必须相同,而且数据类型必须兼容。

【例 5-20】　从表 staff_info 和表 Add_staff_info 中查询 staff_id 和 name 信息,并把查询结果合并在一起。

为了说明问题,用户应该先创建表 Add_staff_info,并插入两行数据。

建表:

```
USE My_test_DB
CREATE TABLE Add_staff_info(staff_id int,name nvarchar(5),gender nchar(1))
```

插入数据:

```
USE My_test_DB
INSERT INTO Add_staff_info
```

```
VALUES(990356,'黄为国','1')
GO
INSERT INTO Add_staff_info
VALUES(994427,'王建军','2')
GO
```

然后执行下面的命令：

```
USE My_test_DB
SELECT staff_id,name FROM staff_info
UNION
SELECT staff_id,name FROM Add_staff_info
```

在 T-SQL 编辑器的查询窗口中运行以上命令，在运行结果窗口中返回的查询结果如图 5-24 所示。

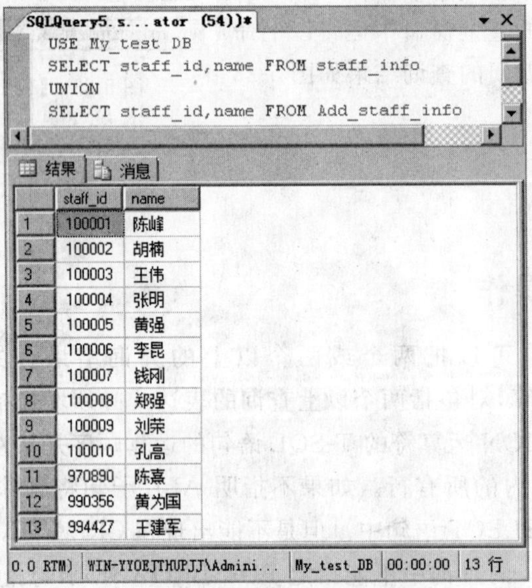

	staff_id	name
1	100001	陈峰
2	100002	胡楠
3	100003	王伟
4	100004	张明
5	100005	黄强
6	100006	李昆
7	100007	钱刚
8	100008	郑强
9	100009	刘荣
10	100010	孔高
11	970890	陈嘉
12	990356	黄为国
13	994427	王建军

图 5-24 【例 5-20】的查询结果

UNION 子句用于 SELECT INTO 子句时还可以从现有的几个表中创建新表，并把相应的数据也复制到新建的表中。

【例 5-21】 创建 temp_staff_info 表，把 staff_info 及 Add_staff_info 表中的 staff_id 和 name 字段的内容复制到 temp_staff_info 表中，同时创建临时字段 tpColumn，值为 Temp。

具体命令如下：

```
USE My_test_DB
SELECT staff_id,name,tpColumn='Temp' INTO temp_staff_info FROM staff_info
UNION
SELECT staff_id,name,tpColumn='Temp' FROM Add_staff_info
```

成功创建了新表 temp_staff_info 后,可以通过 SELECT * FROM temp_staff_info 语句查询新表中的信息,如图 5-25 所示。

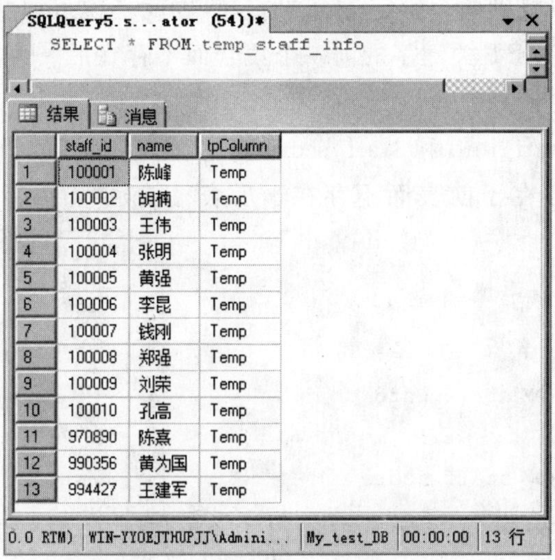

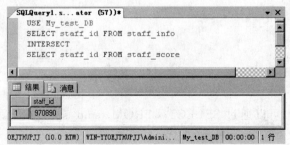

图 5-25　【例 5-21】的查询结果

5.4.2　INTERSECT 操作

INTERSECT 操作与 UNION 操作类似,不同的是 UNION 操作基本上可以视为一个 OR 运算,即并集运算,而 INTERSECT 操作比较像 AND 运算,即交集运算。INTERSECT 也可以在 INSERT 语句中使用。

【例 5-22】　查询 staff_info 和 staff_score 表中的 staff_id 信息,显示其中共有的查询结果。具体命令如下:

```
USE My_test_DB
SELECT staff_id FROM staff_info
INTERSECT
SELECT staff_id FROM staff_score
```

在 T-SQL 编辑器的查询窗口中运行以上命令,在运行结果窗口中返回的结果如图 5-26 所示。

图 5-26　【例 5-22】的查询结果

5.4.3 EXCEPT 操作

EXCEPT 操作可以找到两个给定集合的差异，也就是说可以找到一个数值集合，其中的元素仅存在于 EXCEPT 关键字的前一个集合而不存在后一个集合中。EXCEPT 也可以在 INSERT 语句中使用。

【例 5-23】 查询 staff_info 和 staff_score 表中的 staff_id 信息，显示存在于前表而不存在于后表中的查询结果。

具体命令如下：

```
USE My_test_DB
SELECT staff_id FROM staff_info
EXCEPT
SELECT staff_id FROM staff_score
```

在 T-SQL 编辑器的查询窗口中运行以上命令，在运行结果窗口中返回的查询结果如图 5-27 所示。

图 5-27 【例 5-23】的查询结果

5.5 子查询

可以在 INSERT、SELECT、UPDATE、DELETE 等地方嵌套 SELECT 查询子句。在子查询的使用中，需注意以下几点：

- 子查询均要用括号括起来。
- 当需要返回一个值或值列表时，可以用子查询代替一个表达式。
- 子查询不能检索包含 text 和 image 数据类型的列。
- 子查询可以嵌套。

【例 5-24】 本例通过子查询获得表 Add_staff_info 的信息，并根据子查询的结果更新表 temp_stdu_info 中相应行的字段 tpColumn 数据。

具体命令如下：

```
USE My_test_DB
UPDATE temp_staff_info
SET tpColumn='New'
WHERE staff_id
IN(SELECT staff_id FROM Add_staff_info)
```

执行上述命令后，可以通过 SELECT * FROM temp_staff_info 语句查询更新后表 temp_staff_info 中的信息，其结果如图 5-28 所示。

从图 5-28 可以看出，最后两行是执行 UPDATE 语句后更新的两条记录。

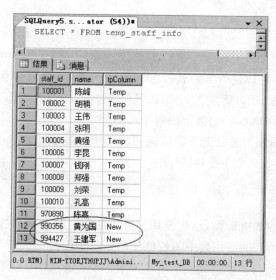

图 5-28　【例 5-24】的查询结果

【例 5-25】　本例通过 EXISTS 子句指定条件，查询表 temp_staff_info 中编号以"99"
开头的员工的姓名。

具体命令如下：

```
USE My_test_DB
SELECT DISTINCT name
FROM temp_staff_info
WHERE EXISTS
(SELECT * FROM Add_staff_info WHERE gender LIKE '2')
AND staff_id LIKE '99%'
```

在 T-SQL 编辑器的查询窗口中运行以上命令，在运行结果窗口中返回的查询结果如
图 5-29 所示。值得注意的是 WHERE 和 EXISTS 之间没有表达式。

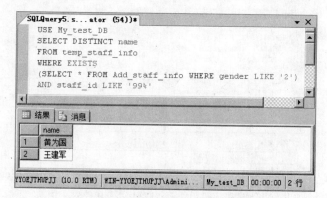

图 5-29　【例 5-25】的查询结果

5.6　JOIN 操作

使用 JOIN 关键字可以进行多种联接方式的联接查询，如内部联接、外部联接、交叉联接等。联接条件可在 FROM 或 WHERE 子句中指定，建议在 FROM 子句中指定联接条件，WHERE 和 HAVING 子句指定搜索条件。

其中，没有 WHERE 子句的交叉联接返回的结果集是联接所涉及的表的笛卡儿积。实际情况中，这种联接方式很少使用。

5.6.1　内部联接

内部联接是典型的联接运算，也是使用 JOIN 关键字的默认联接方式。内部联接使用比较运算符根据每个表的通用列中的值匹配两个表中的行。

【例 5-26】　通过查询 staff_info 和 staff_score 两个表，以获得编号为 970890 的员工的姓名、性别以及其在 2008 年的销售情况考评的成绩。

具体命令如下：

```
USE My_test_DB
GO
SELECT name,gender,sell_score
FROM staff_info
    INNER JOIN staff_score
    ON staff_info.staff_id=staff_score.staff_id
WHERE staff_score.staff_id=970890 AND staff_score.year=2009
GO
```

其中，关键字 INNER 可以省略。

在 T-SQL 编辑器的查询窗口中运行以上命令，在运行结果窗口中返回的查询结果如图 5-30 所示。

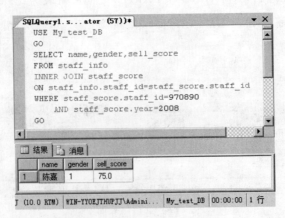

图 5-30　【例 5-26】的查询结果

5.6.2　外部联接

仅当两个表中都至少有一个行符合联接条件时,内部联接才返回行。内部联接消除了与另一个表中的行不匹配的行,而外部联接会返回 FROM 子句中提到的至少一个表或视图中的所有行,只要这些行符合相应的 WHERE 或 HAVING 搜索条件。

外部联接可以是左外部联接、右外部联接或完全外部联接。将检索通过左外部联接引用的左表中的所有行,通过右外部联接引用的右表中的所有行,以及通过完全外部联接引用的两个表的所有行。

1. 左外部联接(LEFT OUTER JOIN)

左外部联接的结果集包括 JOIN 子句中左表的所有行,而不仅仅是联接列所匹配的行。如果左表的某一行在右表中没有匹配行,则在关联的结果集行中,为来自右表的所有选择列赋值 NULL。

【例 5-27】 利用左外部联接查询固定资产的使用情况。为了显示左表 property_manage 的某一行在右表 property_use 中没有匹配行的情况,首先向 property_manage 表中插入一条记录:

```
USE My_test_DB
GO
INSERT property_manage
VALUES('0780','扫描仪',5,1000,'电脑器材城 D 铺')
GO
```

具体的查询命令如下:

```
USE My_test_DB
GO
SELECT pro_name,use_site,month
FROM property_manage
    LEFT JOIN property_use
    ON property_manage.pro_id=property_use.pro_id
GO
```

在 T-SQL 编辑器的查询窗口中运行以上命令,在运行结果窗口中返回的查询结果如图 5-31 所示。可以看到,在右表与左表中的行("扫描仪"所在行)不匹配时,将右表的所有结果集列(use_site 列和 month 列)赋以 NULL 值。

2. 右外部联接(RIGHT OUTER JOIN)

右外部联接是左外部联接的反向联接,其结果集包括 JOIN 子句中右表的所有行。如果右表的某一行在左表中没有匹配行,则在关联的结果集行中,为来自左表的所有选择列赋值 NULL。

图 5-31　【例 5-27】的查询结果

【**例 5-28**】　利用右外部联接查询固定资产的使用情况。

具体命令如下：

```
USE My_test_DB
GO
SELECT pro_name,use_site,month
FROM property_use
    RIGHT JOIN property_manage
    ON property_manage.pro_id=property_use.pro_id
GO
```

在 T-SQL 编辑器的查询窗口中运行以上命令，在运行结果窗口中返回的查询结果同样如图 5-31 所示。对照观察【例 5-27】中的 T-SQL 语句，将对左外部联接和右外部联接的异同有更清楚的理解。

3. 完全外部联接（FULL OUTER JOIN）

完全外部联接将返回左表和右表中的所有行。因此，若要通过在联接的结果中包括不匹配的行来保留不匹配信息，请使用完全外部联接。当某一行在另一个表中没有匹配行时，为另一个表的选择列赋值 NULL。

【**例 5-29**】　利用完全外部联接查询所有在职、离职员工所有年度的销售考核成绩。

具体命令如下：

```
USE My_test_DB
GO
SELECT staff_info.staff_id,name,sell_score,year
FROM staff_info
    FULL JOIN staff_score
    ON staff_info.staff_id=staff_score.staff_id
GO
```

在 T-SQL 编辑器的查询窗口中运行以上命令,在运行结果窗口中返回的查询结果如图 5-32 所示。

图 5-32　【例 5-29】的查询结果

5.6.3　自联接

表可以通过自联接与自身联接。使用自联接时,需要为表指定一个别名,其他与两个表的联接操作相似。

【例 5-30】　查询借用员工数大于 1 的同种固定资产的使用情况。

具体命令如下:

```
USE My_test_DB
GO
SELECT a.pro_id,a.use_site,a.month
FROM property_use a
    JOIN property_use b
    ON a.pro_id=b.pro_id
WHERE a.staff_id<>b.staff_id
GO
```

在 T-SQL 编辑器的查询窗口中运行以上命令,在运行结果窗口中返回的查询结果如图 5-33所示。

5.6.4　联接多表

理论上讲,使用 JOIN 关键字联接的表的数目没有上限。但在一条 SELECT 语句中联接过多表时,SQL Server 2008 数据库引擎的执行计划会变得非常繁琐,降低执行效率。

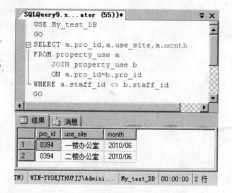

图 5-33　【例 5-30】的查询结果

对多个表执行 JOIN 操作时，一般遵循的原则为：联接 n 个关系表至少需要 n−1 个联接条件；采用多于 n−1 个联接条件或其他检索条件都是允许的。

【例 5-31】 查询在职员工使用固定资产的情况。

具体命令如下：

```
USE My_test_DB
GO
SELECT name,pro_name,use_site,month
FROM property_use
    JOIN staff_info ON staff_info.staff_id=property_use.staff_id
    JOIN property_manage ON property_use.pro_id=property_manage.pro_id
GO
```

在 T-SQL 编辑器的查询窗口中运行以上命令，在运行结果窗口中返回的查询结果如图 5-34 所示。

图 5-34 【例 5-31】的查询结果

第6章

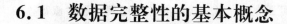

数据完整性

6.1 数据完整性的基本概念

数据完整性是指存储在数据库中的数据的一致性和准确性。

在 SQL Server 中数据的完整性可能会由于用户进行的各种数据操作（如 INSERT，DELETE 和 UPDATE 操作）而遭受破坏。例如，当用户将一个编号为空的员工记录插入到一张员工信息管理表中时（该表中员工记录的编号必须非空），就破坏了信息表中的数据完整性。为了保证数据库中的数据完整性，SQL Server 设计了多种数据完整性约束。

6.1.1 数据完整性的类型

在 SQL Server 2008 中，数据完整性可以分为以下 4 种类型：

1. 实体完整性

实体完整性将行定义为特定表中的唯一实体，要求表中所有的行具有唯一的标志符。也就是说，表中的所有记录在某一字段上必须取值唯一，这一字段通常就是我们所说的"主键"（primary key）。例如，记录订单的表 Orders 中字段 OrderID 取值必须唯一，否则重复的订单号将造成订单管理的混乱，使得无法区分不同的订单。此外，实体完整性还可以通过 UNIQUE 索引、UNIQUE 约束或 PRIMARY KEY 约束，强制表的标识符列或主键的完整性。

2. 域完整性

域完整性是指数据库表中对指定列的有效输入值。强制域有效性的方法有：限制数据类型（通过数据类型）、格式（通过 CHECK 约束和规则）或可能值的范围（通过 FOREIGN KEY 约束、CHECK 约束、DEFAULT 定义、NOT NULL 定义和规则）。由于域完整性可以反映一定的业务规则，因此也被称为"商业规则"。例如，学生成绩管理系统中，输入学生成绩时不应当出现大于 100 分的成绩（假设满分为 100 分），这就可以通过强制域完整性来实现。

3. 引用完整性

引用完整性使得表之间的关系得到正确维护。一个表中的数据只应指向另一个表中的现有行，不应指向不存在的行。在输入或删除记录时，引用完整性保持表之间已定义的关系。在 SQL Server 中，引用完整性通过 FOREIGN KEY 和 CHECK 约束，以外键与主键之间或外键与唯一键之间的关系为基础。引用完整性确保表中的键值在相关表中保持一致。这类一致性要求不引用不存在的值，如果一个键值发生更改，则整个数据库中，对该键值的所有引用要进行一致性的更改。强制引用完整性时，要注意如下问题：

- 如果某个值在相关表的主键中不存在，则不能在相关表的外键列中输入该值，但可以在外键列中输入空值。
- 如果在相关表中存在与某条记录匹配的行，那么就不能从主键表中删除该行。
- 如果主键表的某条记录有相关行，则不能更改主键值。

例如，对于表 SalesOrderDetail 和表 Product，表 SalesOrderDetail 列出了详细的销售情况清单，它包含销售订单的编号（SalesOrderID）、订单数量（OrderQty）和产品编号（ProductID），表 Product 列出了可用于销售的产品清单，它包含产品编号（ProductID，并作为主键）和产品名称（Name），引用完整性基于 SalesOrderDetail 表中的外键（ProductID）与 Product 表中的主键（ProductID）之间的关系。此关系可以确保销售订单从不引用 Product 表中不存在的产品。引用完整性示意图如图 6-1 所示。

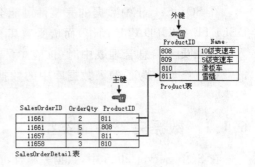

图 6-1   引用完整性示意图

4. 用户定义完整性

用户定义完整性使用户得以定义不属于其他任何完整性分类的特定业务规则。所有的完整性类型都支持用户定义完整性（如 CREATE TABLE 中的所有列级和表级约束、存储过程和触发器）。

6.1.2   强制数据完整性

强制数据完整性可保证数据库中数据的质量。例如，如果在 staff_info 表中输入了 staff_id 值为 100002 的员工，则该数据库不应允许其他员工使用具有相同值的 ID。如果想将 zipcode 列的位数范围设定为 6，则数据库不应接受具有 7 位的 zipcode 数据。

SQL Server 2008 提供了下列机制来强制列中数据的完整性：

- PRIMARY KEY 约束。
- FOREIGN KEY 约束。
- UNIQUE 约束。
- CHECK 约束。

- DEFAULT 定义。
- 允许空值。

了解了数据库中数据完整性的重要性后,接着来了解 SQL Server 中强制数据完整性的两种方法,这里的强制数据完整性实际上就是数据完整性的实现。

1. 声明数据完整性

声明数据完整性是指定义数据标准,规定数据必须作为对象定义的一部分,SQL Server 将自动确保数据符合标准,使用这种方法实现数据完整性简单而且不易出错。系统将实现数据完整性的要求直接定义在表上或列上。在 SQL Server 2008 中可以通过使用约束、默认和规则来实现声明数据完整性。

对于基础的完整性逻辑,应该采用声明数据完整性。

2. 过程定义数据完整性

过程定义数据完整性是指通过编写用来定义数据必须满足的标准和强制该标准的脚本来实现数据完整性,过程定义数据完整性通常用于复杂的商业逻辑中。在 SQL Server 2008 中可以通过使用触发器和存储过程来实现过程定义数据完整性。

如果要维护复杂而全面的完整性逻辑,应该采用过程定义数据完整性。

本章主要介绍声明数据完整性,有关过程定义数据完整性的知识将在后面的章节中进行讨论。

6.2　创建约束

约束是 SQL Server 提供的一种强制数据完整性的标准机制。使用约束可以确保在字段中输入有效数据并维护各表之间的关系。下面将介绍 SQL Server 2008 支持的约束。

6.2.1　CREATE TABLE 语句

约束可以通过使用 CREATE TABLE 命令创建。
具体语法如下:

```
CREATE TABLE table_name
    (column_name data_type[NULL|NOT NULL]
    [
        [CONSTRAINT constraint_name]
        {
            PRIMARY KEY[CLUSTERED|NONCLUSTERED]
            |UNIQUE[CLUSTERED|NONCLUSTERED]
            |[FOREIGN KEY] REFERENCES ref_table[(ref_column)]
            |DEFAULT constant_expression
```

```
                    |CHECK(logical_expression)}
     ][,...])
[;]
```

其中，各参数的意义为：

- table_name：创建约束的表的名称。
- column_name：创建约束的列的名称。
- data_type：所在列的数据类型。
- constraint_name：新建约束的名称。

在 CREATE TABLE 语句中使用 CONSTRAINT 定义完整约束时，其约束命名必须在数据库中保持唯一，此外还应遵从 SQL Server 的标识符规则。

下面就通过实例来说明约束创建的方法。

【例 6-1】 在 My_test_DB 数据库中创建一张用于各部门经理信息管理的表 managers，表中包括的部门经理信息分别为：部门经理编号、部门经理姓名、性别、出生年月、所在部门代号、职称、办公室电话号码以及工作状态，在创建时定义有列级和表级约束。

具体命令如下：

```
USE My_test_DB
CREATE TABLE My_test_DB.dbo.managers
(
manager_id int NOT NULL,
name nvarchar(5)NOT NULL,
gender nchar(1)     NULL,
birthday datetime NULL,
deptcode tinyint NOT NULL,
title nvarchar(5)NULL,
telcode char(8)NOT NULL,
status nvarchar(5)NOT NULL CONSTRAINT DF_Status DEFAULT('在职'),
CONSTRAINT PK_Manager PRIMARY KEY CLUSTERED(manager_id),
CONSTRAINT FK_Deptcode FOREIGN KEY(deptcode)
REFERENCES dbo.departments(deptcode),
CONSTRAINT CK_Telcode CHECK(telcode LIKE '627[0-9][0-9][0-9][0-9][0-9]')
)
GO
```

在这个例子中，用户可以看到使用的约束类型依次为非空约束，默认约束，主键约束，外键约束和检查约束。用户在 T-SQL 编辑器中的结果显示窗口中可以看到运行的结果如图 6-2 所示。

从图 6-2 的下半部的消息显示窗口中可以看到错误提示，这是由于还没有在数据库 My_test_DB 中创建外键约束 FK_Deptcode 所需的表 departments，用户可以通过下面的指令先创建表 departments：

```
SQLQuery5.s...ator (54))*                          ▼ ✕
⊟ USE My_test_DB
⊟ CREATE TABLE My_test_DB.dbo.managers
  (
  manager_id int NOT NULL,
  name nvarchar(5) NOT NULL,
  gender nchar(1) NULL,
  birthday datetime NULL,
  deptcode tinyint NOT NULL,
  title nvarchar(5) NULL,
  telcode char(8) NOT NULL,
  status nvarchar(5) NOT NULL
                   CONSTRAINT DF_Status DEFAULT('在职'),
  CONSTRAINT PK_Manager PRIMARY KEY CLUSTERED (manager_id),
  CONSTRAINT FK_Deptcode FOREIGN KEY (deptcode)
  REFERENCES dbo.departments(deptcode),
  CONSTRAINT CK_Telcode CHECK
                   (telcode LIKE '627[0-9][0-9][0-9][0-9][0-9]')
  )
  GO
```

```
🗐 消息
消息 1767，级别 16，状态 0，第 2 行
外键 'FK_Deptcode' 引用了无效的表 'dbo.departments'。
消息 1750，级别 16，状态 0，第 2 行
无法创建约束。请参阅前面的错误消息。
```

`WIN-YYOEJTHUPJJ (10.0 RTM) | WIN-YYOEJTHUPJJ\Admini... | My_test_DB | 00:00:00 | 0 行`

图 6-2　【例 6-1】的运行结果之一

```
CREATE TABLE My_test_DB.dbo.departments
(
deptcode tinyint NOT NULL PRIMARY KEY,
deptname nchar(20) NOT NULL,
telcode char(8) NULL
)
```

6.2.2　创建不同类型的约束

1. PRIMARY KEY 约束（主键约束）

　　表中经常有一列或列的组合，其值能唯一地标识表中的每一行。这样的一列或多列称为表的主键（PRIMARY KEY），通过它可强制表的实体完整性。PRIMARY KEY 约束即为主键约束，该约束不允许数据库表在指定的列上具有相同的值，且不允许有空值。当创建或更改表时可通过定义 PRIMARY KEY 约束来创建主键。一个表只能有一个 PRIMARY KEY 约束，由于 PRIMARY KEY 约束能确保数据的唯一性，所以经常用来定义标识列。当为表指定 PRIMARY KEY 约束时，SQL Server 通过为主键列创建唯一索引以强制数据的唯一性。当在查询中使用主键时，该索引还可用来对数据进行快速访问。如果 PRIMARY KEY 约束定义在多列上，则一列中的值可以重复，但 PRIMARY KEY 约束定义中的所有列的组合的值必须唯一。

　　如表 6-1 这个书本信息样例表中，作者标识（author_id）有重复，但又通常用 ID 作为主键，如果结合 title_id 字段，将 author_id 字段和 title_id 字段组合起来作为主键，就能保证主键的唯一性。

表 6-1　书本信息样例表

author_id	title_id	book	price
100001	Prof_1	Computer	25
100002	Prof_2	Nature	35
100001	Prof_3	English	28
100003	Prof_4	English	31

定义 PRIMARY KEY 约束可以在创建表时利用 CREATE TABLE 命令完成，也可以通过向已有表中添加约束实现。向已有表中添加 PRIMARY KEY 约束的语法为：

```
ALTER TABLE table_name
ADD CONSTRAINT constraint_name
PRIMARY KEY[CLUSTERED|NONCLUSTERED]{(column_name[,...])}
```

其中，各参数的意义如下：

- table_name：需要增加 PRIMARY KEY 约束的表的名称。
- constraint_name：需要增加的 PRIMARY KEY 约束的名称。
- CLUSTERED|NONCLUSTERED：指定在 PRIMARY KEY 约束所在列创建聚集索引（CLUSTERED）还是非聚集索引（NONCLUSTERED）。在聚集索引中，表中各行的物理顺序与键值的逻辑（索引）顺序相同，每张表只能包含一个聚集索引。在非聚集索引中，表中各行的物理顺序与键值的逻辑顺序不匹配。聚集索引比非聚集索引有更快的数据访问速度。有关使用索引的更多信息，将在后面的章节中讲述。
- column_name：需要建立 PRIMARY KEY 约束的所在列的列名。

下面就举例说明如何在表中的多列上建立复合的 PRIMARY KEY 约束。

【例 6-2】　在数据库 My_test_DB 中新建表 services 以记录公司所有业务的数据。表中包括的信息分别为：主营业务代码、主营业务名称、副业代码、副业名称。在创建完毕后，向字段主营业务代码和副业代码上追加 PRIMARY KEY 约束。

具体命令如下：

```
USE My_test_DB
CREATE TABLE My_test_DB.dbo.services
(
PrimaryCode tinyint NOT NULL,
PrimaryName nvarchar(20)NULL,
SecondaryCode tinyint NOT NULL,
SecondaryName nvarchar(20)NULL
)
GO
ALTER TABLE services
ADD CONSTRAINT PK_Services
```

```
PRIMARY KEY CLUSTERED(PrimaryCode,SecondaryCode)
GO
```

运行后,系统已经成功地在字段 PrimaryCode 和 SecondaryCode 上建立了 PRIMARY KEY 约束。

同样,可以通过"对象资源管理器"窗口查看已经创建的约束,如图 6-3 所示。

图 6-3　在字段 PrimaryCode 和 SecondaryCode 上建立了 PRIMARY KEY 约束

2. FOREIGN KEY 约束(外键约束)

FOREIGN KEY 约束即为外键约束,外键是用于建立和加强两个表数据之间连接的一列或多列。通过将保存表中主键值的一列或多列添加到另一个表中,可以创建两个表之间的连接。这个列或列组合也就称为第二个表的外键。

使用 FOREIGN KEY 约束能够强制引用完整性。被 FOREIGN KEY 参照的列在表中应该具有 PRIMARY KEY 约束或 UNIQUE 约束。

定义 FOREIGN KEY 约束可以在创建表时利用 CREATE TABLE 命令完成,也可以通过向已有表中添加约束实现。向已有表中添加 FOREIGN KEY 约束的语法为:

```
ALTER TABLE table_name
ADD CONSTRAINT constraint_name
FOREIGN KEY{(column_name[,...])}
    REFERENCES reftable_name{(refcol_name[,...])}
[ON DELETE{NO ACTION|CASCADE|SET NULL|SET DEFAULT}]
[ON UPDATE{NO ACTION|CASCADE|SET NULL|SET DEFAULT}]
```

其中,各参数的意义如下:

- table_name:需要增加 FOREIGN KEY 约束的表的名称。
- constraint_name:需要增加的 FOREIGN KEY 约束的名称。
- column_name:需要建立 FOREIGN KEY 约束的所在列的名称。
- reftable_name:被 FOREIGN KEY 约束参照的表的名称。

- refcol_name：被 FOREIGN KEY 约束参照的列的名称。

用户可能已经注意到了 REFERENCES 子句后的 ON DELETE 子句和 ON UPDATE 子句,用于描述当被 FOREIGN KEY 约束参考的列值发生改变时,应将该改变自动传播到定义有 FOREIGN KEY 约束的列还是自动产生错误并回滚该改变。所以,把这两个选项称为级联参考选项,其默认值为 NO ACTION。下面给出了各种取值的含义：

- NO ACTION：数据库引擎将引发错误,并回滚对父表中相应行的删除（或更新）操作。
- CASCADE：如果从父表中删除（或更新）一行,则将从引用表中删除（或更新）相应行。
- SET NULL：如果父表中对应的行被删除（或更新）,则组成外键的所有值都将设置为 NULL。若要执行此约束,外键列必须可为空值。
- SET DEFAULT：如果父表中对应的行被删除（或更新）,则组成外键的所有值都将设置为默认值。若要执行此约束,所有外键列都必须有默认定义。如果某个列可为空值,并且未设置显式的默认值,则将使用 NULL 作为该列的隐式默认值。

此外,用户在使用 FOREIGN KEY 约束时,还应注意到如下事项：

- 在 FOREIGN KEY 语句中指定的列数和数据类型必须和在 REFERENCES 子句中的列数和数据类型相匹配。
- 在同一张表中相互参照时,可以使用没有 FOREIGN KEY 子句的 REFERENCE 子句。

例如,在表 property_use 和表 property_manage 中,通过 pro_id 进行表连接,property_use 表中的 pro_id 列与 property_manage 表中的主键 pro_id 列相对应,如图 6-4 所示。

同样,也可以通过"对象依赖关系"窗口查看表之间是否存在约束依赖关系,如图 6-5 和图 6-6 所示。

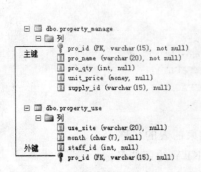

图 6-4　主键与外键的对应关系

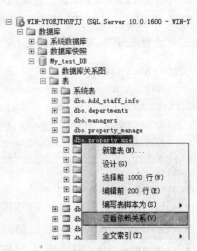

图 6-5　查看依赖关系操作

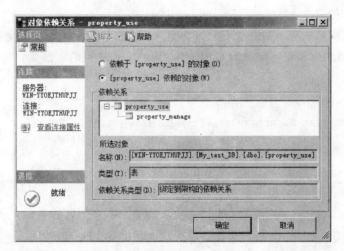

图 6-6　查看对象依赖关系

尽管外键约束的主要目的是控制存储在外键表中的数据,但它还可以控制对主键表中数据的修改。例如,如果在 property_manage 表中删除一个 pro_id 列,而这个列在表 property_use 中被引用,那么这两个表之间关联的完整性将被破坏,property_use 表中的 pro_id 因为与 property_manage 表中的数据没有连接而变得孤立了。外键约束防止这种情况的发生。如果主键表中数据的更改使之与外键表中数据的连接失效,则这种更改也是不能实现的。如果一定要删除主键表中的行或更改主键值,而这个主键值与另一个表的外键约束值相关,那么这个操作也是不可能实现的。如果要成功更改或删除拥有外键约束的行,可以先在外键表中删除外键数据或更改外键数据,然后将外键连接到不同的主键数据上去。

3. UNIQUE 约束(唯一约束)

不允许数据库表在指定列上具有相同的值,但允许有一个空值。FOREIGN KEY 约束也可引用 UNIQUE 约束。尽管 UNIQUE 约束和 PRIMARY KEY 约束都强制唯一性,但在强制下面情况的唯一性时应使用 UNIQUE 约束而不是 PRIMARY KEY 约束:

* 非主键的一列或列组合:一个表可定义多个 UNIQUE 约束,但只能定义一个外键约束。
* 允许空值的列:空值的列上可以定义 UNIQUE 约束,但不能定义主键约束。

约束也被分为列约束和表约束两类。列约束是指只对某一列起作用的约束。当一个约束中包含了数据库表中一个以上的列时,称为表约束。

UNIQUE 约束强制了数据的实体完整性。通过使用 UNIQUE 约束可以确保在非主键列中不输入重复值。在已经定义有 PRIMARY KEY 约束的表中,通过使用 UNIQUE 约束可以带来方便。与 PRIMARY KEY 约束相比,UNIQUE 约束可以实现在一张表上定义多个 UNIQUE 约束,并且在定义有 UNIQUE 约束的列上允许有一个空值。此外,用户也可以像 PRIMARY KEY 约束一样在单一指定列和多个指定列上创建唯一 UNIQUE 约束。

定义 UNIQUE 约束可以在创建表时利用 CREATE TABLE 命令完成,也可以通过向已有表中添加约束实现。向已有表中添加 UNIQUE 约束的语法为:

```
ALTER TABLE table_name
ADD CONSTRAINT constraint_name
UNIQUE[CLUSTERED|NONCLUSTERED]{(column_name[,...])}
```

其中,各参数的意义如下:

- table_name:需要增加唯一约束的表的名称。
- constraint_name:需要增加的唯一约束的名称。
- column_name:表中需要增加唯一约束的单个或多个列的名称。

【例 6-3】 在数据库 My_test_DB 中,为表 departments 的 telcode 列添加一个 UNIQUE 约束。

具体命令如下:

```
USE My_test_DB
ALTER TABLE departments
ADD
CONSTRAINT U_Telcode UNIQUE(telcode)
GO
```

4. CHECK 约束(检查约束)

CHECK 约束通过限制输入到列中的值来强制域的完整性,由逻辑表达式限制插入到列中的值。这与 FOREIGN KEY 约束控制列中数值相似。区别在于它们如何判断哪些值有效:FOREIGN KEY 约束从另一个表中获得有效数值列表,CHECK 约束从逻辑表达式判断而非基于其他列的数据。通过使用 CHECK 约束可以实现当用户在向数据库表中插入数据或更新数据时,由 SQL Server 检查新行中的带有 CHECK 约束的列值使其必须满足约束条件。定义 CHECK 约束可以在创建表时利用 CREATE TABLE 命令完成,也可以通过向已有表中添加约束实现。

CHECK 约束不接受计算结果为 FALSE 的值。因为空值的计算结果为 UNKNOWN,所以表达式中存在这些值可能会覆盖约束。如果 CHECK 约束检查的条件对于表中的任何行都不是 FALSE,它将返回 TRUE。如果刚创建的表没有任何行,则此表的任何 CHECK 约束都视为有效,这种情况可能会产生意外结果。

向已有表中添加 CHECK 约束的语法为:

```
ALTER TABLE table_name
ADD CONSTRAINT constraint_name
CHECK(logical_expression)
```

其中,各参数的意义如下:

- table_name:需要增加检查约束的表的名称。

- constraint_name：需要增加的检查约束的名称。
- logical_expression：检查约束的逻辑表达式。

【例 6-4】 在数据库表 managers 的列 birthday 上添加一个 CHECK 约束，以保证输入的数据大于 1980 年 1 月 1 日并且小于当天的实际日期。

具体命令如下：

```
USE My_test_DB
ALTER TABLE managers
ADD CONSTRAINT CK_Birthday
CHECK(birthday>'01/01/1980' AND birthday<getdate())
GO
```

执行以上命令后，可以通过向 managers 表中插入不符合检查约束 CK_Birthday 的记录来检查该约束是否已被建立。

在 T-SQL 编辑器的窗口中运行如下命令插入新的一行记录：

```
USE My_test_DB
INSERT departments
VALUES(2,'后勤',NULL)
GO
```

在表 departments 中插入数据是为了在向表 managers 中插入数据时满足外键约束的需要。然后运行如下命令：

```
USE My_test_DB
INSERT managers
VALUES(41356,'黄建华','男','5/1/1975',2,'副经理','62788888','在职')
GO
```

运行结果如图 6-7 所示。

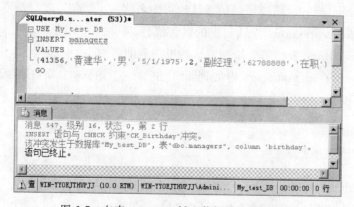

图 6-7 向表 managers 插入数据时的错误提示

从返回信息可以看出由于新记录在列 birthday 上不符合检查约束要求的逻辑条件，造成插入新记录失败，可见 CK_Birthday 约束已经被成功建立，用户可以将上面记录的

birthday 列的值改为"5/1/1987"，SQL Server 将会成功运行。

根据 CHECK 约束是作用在单列还是多列，可以将其分为列级 CHECK 约束和表级 CHECK 约束。只作用在单列上的 CHECK 约束称为列级 CHECK 约束，如上面建立的 CK_Birthday 约束；作用在表中多列上的 CHECK 约束称为表级 CHECK 约束，例如图书馆数据库中的借书记录表中，要求所有被借书归还日期必须大于借出日期，由于该 CHECK 约束涉及表中的两列，所以属于表级约束。CHECK 约束在执行 INSERT 语句或 UPDATE 语句时起作用。

5. DEFAULT 约束(默认约束)

当向数据库表中插入数据时，如果没有明确地提供输入值时，SQL Server 会自动为该列输入指定值。通常记录中的每一列均必须有值，即使它是 NULL。当向表中插入新行时可能不知道某一列的值，或该值尚不存在。如果该列允许空值，就可以将该行赋予空值。由于有时不希望有可为空的列，因此如果合适的话，更好的解决办法可能是为该列定义 DEFAULT 约束。例如，通常将数字型列的默认值指定为零，将字符串列的默认值指定为暂缺。

DEFAULT 约束强制了数据的域完整性。定义 DEFAULT 约束可以在创建表时利用 CREATE TABLE 命令完成，也可以通过向已有表中添加约束实现。向已有表中添加 DEFAULT 约束的语法为：

```
ALTER TABLE table_name
ADD CONSTRAINT constraint_name
DEFAULT constant_expression FOR column_name
```

其中，各参数的意义如下：

- table_name：需要增加默认约束的表的名称。
- constraint_name：需要增加的默认约束的名称。
- constant_expression：默认约束的默认值。
- column_name：表中需要增加默认约束的列的名称。

【例 6-5】 为在表 managers 中的列 title 添加一个输入"未知"值的 DEFAULT 约束。具体命令如下：

```
USE My_test_DB
ALTER TABLE managers
ADD
CONSTRAINT DF_Status DEFAULT '在职' FOR status,
CONSTRAINT DF_Title DEFAULT '未知' FOR title
GO
```

用户在使用 DEFAULT 约束时，还应注意到如下事项：

- 创建 DEFAULT 约束时，SQL Server 将对表中现有的数据进行数据完整性验证。

- 表中的每一列上只能定义一个 DEFAULT 约束。
- DEFAULT 约束只在执行 INSERT 语句时起作用。

6.3 查看约束的定义信息

SQL Server 为用户提供了多种查看约束信息的方法。

6.3.1 使用系统存储过程查看约束定义信息

用户可以通过使用系统存储过程 sp_help,sp_helptext,sp_helpconstraint 来查看约束的相关信息。

具体命令的语法如下:

```
EXEC(sp_help|sp_helptext|sp_helpconstraint)<constraint_name>
```

其中,constraint_name 为需要查看的约束的名称。

值得注意的是,返回一个列表,其内容包括所有约束类型、约束类型的用户定义或系统提供的名称、定义约束类型时用到的列,以及定义约束的表达式(它仅适用 DEFAULT 和 CHECK 约束的情形)。

【例 6-6】 使用系统存储过程查看表 managers 中约束 CK_Telcode 的定义文本信息及约束名称。

具体命令如下:

```
USE My_test_DB
EXEC sp_helptext CK_Telcode
EXEC sp_helpconstraint CK_Telcode
GO
```

在 T-SQL 编辑器的查询窗口中运行上面的命令,在结果窗口中将返回约束 CK_Telcode 的定义文本信息及约束名称,如图 6-8 所示。

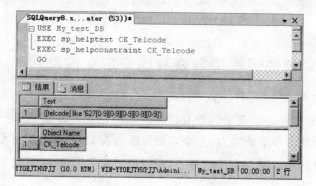

图 6-8 【例 6-6】的运行结果

6.3.2 使用规划视图查看约束定义信息

用户还可以通过查询系统规划视图 check_constraints，referential_constraints，table_constraints 得到约束的相关信息。

【例 6-7】 使用系统规划视图 table _constraints 查看数据库 My_test_DB 上存在的所有约束的相关信息。

具体命令如下：

```
USE My_test_DB
SELECT * FROM INFORMATION_SCHEMA.TABLE_CONSTRAINTS
GO
```

在 T-SQL 编辑器的查询窗口中运行上面的命令，在结果窗口中将返回在数据库 My_test_DB 上定义的所有约束的名称、拥有者、约束所在表等有关信息的列表，如图 6-9 所示。

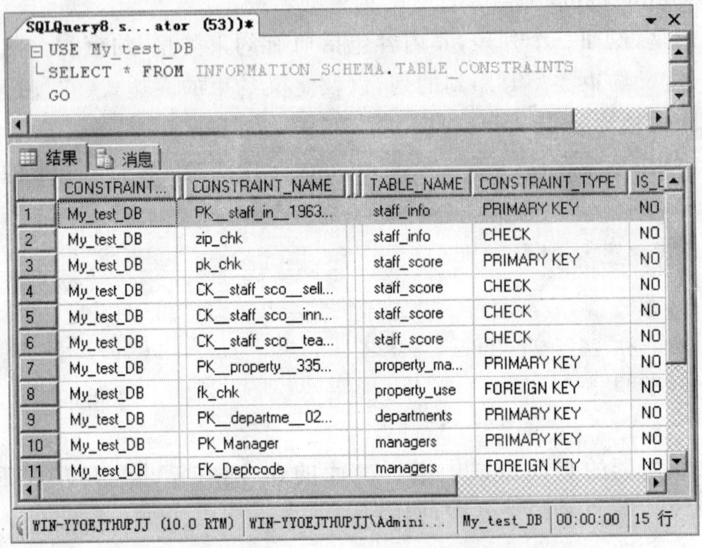

	CONSTRAINT...	CONSTRAINT_NAME	TABLE_NAME	CONSTRAINT_TYPE	IS_D
1	My_test_DB	PK__staff_in__1963...	staff_info	PRIMARY KEY	NO
2	My_test_DB	zip_chk	staff_info	CHECK	NO
3	My_test_DB	pk_chk	staff_score	PRIMARY KEY	NO
4	My_test_DB	CK__staff_sco__sell...	staff_score	CHECK	NO
5	My_test_DB	CK__staff_sco__inn...	staff_score	CHECK	NO
6	My_test_DB	CK__staff_sco__tea...	staff_score	CHECK	NO
7	My_test_DB	PK__property__335...	property_ma...	PRIMARY KEY	NO
8	My_test_DB	fk_chk	property_use	FOREIGN KEY	NO
9	My_test_DB	PK__departme__02...	departments	PRIMARY KEY	NO
10	My_test_DB	PK_Manager	managers	PRIMARY KEY	NO
11	My_test_DB	FK_Deptcode	managers	FOREIGN KEY	NO

图 6-9 数据库 My_test_DB 上定义的所有约束

6.3.3 使用对象资源管理器查看约束定义信息

用户还可以使用 Microsoft SQL Server Management Studio 的对象资源管理器来方便地查看数据库中某张表上定义的所有约束的相关信息。以表 staff_info 为例，用户展开数据库 My_test_DB 中的表节点，选中需要查看的表 staff_info 即可看到建于其上的约束关系，如图 6-10 所示。鼠标右击约束名，在出现的菜单中选择“修改”，则出现编辑约束的对话框，如图 6-11 所示。

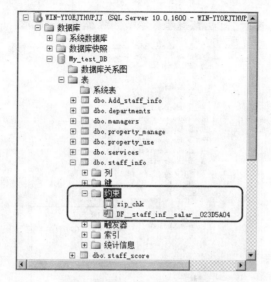

图 6-10　查看约束

图 6-11　查看、编辑约束

6.4　删除约束

要删除定义在表上的各种约束,可以通过 Microsoft SQL Server Management Studio
对象资源管理器或者利用系统函数 drop 实现。

1. 利用对象资源管理器删除约束

利用 Microsoft SQL Server Management Studio 的对象资源管理器修改和删除约束
十分方便。在对象资源管理器中选择"约束",并选中所要删除的约束,然后删除即可,如
图 6-12 所示。

值得注意的是,选择"删除"约束将导致一个无法撤销的操作,所以当从表中删除约束
时用户必须先确信该约束可以删除。

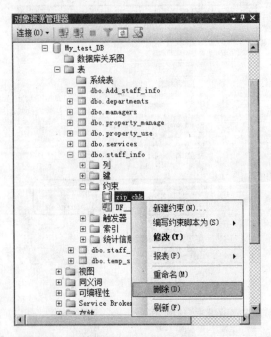

图 6-12　在对象资源管理器窗口中删除约束

2. 利用系统函数 drop 删除约束

对于具有名称的完整性约束，利用系统函数 drop 也可以方便地实现约束的删除。其具体的命令如下：

```
ALTER TABLE table_name
DROP CONSTRAINT constraint_name
```

其中，各参数的意义如下：

- table_name：需要删除约束的表的名称。
- constraint_name：需要删除的约束的名称。

【例 6-8】　使用系统命令删除表 managers 上定义的 DF_status 约束。

具体命令如下：

```
USE My_test_DB
ALTER TABLE managers
DROP CONSTRAINT DF_status
GO
```

运行后 SQL Server 返回"命令已成功完成"消息。用户还可以通过系统存储过程对约束的删除进行确认。在查询窗口中运行如下命令：

```
EXEC sp_helpconstraint DF_status
```

返回消息如图 6-13 所示。

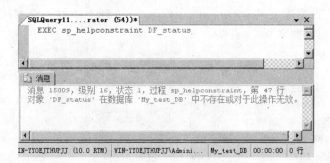

图 6-13　检查约束是否被删除

读者可以看到,返回信息告知对象 DF_status 在数据库 My_test_DB 中不存在,可见约束 DF_status 已经成功地从表 managers 上删除。

6.5　禁止约束

用户在实际创建约束的过程中,可能会遇到下面两类问题:

- 需要在已经存有大量数据记录的表上建立约束。
- 需要向建有约束的表中一次性插入大量数据。

由于在创建约束或向建有约束的表中插入数据时,系统默认将自动检验表中已有的全部数据或即将插入的数据以证明它们都满足约束的要求,此时如果用户已经确保表中已有数据或即将添加到表中的数据不会违背约束规定的规则,那么这种数据检验将是一种不必要的开销,为了解决这两类问题,SQL Server 2008 在创建约束时提供了 WITH NOCHECK 和 NOCHECK 选项。

6.5.1　禁止在已有数据上应用约束

当用户需要在一个已经存在大量数据的表上定义约束时,SQL Server 将自动检验存在数据以证明它们满足约束的要求。此时,用户可以通过使用 WITH NOCHECK 选项来禁止 SQL Server 对现有数据的约束检查。

并不是所有约束都可以通过设置 WITH NOCHECK 选项禁止约束检查。能禁止约束检查的只有 CHCEK 和 FOREIGN KEY 约束。值得注意的是,在使用 WITH NOCHECK 时用户应该确信对现有数据禁止约束检查是合理的。使用 WITH NOCHECK 选项的命令如下:

```
ALTER TABLE table_name
WITH NOCHECK
ADD CONSTRAINT constraint_name
[CHECK(logical_expression)]
[FOREIGN KEY(column_name[,...])
    REFERENCES reftable_name(refcol_name[,...])]
```

其中各参数的意义与前面的参数意义一样。

【**例 6-9**】　在数据库表 departments 中的 telcode 列上添加一个 CHECK 约束，以保证所有电话号码都以数字 6278 开头。

具体命令如下：

```
USE My_test_DB
ALTER TABLE departments
WITH NOCHECK
ADD CONSTRAINT CK_Dept_Telcode
CHECK(telcode LIKE '6278[0-9][0-9][0-9][0-9]')
GO
```

6.5.2　禁止在加载数据时使用约束

当用户需要向一张定义有约束的表中插入新记录或修改记录时，SQL Server 将自动检验新数据以确定它们满足表上约束的要求。此时，用户可以通过使用 NOCHECK 选项来禁止 SQL Server 对新数据的约束检查。

并不是所有约束都可以通过设置 NOCHECK 选项来禁止 SQL Server 检查新数据。能禁止新数据检查的也只有 CHCEK 和 FOREIGN KEY 约束。值得注意的是，在使用 NOCHECK 时，用户应该确信插入的新记录或修改后的新记录符合表中现有约束。用户在给约束设置 NOCHECK 选项后，可以通过给约束再次设置 CHECK 选项使得 SQL Server 恢复对载入数据的约束检查。使用 NOCHECK 选项的命令如下：

```
ALTER TABLE table_name
[CHECK|NOCHECK]
CONSTRAINT{ALL|constraint_name[,...]}
```

其中各参数的意义与前面的参数意义一样。

【**例 6-10**】　设置数据库表 managers 中约束 FK_Deptcode 的 NOCHECK 选项，使得 SQL Server 对即将插入的大量数据不做 FK_Deptcode 的约束检查。

具体命令如下：

```
USE My_test_DB
ALTER TABLE managers NOCHECK
CONSTRAINT FK_Deptcode
GO
```

6.6　使用默认

与在约束中所介绍的 DEFAULT 约束一样，使用默认也可以实现当用户在向数据库表中插入一行数据时，如果没有明确给出某列的输入值时，则由 SQL Server 自动为该列输入默认值。与 DEFAULT 约束不同的是，默认是一种数据库对象，在数据库中只需定义一次后，就可以被一次或多次应用于任意表中的一列或多列，还可以用于用户定义的数据类型。

值得注意的是,后续版本的 Microsoft SQL Server 中将删除默认这一功能。因此,请不要在新的开发工作中使用该功能,并尽快修改当前还在使用该功能的应用程序。微软建议,改用 ALTER TABLE 或 CREATE TABLE 语句的 DEFAULT 关键字创建默认值定义。为了便于读者对还在使用默认的数据库进行修改,下面简单介绍默认的使用。

创建默认的命令如下:

```
CREATE DEFAULT default_name
AS constant_expression
```

其中,各参数的意义如下:

- default_name:新建立的默认的名称,应遵从 SQL Server 的命名规则。
- constant_expression:指定默认的常数值。

在默认被创建后,用户必须通过执行系统存储过程 sp_binddefault 将其绑定于列或用户自定义的数据类型上,从而将默认用于数据库中任意表的一列或多列,以及用于用户自定义的数据类型,执行默认绑定的命令如下:

```
EXEC sp_binddefault default_name,'table_name.[column_name[,...]|user_datetype]'
```

【例 6-11】 在数据库 My_test_DB 上创建默认 Telcode_default,并将其绑定在数据库表 departments 中的 telcode 列上,从而实现各系默认电话为 62785001。

具体命令如下:

```
USE My_test_DB
GO
CREATE DEFAULT Telcode_default
AS '62785001'
GO
EXEC sp_binddefault Telcode_default,'departments.telcode'
GO
```

运行上述代码,在结果窗口中将返回如下运行结果信息:“已将默认值绑定到列”。

用户可以通过 Microsoft SQL Server Management Studio 的对象资源管理器来查询数据库上默认的有关信息。以查看新建的默认值 Telcode_default 为例,用户在对象资源管理器窗口中展开数据库 My_test_DB,依据如图 6-14 所示,可查看所存在的“默认值”。

用户在查看默认的同时,还可以查看它的依赖关系。鼠标右击默认值的名称,在出现的菜单里选择“查看依赖关系”,即可出现如图 6-15 所示的“对象依赖关系”窗口。

图 6-14 数据库 My_test_DB 中现有的默认值

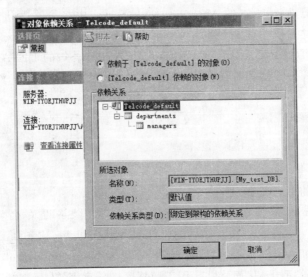

图 6-15　查看默认的依赖关系

如果在某个列上绑定了默认后，想从该列上删除默认只需执行系统存储过程 sp_unbindefault，实现该功能的语法如下：

```
EXEC sp_unbindefault default_name,'table_name.[column_name[,...]|user_datetype]'
```

如果用户需要删除数据库中定义的默认，可以通过 Microsoft SQL Server Management Studio 的对象资源管理器或使用 DROP DEFAULT 语句实现。在删除默认之前，应先对默认解绑。使用对象资源管理器时，用户只需选中需要删除的默认，单击鼠标右键选择"删除"即可完成工作。使用 DROP DEFAULT 删除默认的语法如下：

```
DROP DEFAULT default_name[,...]
```

其中，default_name 为需要删除的默认的名称。

使用默认时，用户还应注意到如下事项：

- 绑定在列上的默认必须符合该列的数据类型和列上存在的 CHECK 约束。
- 不能在用户自定义的数据类型所在列创建默认。

6.7　使用规则

与在约束中介绍的 CHECK 约束一样，使用规则也可以实现指定插入数据库表上列中的有效值，从而确保数据在指定的取值范围内，并与特定的模式或特定数据库表中的实体匹配。规则也是一种数据库对象，因此和默认一样在数据库中只需定义一次后，就可以被一次或多次应用于任意表中的一列或多列，也可以用于用户定义的数据类型。

值得注意的是，后续版本的 Microsoft SQL Server 将删除规则这一功能。因此，请避免在新的开发工作中使用该功能，并着手修改当前还在使用该功能的应用程序。微软建议，使用 CHECK 约束。为了便于读者对还在使用规则的数据库进行修改，下面简单介绍规则的使用。

创建规则的命令如下：

```
CREATE RULE rule_name
AS condition_expression
```

其中，各参数的意义如下：

- rule_name：新建立的规则的名称，应遵从 SQL Server 的命名规则。
- condition_expression：定义规则的条件。规则可以是 WHERE 子句中任何有效的表达式，并且可以包含诸如算术运算符、关系运算符和谓词（如 IN、LIKE、BETWEEN）之类的元素。规则不能引用列或其他数据库对象。可以包含不引用数据库对象的内置函数。condition_expression 包含一个变量。每个局部变量的前面都有一个@符号。该表达式引用通过 UPDATE 或 INSERT 语句输入的值。在创建规则时，可以使用任何名称或符号表示值，但第一个字符必须是@符号。

在规则被创建后，用户必须通过执行系统存储过程 sp_bindrule 将其绑定于列或用户自定义的数据类型上，从而将规则用于数据库中任意表的一列或多列，以及用于用户自定义的数据类型，执行规则绑定的命令如下：

```
EXEC sp_bindrule rule_name,'table_name.[column_name[,...]|user_datetype]'
```

【例 6-12】 在数据库 My_test_DB 上创建规则 Code_rule，并将其绑定在数据库表 staff_info 中的 staff_id 列上，从而使员工标识号 staff_id 为 1～50 的自然数（包含 1 和 50）。

具体命令如下：

```
USE My_test_DB
GO
CREATE RULE Code_rule
AS@ staff_id>=1 AND@ staff_id<=50
GO
EXEC sp_bindrule Code_rule,'staff_info.staff_id'
GO
```

运行上述代码，在结果窗口中将返回如下运行结果信息："已将规则绑定到表的列"。

查询数据库上规则的有关信息的方法与默认相同，如图 6-16 所示。

在表中的某列上绑定了规则后，如果用户想从该列上删除规则只需执行系统存储过程 sp_unbindrule。

执行 sp_unbindrule 系统存储过程的命令语法如下：

```
EXEC sp_unbindrule rule_name,'table_name.[column_name[,...]|user_datetype]'
```

如果用户需要删除数据库中定义的规则，可以通过 Microsoft SQL Server Management Studio 的对象资源管理器或使用 DROP RULE 语句实现。在删除规则之前，应先对规则解绑。使用对象资源管理器时，用户只需选中需要删除的规则，单击鼠标

图 6-16 数据库 My_test_DB 中现有的规则

右键选择"删除"即可完成工作。使用 DROP RULE 语句删除规则时，命令语法如下：

```
DROP RULE rule_name[,...]
```

其中，rule_name 为需要删除的规则的名称。

使用规则时，用户还应注意到如下事项：

- 默认情况下，SQL Server 将对在创建和绑定规则之前数据库表中存在的数据进行检查。
- 在一个列上至多有一个规则起作用，如果有多个规则与一列相绑定，那么只有最后绑定到该列的规则有效。

第7章

视图及其应用

7.1 视图概述

7.1.1 视图的基本概念

视图通常用来集中、简化和自定义每个用户对数据库的不同认识。它可以用来作为一种安全机制来提升数据的安全性,比如可以允许用户通过视图访问数据,而不授予用户直接访问视图基础表的权限,这样可以避免用户对基础数据表有意无意的更改。在 SQL Server 复制数据时也可使用视图来提高性能并分区数据。

数据视图提供了另一种在一个或多个数据表上观察数据的途径,通常可以把数据视图看做是一个能把焦点定在用户感兴趣的数据上的监视器,不必要的数据可以不出现在视图中,用户看到的是实时数据,但也屏蔽了一些不必要出现给某些权限用户的数据,从而增强了数据的安全性,因为用户只能看到视图中所定义的数据。

视图可以被看成是由 SELECT 语句组成的查询定义的虚拟表或存储查询。在 SQL Server 中,可通过视图访问的数据不作为独特的对象存储在数据库内,数据库内存储的是 SELECT 语句。SELECT 语句的结果集构成了视图所返回的虚拟表。用户可以用引用表时所使用的方法,在 T-SQL 语句中通过引用视图名称来使用虚拟表。通过视图进行查询没有任何限制,通过它们进行数据修改时的限制也很少。

从用户角度来看,视图是从一个特定的角度来查看数据库中的数据,而从数据库系统的内部来看,它是由一张或多张表中的数据组成的;从数据库系统的外部来看,视图就如同表一样,能够进行如查询、插入、修改和删除等操作。

如同真实的表一样,视图包含了一系列带有名称的列和行的数据。对于视图所引用的基础表来说,其作用类似于筛选。视图一经定义便存储在数据库中,与其相对应的数据并没有像表那样又在数据库中再存储一份,通过视图看到的数据只是存放在基本表中的数据。

当对通过视图看到的数据进行修改时,相应的基本表的数据也要发生变化,同时,若基本表的数据发生了变化,则这种变化也可以自动地反映到视图中。

在视图中查询的表被称为"基表",视图常见的示例有:

* 基表的行和列的子集。
* 两个或多个基表的连接。

- 两个或多个基表的联合。
- 基表和另一个视图或视图的子集的组合。
- 基表的统计概要。

首先通过一个简单的例子来看看什么是视图。

假设一所学校的教务科现在需要为各科授课教师提供浏览所有选自己课的同学各年的学习成绩的服务。显然,计算机课任课老师只关心各学生的计算机成绩。如果教务科为每个老师都建立一张各同学单科的课程成绩表,这将使得数据库内表数目过多,不便管理,而且由于各学生学号的重复使用,造成数据库冗余。如果采用视图的方法,这个问题就能得到很好的解决。教务科数据库管理员可以将各同学的各科成绩记录在一张表内,然后为各授课老师建立其所授课的各学生成绩所组成的视图。以计算机课老师为例,教务科可以为其使用如下命令建立视图 computer_score(假设 student_all_score 是含有所有学生各科成绩的数据表):

```
CREATE VIEW computer_score
AS
SELECT year,student_id,computer_score FROM student_all_score
```

这样,当计算机老师需要浏览所有选自己课的同学各年的学习成绩时,只需执行如下查询语句:

```
SELECT * FROM computer_score
```

就可以查看到所有选自己课的同学各年的计算机课成绩。

视图还可以在不同数据库中的不同表上建立。一个视图最多可以引用 1024 列。当通过视图检索数据时,SQL Server 将进行检查,以确保语句在任何地方引用的所有数据库对象都存在。

上面谈到,视图是一个虚拟表,其内容由查询定义。同真实的表一样,视图包含一系列带有名称的列和行数据。视图在数据库中并不是以数据值存储集形式存在,除非是索引视图。行和列数据来自由定义视图的查询所引用的表,并且在引用视图时动态生成。

对其中所引用的基础表来说,视图的作用类似于筛选。定义视图的筛选可以来自当前或其他数据库的一个或多个表,或者其他视图。分布式查询也可用于定义使用多个异类源数据的视图。例如,如果有多台不同的服务器分别存储用户的单位在不同地区的数据,而用户需要将这些服务器上结构相似的数据组合起来,这种方式就很有用。

通过视图进行查询没有任何限制,通过它们进行数据修改时的限制也很少。图 7-1 是在两个表上建立的视图。

若要创建视图,必须获得数据库所有者授予的创建视图的权限,并且如果使用架构绑定创建视图,就必须对视图定义中所引用的表或视图拥有适当的操作权限。

默认情况下,由于行通过视图进行添加或更新,当其不再符合定义视图的查询条件时,它们即从视图范围中消失。例如,创建一个定义视图的查询,该视图从表中检索员工的薪水低于 $8000 的所有行。如果员工的薪水涨到 $8500,因其薪水不符合视图所设条

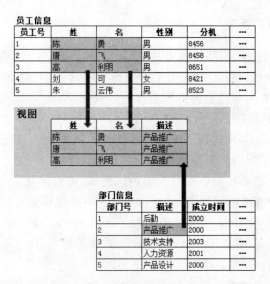

图 7-1   在两个表上建立视图

件,查询时视图不再显示该特定员工。但是,WITH CHECK OPTION 子句强制所有数据修改语句均根据视图执行,以符合定义视图的 SELECT 语句中所设条件。如果使用该子句,则对行的修改不能导致行从视图中消失。任何可能导致行消失的修改都会被取消,并显示错误。

　　用户还可对敏感性视图的定义进行加密,以确保不让任何人得到它的定义,包括视图的所有者。

7.1.2　使用视图的特点

　　从上面的实例,读者可以看出建立视图可以简化查询,此外通过视图还可以实现隐蔽数据库复杂性、控制用户提取数据、简化数据库用户管理等优点,具体阐述如下:

1. 隐蔽数据库复杂性

　　视图隐蔽了数据库设计的复杂性,这使得开发者可以在不影响用户使用数据库的情况下改变数据库的内容,即使在基表发生更改或重新组合的情况下,用户还能够通过视图获得一致的数据。

2. 控制用户提取数据

　　为安全起见,还可以通过将某些不需要的、敏感的或是不适当的数据控制在视图之外,可以实现为用户定制其个人所使用的表。用户只可以访问某些数据,进行查询和修改,但是表或数据库的其余部分对该用户是不可见的,更不能进行访问。此外,视图还可以隐蔽复杂的查询,包括对异构数据的查询,用户只需查询视图而不用编写复杂的查询或执行命令,对普通用户来说,这一点可能更能提供方便快捷的数据服务。

3. 简化数据库用户管理

建立视图以后，还可以起到保护数据库基表的作用，如通过使用 GRANT 和 REVOKE 命令为各种用户授予在视图上的操作权限，同时取消其在数据表上的操作权限，这样，用户就只能查询和修改他们所能看到的数据，从而实现了对底层基表设计结构的保护。

也就是说，通过定义不同的视图及有选择地授予视图上的权限，可以将用户、组或角色限制在不同的数据子集内。具体体现如下：

- 可以将访问限制在基表中行的子集内。例如，可以定义一个视图，其中只含有管理类书籍或计算机应用类书籍的行，并向用户隐藏有关其它类型书籍的信息。
- 可以将访问限制在基表中列的子集内。例如，可以定义一个视图，其中含有 books 表中的所有行，但省略了 price 和 discount 列等敏感信息。
- 可以将访问限制在基表中列和行的子集内。
- 可以将访问限制在符合多个基表联接的行内。例如，可以定义一个视图，它联接表 books 和表 authors 以显示作者姓名及其撰写的书籍的情况，该视图隐藏作者的个人信息以及著作的财务信息。
- 可以将访问限制在基表中数据的统计汇总内。例如，可以定义一个视图，其中只含有每类书籍的平均价格。
- 可以将访问限制在另一个视图的子集内或视图和基表组合的子集内。

4. 改进性能

通过在视图中存储复杂查询的运算结果并为其他查询提供这些摘要性的结果使数据库的性能得到提高，视图还具备分割数据的功能，而且可以把分割后独立的数据放置在不同的计算机上。

上面介绍了使用视图的优点，视图的缺点主要表现在其对修改的限制上。如用户对视图的某些行进行修改时，SQL Server 必须将此修改转换为对基表的某些行的修改，这在简单视图的情况下是可行的，不过如果是对复杂的视图或是存在嵌套关系的视图进行修改操作的话，则可能由于所有权链遭到破坏而无法修改。另外，SQL Server 必须把视图的查询转化成对基本表的查询，如果这个视图是由一个复杂的多表查询所定义，那么即使是视图的一个简单查询，SQL Server 也会把它变成一个复杂的结合体，这个过程需要花费一定的时间。

因此，在定义数据库对象时，不能不加选择地定义视图，应该权衡视图的优点和缺点，合理地定义视图。

7.1.3 视图的类型

在 SQL Server 2008 中，可以把视图分为三种类型，即标准视图、索引视图和分区视图：

- 标准视图组合了一个或多个表中的数据，用户可以获得使用视图的大多数好处，包括将重点放在特定数据上及简化数据操作。一般情况下的视图都是标准视图，它是一个虚拟表，不占用物理存储空间。

- 索引视图是被具体化了的视图，即它已经过计算并存储。可以为视图创建索引，即对视图创建一个唯一的聚集索引。索引视图可以显著提高某些类型查询的性能。索引视图尤其适于聚合许多行的查询。但它们不太适于经常更新的基本数据集。

- 分区视图在一台或多台服务器间水平连接一组成员表中的分区数据。这样，数据看上去如同来自于一个表。连接同一个 SQL Server 实例中的成员表的视图是一个本地分区视图。如果视图在服务器间连接表中的数据，则它是分布式分区视图。分布式分区视图用于实现数据库服务器联合。联合体是一组分开管理的服务器，但它们相互协作分担系统的处理负荷。通过这种分区数据形成数据库服务器联合体的机制可以向外扩展一组服务器，以支持大型的多层网站的处理需要。

7.2 创建视图

视图的创建者必须拥有在视图定义中引用任何对象的许可权才可以创建视图，系统默认数据库所有者 dbo 有创建视图的许可权。

在创建视图前，需考虑如下原则：

- 只能在当前数据库中创建视图。但是，如果使用分布式查询定义视图，则新视图所引用的表和视图可以存在于其他数据库甚至其他服务器中。
- 视图名称必须遵循标识符的规则，且对每个架构都必须唯一。此外，该名称不得与该架构包含的任何表的名称相同。
- 可以对其他视图创建视图。Microsoft SQL Server 允许嵌套视图。但嵌套不得超过 32 层。根据视图的复杂性及可用内存，视图嵌套的实际限制可能低于该值。
- 不能将规则或 DEFAULT 定义与视图相关联。
- 不能将 AFTER 触发器与视图相关联，只有 INSTEAD OF 触发器可以与之相关联。
- 定义视图的查询不能包含 COMPUTE 子句、COMPUTE BY 子句或 INTO 关键字。
- 定义视图的查询不能包含 ORDER BY 子句，除非在 SELECT 语句的选择列表中还有一个 TOP 子句。
- 定义视图的查询不能包含指定查询提示的 OPTION 子句。
- 定义视图的查询不能包含 TABLESAMPLE 子句。
- 不能为视图定义全文索引定义。
- 不能创建临时视图，也不能对临时表创建视图。
- 不能删除参与到使用 SCHEMABINDING 子句创建的视图中的视图、表或函数，除非该视图已被删除或更改而不再具有架构绑定。另外，如果对参与具有架构绑定的视图的表执行 ALTER TABLE 语句，而这些语句又会影响该视图的定义，则这些语句将会失败。

- 如果未使用 SCHEMABINDING 子句创建视图，则对视图下影响视图定义的对象进行更改时，应运行 sp_refreshview。否则，当查询视图时，可能会生成意外结果。
- 尽管查询引用一个已配置全文索引的表时，视图定义可以包含全文查询，但仍然不能对视图执行全文查询。
- 下列情况下，必须指定视图中每列的名称：视图中的任何列都是从算术表达式、内置函数或常量派生而来；视图中有两列或多列具有相同名称（通常由于视图定义包含联接，因此来自两个或多个不同表的列具有相同的名称）；希望为视图中的列指定一个与其源列不同的名称。无论重命名与否，视图列都会继承其源列的数据类型。

创建视图的基本语法如下：

```
CREATE VIEW[schema_name .] view_name[(column[,...n])]
[WITH<view_attribute>[,...n]]
AS select_statement
[WITH CHECK OPTION][;]


<view_attribute>::=
{
    [ENCRYPTION]
  [SCHEMABINDING]
    [VIEW_METADATA]    }
```

其中，主要参数的意义如下：

- schema_name：视图所属架构的名称。
- view_name：将要创建的视图的名字。
- column：用于视图中列的字段名，如果没有指定 column，视图列得到与 SELECT 语句相同的字段名。
- AS select_statement：定义视图的 SELECT 语句，它可以使用不同数据库中的不同的表和其他视图。
- WITH CHECK OPTION：强制对视图执行的所有数据修改语句都必须符合在 select_statement 中设置的条件。
- ENCRYPTION：对 sys. syscomments 表中包含 CREATE VIEW 语句文本的项进行加密。使用 WITH ENCRYPTION 可防止在 SQL Server 复制过程中发布视图。
- SCHEMABINDING：将视图绑定到基础表的架构。如果指定了 SCHEMABINDING，则不能按照将影响视图定义的方式修改基表或表。必须首先修改或删除视图定义本身，才能删除将要修改的表的依赖关系。使用 SCHEMABINDING 时，select_statement 必须包含所引用的表、视图或用户定义函数的两部分名称（schema. object）。所有被引用对象都必须在同一个数据库内。

- VIEW_METADATA：指定为引用视图的查询请求浏览模式的元数据时，SQL Server 实例将向 DB-Library、ODBC 和 OLE DB API 返回有关视图的元数据信息，而不返回基表的元数据信息。

【例 7-1】 对数据库 My_test_DB 的 staff_score 表通过使用函数 AVG()定义视图。在使用函数时，派生列必须在 CREATE VIEW 语句中包括一个列名（本例中指定的列名为 average）。

具体操作代码如下：

```
USE My_test_DB
GO
CREATE VIEW score_view(year,average)
AS SELECT year,AVG(inno_score)FROM staff_score GROUP BY year
```

通过 SELECT 语句可以获得新建视图 score_view 中的信息：

```
SELECT * FROM score_view
```

本例中 AVG(inno_score)就是应用了一个内置函数，目的就是求创新考评（字段名为 inno_score）的平均成绩，然后以年度顺序输出，如图 7-2 所示。

图 7-2 视图 score_view 的查询结果

7.3 查询视图定义信息

用户在修改视图定义或理解数据是如何从基表衍生而来时，需要对视图定义进行查看。此外，用户在修改或删除表时，也希望看到数据库中有关视图的信息。这就提出了查询视图定义信息的要求。

SQL Server 2008 为用户提供了两种显示创建视图的文本的途径。

7.3.1 在 Microsoft SQL Server Management Studio 中查看视图定义信息

现在通过 Microsoft SQL Server Management Studio 的对象资源管理器查询【例 7-1】中

建立的视图 score_view。

在对象资源管理器的窗口中，按图 7-2 所示选择 dbo. score_view，单击鼠标右键，在弹出的快捷菜单中选择"属性"，便可查看视图 score_view 的属性，如图 7-3 所示。

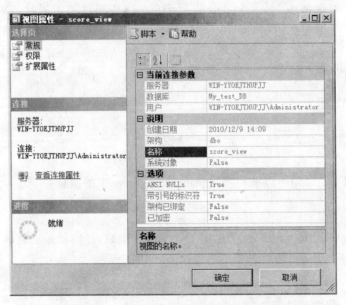

图 7-3　查看视图 score_view 的属性

在对象资源管理器中选择 dbo. score_view，单击鼠标右键，在弹出菜单中依次选择"编写视图脚本为"、"CREATE 到"、"新查询编辑器窗口"。这时，便可以看到该视图的创建文本，也可以在这个文本框中进行编辑修改，如图 7-4 所示。

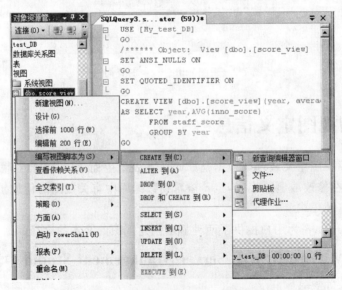

图 7-4　查看视图 score_view 的定义

7.3.2　通过执行系统存储过程查看视图定义信息

用户还可以通过执行系统存储过程 sp_helptext 查看视图的定义信息，其命令语法如下：

```
EXEC sp_helptext objname
```

其中，objname 为用户需要查看的视图名称。

现在通过执行系统存储过程 sp_helptext 来再次查看视图 score_view 的定义信息。

打开 T-SQL 编辑器，在查询窗口中运行命令：

```
USE My_test_DB
EXEC sp_helptext 'score_view'
```

运行结果如图 7-5 所示。

此外，用户可以通过运行系统存储过程 sp_depends 来获得视图对象的参照对象和字段，命令语法如下：

```
EXEC sp_depends objname
```

其中，objname 为用户需要查看的视图名称。

值得注意的是，后续版本的 Microsoft SQL Server 将删除该功能。因此，请避免在新的开发工作中使用 sp_depends。

SQL Server 还提供了信息计划视图，可以用来查询数据库中定义的所有视图。在 T-SQL 编辑器的查询窗口中运行如下命令：

```
SELECT * FROM information_schema.views
```

运行结果窗口如图 7-6 所示。

图 7-5　执行系统存储过程查看
　　　　视图的定义信息

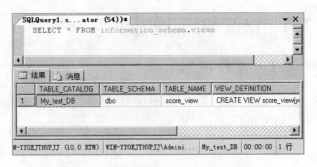

图 7-6　查询数据库中定义的所有视图

从结果窗口中，可以看到数据库 My_test_DB 上所定义的所有视图（此时该数据库中只有一个视图）的所有者、名称、视图定义以及一些其他信息。

当出于安全考虑要求视图定义对于用户不可见时，可以在定义视图时使用加密语句，示例如下。

【例7-2】 本例将通过 WITH ENCRYPTION 子句创建一个与【例7-1】相同的加密视图，将加密的新视图取名为 score_view2。

具体命令如下：

```
USE My_test_DB
GO
CREATE VIEW score_view2(year,average)
WITH ENCRYPTION
AS SELECT year,AVG(inno_score)FROM staff_score GROUP BY year
```

对比【例7-1】创建的视图 score_view，用户可以发现在此增加了 WITH ENCRYPTION 子句。在 T-SQL 编辑器的查询窗口中运行以上命令，在运行结果的消息窗口中显示"命令已成功完成"。这表明在数据库 My_test_DB 中已成功地创建了一个名为 score_view2 的视图。

当用户通过 SELECT 语句查询新视图中的信息时，将返回和【例7-1】一致的结果。

但本例通过使用 WITH ENCRYPTION 子句，用户将无法像浏览视图 score_view 的视图定义一样浏览视图 score_view2 的视图定义。通过系统存储过程 sp_helptext，用户可以看到 SQL Server 确实对视图 score_view2 进行了加密，具体命令如下：

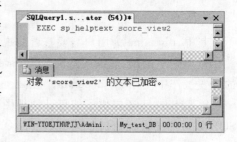

```
EXEC sp_helptext score_view2
```

图 7-7 无法查看使用了加密语句
的视图的定义

运行后将在消息窗口中显示文本已加密，如图 7-7 所示，说明所创建的视图是加密的。

7.4 修改和删除视图

7.4.1 修改视图

与数据库中表的修改操作类似，视图的修改也是由 ALTER 语句来完成。其具体的语法结构如下：

```
ALTER VIEW[schema_name .] view_name[(column[,...n])]
[WITH<view_attribute>[,...n]]
AS select_statement
[WITH CHECK OPTION][;]

<view_attribute>::=
{
    [ENCRYPTION]
    [SCHEMABINDING]
```

```
[VIEW_METADATA]
}
```

其中,各参数的意义与创建视图的语句中的各参数定义一致。

值得注意的是,加密的视图也可以通过此语句加以修改。下面就以新建立的加密视图 score_view2 为例,进行视图修改。

【例 7-3】 本例将对【例 7-2】创建的视图 score_view2 进行修改,将该视图中的记录取 inno_score 平均值的条件,改为取 team_score 平均值的条件。

具体命令如下:

```
USE My_test_DB
GO
ALTER VIEW score_view2(year,average)
AS SELECT year,AVG(team_score)FROM staff_score GROUP BY year
```

在 T-SQL 编辑器的查询窗口中运行以上命令,在运行结果的消息窗口中显示"命令已成功完成"。这表明数据库 My_test_DB 中的视图 score_view2 已成功修改。

由于修改后的视图没有定义加密语句,用户可以通过运行系统存储过程 sp_helptext 查看到修改后的视图定义。用户还可以通过查看修改后的新视图中的记录集来查看视图修改的结果。在查询命令窗口中运行如下命令:

```
USE My_test_DB
SELECT * FROM score_view2
```

运行完毕后,在查询结果窗口中返回的结果如图 7-8 所示。

对比视图 score_view 的查询结果(图 7-2),用户可以看出图 7-8 中 score_view2 的修改效果,由 inno_score 字段的平均值改为 team_score 字段的平均值。

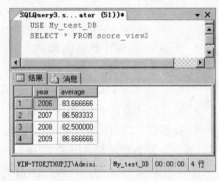

图 7-8 视图 score_view2 修改后的查询结果

7.4.2 删除视图

视图的删除也与表的删除类似,可以通过 DROP 子句来实现,其具体的语法结构如下:

```
DROP VIEW[schema_name .] view_name[...,n][;]
```

其中,各参数的意义如下:
- schema_name:视图所属架构的名称。
- view_name:要删除的视图的名称,用户可以一次删除多个视图。

【例 7-4】 删除 My_test_DB 数据库中的视图 score_view2。

具体命令如下:

```
DROP VIEW dbo.score_view2
```

执行完上述命令以后,如果再执行存储过程 sp_helptext,SQL Servre 将返回"对象

'score_view2'在数据库'My_test_DB'中不存在"的提示消息，这表明视图 score_view2 已经从数据库 My_test_DB 中删除，用户还可以通过 Microsoft SQL Server Management Studio 的对象管理器窗口来查看删除后的效果。

7.5 通过视图修改数据

视图显示的是一个或多个基表上的查询结果集，并不能维护独立的数据库数据复制。因此，在视图中修改的数据操作都将导致对基表数据的修改。除了一些限制外，可以自由地在视图中插入、更新和删除表中的数据。但在通过视图修改数据时应注意以下几个问题：

- 在视图中修改的列必须直接引用表列中的基础数据。SQL Server 规定，在视图中不能修改通过计算、聚合函数或集合运算符派生出的列，因为这些数据不是用户录入的，它的维护权不属于用户。
- 任何修改都只能引用一个基表的列。可以修改由多个基表得到的视图，但每一次修改只允许影响一个表。
- 被修改的列不受 GROUP BY、HAVING 或 DISTINCT 子句的影响。
- INSERT 语句必须为不允许空值并且没有 DEFAULT 定义的基表中的所有列指定值。也就是说须确保基表中所有需要值的列都能够获取到值。
- 在基础表的列中修改的数据必须符合对这些列的约束，例如是否为空、约束及 DEFAULT 定义等。例如，如果要删除一行，则相关表中的所有基础 FOREIGN KEY 约束必须仍然得到满足，删除操作才能成功。
- 如果视图在定义中指定了 WITH CHECK OPTION 选项，则进行数据修改时将进行验证。WITH CHECK OPTION 子句将强制所有数据修改语句均根据视图执行，以符合定义视图的 SELECT 语句中所设的条件。所以使用该子句修改行时需考虑到不让行在修改完后从视图中消失。任何可能导致行消失的修改都会被取消，并显示错误信息。例如，基于数据库 My_test_DB 中的 staff_info 表创建了一个 staff_birthday 视图，该视图存储了公司中 1990 年 1 月 1 日以后出生的员工的姓名和出生日期。如果使用 WITH CHECK OPTION 创建该视图，那么通过视图更新 staff_info 表中的数据时，所有的出生日期必须满足"1980 年 1 月 1 日以后"的视图定义条件，否则更新失败。但是，如果在创建 staff_birthday 视图时没有使用 WITH CHECK OPTION 选项，那么通过视图更新 staff_info 表中的数据时，即使更新的出生日期不满足"1980 年 1 月 1 日以后"这一条件，更新操作依然成功。

【例 7-5】 基于数据库 My_test_DB 中的 staff_info 表创建了一个 staff_birthday 视图，在该视图中存储公司里 1990 年 1 月 1 日以后出生的员工的姓名和出生日期。

具体命令如下：

```
USE My_test_DB
GO
CREATE VIEW staff_birthday
```

AS SELECT name,birthday FROM staff_info WHERE birthday >'1990-1-1'

WITH CHECK OPTION

在 T-SQL 编辑器的查询窗口中输入以上代码,运行后返回消息"命令已成功完成"。

使用 SELECT 语句查看新建的视图中的数据,如图 7-9 所示。从图中可以看到胡楠的出生日期是 1990 年 8 月 5 日,满足视图定义的条件。

接下来使用 UPDATE 语句通过视图更新表中的数据。这里,将胡楠的生日更改为 1991 年 1 月 1 日。具体命令如下:

```
USE My_test_DB
GO
UPDATE staff_birthday
SET birthday='1991-1-1' WHERE name='胡楠'
GO
```

图 7-9　查看视图 staff_birthday 中的数据

在 T-SQL 编辑器的查询窗口中输入以上代码,运行后返回消息"(1 行受影响)"。通过 SELECT 语句查看视图中的数据,可以看到更新操作已成功,因为更改后的日期仍满足视图定义条件"1990 年 1 月 1 日以后出生"。

最后,依然使用 UPDATE 语句通过视图更新表中的数据。这里,将胡楠的生日更改为 1988 年 1 月 1 日。具体命令如下:

```
USE My_test_DB
GO
UPDATE staff_birthday
SET birthday='1988-1-1' WHERE name='胡楠'
GO
```

在 T-SQL 编辑器的查询窗口中输入以上代码,运行后的返回消息如图 7-10 所示。可以看到,由于更改后的日期不满足视图定义的条件,更新操作失败。

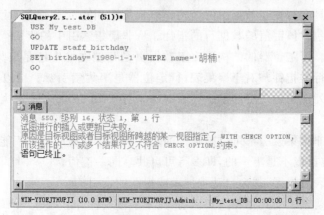

图 7-10　在视图定义条件范围外更新数据

第8章

索引及其应用

8.1　有关索引的基础知识

提高 SQL Server 的系统性能有多种途径可以实现,其中正确地设计和使用索引是一种有效的方法。为了方便理解索引,读者可以将数据库中的索引与书籍中的目录或附录相类比。在一本书中,利用目录或附录可以快速查找到相关信息,无须阅读整本书。在数据库中,索引使数据库程序无须对整个表进行扫描,就可以在其中找到所需数据。书中的目录或附录是一个书中包含内容或词语的列表,其中注明了包含各部分内容或各个词的页码。而数据库中的索引是一个表中所包含的值的列表,其中注明了表中包含各个值的行所在的存储位置。

索引可以加快从表或视图中检索行的速度。索引包含由表或视图中的一列或多列生成的键。这些键存储在一个结构(B 树)中,使 SQL Server 可以快速有效地查找与键值关联的行。索引分为聚集索引和非聚集索引。

聚集索引根据数据行的键值在表或视图中排序和存储这些数据行。索引定义中包含聚集索引列。每个表只能有一个聚集索引,因为数据行本身只能按一个顺序排序。只有当表包含聚集索引时,表中的数据行才按排序顺序存储。如果表具有聚集索引,则该表称为聚集表。如果表没有聚集索引,则其数据行存储在一个称为堆的无序结构中。

非聚集索引具有独立于数据行的结构。非聚集索引包含非聚集索引键值,并且每个键值项都有指向包含该键值的数据行的指针。从非聚集索引中的索引行指向数据行的指针称为行定位器。行定位器的结构取决于数据页是存储在堆中还是聚集表中。对于堆,行定位器是指向行的指针。对于聚集表,行定位器是聚集索引键。可以向非聚集索引的叶级别添加非键列以跳过现有的索引键限制(900 字节和 16 键列),并执行完整范围内的索引查询。

聚集索引和非聚集索引都可以是唯一的。这意味着任何两行都不能有相同的索引键值。另外,索引也可以不是唯一的,即多行可以共享同一键值。

每当修改了表数据后,都会自动维护表或视图的索引。

在进一步了解索引的其他相关知识前,先来学习一些 SQL Server 如何进行数据存储和访问的相关知识。

8.1.1 SQL Server 中数据的存储

SQL Server 中数据存储的基本单位是页。磁盘 I/O 操作在页级执行。也就是说，SQL Server 读取或写入所有数据页。一个页的大小为 8KB。每页的开头是 96 字节的标头，用于存储有关页的系统信息，如页码、页类型、页的可用空间以及拥有该页的对象的分配单元 ID。表 8-1 中列出了 SQL Server 2008 数据库的数据文件中所使用的页类型。

表 8-1　SQL Server 2008 数据库的数据文件中的页类型

页 类 型	内 　 容
数据	当 text in row 设置为 ON 时，包含除 text、ntext、image、nvarchar(max)、varchar(max)、varbinary(max)和 xml 数据之外的所有数据的数据行
索引	索引项
文本/图像	大型对象数据类型：text、ntext、image、nvarchar(max)、varchar(max)、varbinary(max)和 xml 数据；数据行超过 8KB 时为可变长度数据类型列：varchar、nvarchar、varbinary 和 sql_variant
全局分配映射表、辅助全局分配映射表	有关区是否分配的信息
页的可用空间	有关页分配和页的可用空间的信息
索引分配映射表	有关每个分配单元中表或索引所使用的区的信息
大容量更改映射表	有关每个分配单元中自最后一条 BACKUP LOG 语句之后的大容量操作所修改的区的信息
差异更改映射表	有关每个分配单元中自最后一条 BACKUP DATABASE 语句之后更改的区的信息

在数据页上，数据行紧接着标头按顺序放置。在页的末尾有一个行偏移表，对于页中的每一行，每个行偏移表都包含一个条目。每个条目记录对应行的第一个字节与页首的距离。行偏移表中的条目的顺序与页中行的顺序相反。

行不能跨页，但是行的部分可以移出行所在的页，因此行实际可能非常大。页的单个行中的最大数据量和开销是 8KB，但这不包括用文本/图像页类型存储的数据。

在 SQL Server 数据库中的每个表中都有一个数据页的集合。在没有创建索引的表内，使用堆结构组织其数据页，即堆是不含聚集索引的表。在堆中，数据行不按任何特殊顺序进行存储，数据页序列也没有任何特殊顺序并且数据页不在链表内链接。

在建有索引且为聚集索引的表内，数据行基于聚集索引的键值按顺序存储。索引按 B 树索引结构实现，其结构如图 8-1 所示。通过使用 B 树索引结构可以基于聚集索引键值对行进行快速检索。每级索引中的页(包括叶级中的数据页)链接在双向链接列表中，但使用键值在各级间导航。

8.1.2 SQL Server 中数据的访问

在数据库表中数据存储的基础上，SQL Server 提供了两种方法访问数据：

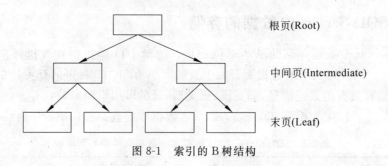

图 8-1　索引的 B 树结构

1. 表扫描

在没有创建索引的表内进行数据访问时，SQL Server 通过表扫描来获取所需要的数据。当 SQL Server 执行表扫描时，它从表的第一行开始逐行查找，直到将符合查询条件的行提取出来。显然，使用表扫描法所耗费的时间将直接同数据库表中存在的数据量成正比。因此，当数据库表中存在大量的数据时，使用表扫描法将造成系统响应时间过长。

2. 索引查找

在建有索引的表内进行数据访问时，SQL Server 将通过使用索引来获取所需要的数据。当 SQL Server 使用索引时，它会通过遍历索引树结构来查找所需的行的存储位置，并通过查找的结果提取出所需的行。一般而言，由于索引加速了对表中数据行的检索，所以通过使用索引可以加快 SQL Server 访问数据的速度，减少数据访问时间。

8.2　设计索引的基本原则

8.2.1　创建索引的考虑因素

一般而言，在数据库中创建索引可以实现以下目的：

1. 加快数据检索

索引是针对表而建立的，创建索引后，SQL Server 将在数据表中为其创建索引页面。每个索引页面中的行都含有逻辑指针，以加快检索数据。

为了说明问题，可以将索引和图书馆中书籍的管理做个类比。读者可以想象，如果没有索引卡，那么要想查找数据库中的任何一本书都得从第一个书架开始，一个一个书架地进行查找，这样将耗费大量的时间。通过使用索引卡，用户就可以根据书名查找索引卡，并获得需要的书所在的书架号和位置，从而大大节省了查找的时间。

可见，通过使用索引可以实现在索引列的搜索条件下大大提高数据检索的速度。

2. 加快表的连接、排序和分组工作

表的连接、排序和分组工作中都要涉及数据的检索工作，因此建立了索引后，通过提

高数据检索的速度就可以加快表的连接、排序和分组工作。

3. 增强数据行的唯一性

通过在创建索引时定义唯一性，可以增强表中数据行的唯一性，从而保证表中的数据不重复。

4. 优化查询

在执行查询时，查询优化器会先对查询进行优化。查询优化器是依赖于索引起作用的，用于决定使用哪些索引可以使该查询最快。

从上面的介绍中，读者可以了解到索引在提高系统检索性能中的重要性。那么索引是否在数据库表中必须存在呢？答案是否定的。索引不是必需的，没有索引用户也可以进行数据的查询和操作，但是数据访问的速度将十分慢。值得注意的是，就像经济学中的一个定理"世界上没有免费的午餐"所说，索引虽然很有用，但也是以牺牲一定的磁盘空间和系统性能为代价的，下面就将对这两点进行详细说明：

（1）创建索引需要占用数据空间并花费一定时间

在创建聚集索引期间，SQL Server 将暂时使用来自当前数据库的硬盘空间。在创建索引时所需要的工作空间大约为数据库表的 1.2 倍大，该空间不包括现存表已经占用的空间。在创建索引时，数据被复制以便建立聚集索引。索引建立后，旧的未加索引的表被删除，创建索引时使用的硬盘空间由系统自动收回。由于存在创建过程，所以创建索引需要花费一定的时间。

（2）创建索引会减慢数据修改速度

存在索引的数据库表，在进行数据修改时（包括记录的插入，删除和更新），需要对索引进行更新。修改的数据越多，索引的维护开销也就越大。因此，对比未创建索引的列，建立了索引的列在执行修改操作时所花费的时间更长。特别是在将数据行插入到一个已经放满或将要放满行的数据页时，该数据页中最后一些数据就必须转移到下一个页面中。这样，就必须修改索引页中的内容，以保证数据顺序的正确性，从而需要花费一定的时间。可见，索引的存在减慢了数据行修改的速度。

综上，使用索引存在的问题是：使用索引需要占用一定的磁盘空间；在进行数据修改时，需要承担额外的系统开销。

8.2.2　创建索引时列的选择

考虑到创建索引需要牺牲一定的系统性能，因此在创建索引时，需要对数据列是否需要创建索引进行考察。

1. 考虑创建索引的列

一般而言，具有如下特性的数据列需要考虑在其上创建索引：

- 定义有主键或外键的数据列。
- 需要在指定范围中快速或频繁查询的列。

- 需要按排序顺序快速或频繁检索的列。
- 在集合过程中需要快速或频繁组合到一起的列。

2. 不考虑创建索引的列

一般而言，如下情况中不考虑在其列上创建索引：

- 在查询中几乎不涉及的列。
- 很少有唯一值的列（如记录性别的列）。
- 由文本/图像数据类型定义的列。
- 只有较少行数的表。
- UPDATE、INSERT、DELETE 等性能远大于 SELECT 性能的表。

8.3　索引的分类

SQL Server 提供了两种索引类型，它们分别是聚集索引（Clustered Index）和非聚集索引（Nonclustered Index）。

当表中有 PRIMARY KEY 或 UNIQUE 等限制时，SQL Server 会自动创建索引，至于建立聚集还是非聚集索引就要由 Clustered 或 Nonclustered 关键字指定。

8.3.1　聚集索引

聚集索引确定表中数据的物理顺序。以表格中的某字段作为关键字建立聚集索引时，正如聚集索引的字面意思一样，表格中的数据会以该字段作为排序根据。也就是因为如此，一个表格只能建立一个聚集索引，但该索引可以包含多个列（组合索引）。

聚集索引对于那些经常要搜索范围值的列特别有效。使用聚集索引找到包含第一个值的行后，便可以确保包含后续索引值的行在物理相邻。例如，如果应用程序执行的一个查询经常检索某一日期范围内的记录，则使用聚集索引可以迅速找到包含开始日期的行，然后检索表中所有相邻的行，直到到达结束日期。这样有助于提高此类查询的性能。同样，如果对从表中检索的数据进行排序时经常要用到某一列，则可以将该表在该列上聚集（物理排序），避免每次查询该列时都进行排序，从而节省成本。

在 SQL Server 中，聚集索引在 sys. partitions 中有一行，其中，索引使用的每个分区的 index_id＝1。索引是按 B 树结构进行组织的。索引 B 树中的每一页称为一个索引节点。B 树的顶端节点称为根节点，索引中的底层节点称为叶节点，根节点与叶节点之间的任何索引级别统称为中间级。在聚集索引中，叶节点包含基础表的数据页。根节点和中间级节点包含存有索引行的索引页。每个索引行包含一个键值和一个指针，该指针指向 B 树上的某一中间级页或叶级索引中的某个数据行。每级索引中的页均被链接在双向链接列表中。

如图 8-2 所示，聚集索引由上下两层组成，底层的叶级包含实际的数据页面，其中存放着表中的数据；上层的非叶级包含表中的索引页面，用于数据的检索。

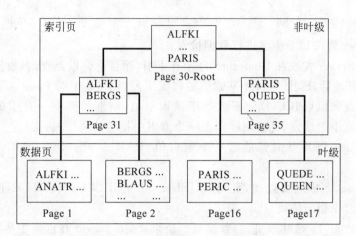

图 8-2　聚集索引的结构示意图

一般情况下,定义聚集索引键时使用的列越少越好。对于下列一个或多个情况下,有必要考虑建立聚集索引:

1. 经常对表中检索到的数据进行排序

按该列对表进行聚集(即物理排序)是一个好方法,它可以在每次查询该列时节省排序操作的成本。如要检索表 staff_info 中的数据,并以 staff_id 作为排序条件来回传数据,这时候有必要考虑在该表上建立以 staff_id 为关键字的聚集索引,检索命令如下:

```
SELECT * FROM staff_info
ORDER BY staff_id
```

2. 需要回传局部范围的大量数据

当以某字段作为查询条件并需要回传局部范围的大量数据,例如,用 WHERE 配合 BETWEEN,<,>,<=,>=等符号作为查询条件,对表 staff_info 中的有关数据进行范围搜索的查询时,就有必要建立关于查询字段的聚集索引,这是因为行将按该键列的排序顺序存储。如对 salary 进行大于 1000 和小于 3000 的过滤,这时候有必要考虑在该表上建立以 salary 为关键字的聚集索引,检索命令如下:

```
SELECT * FROM staff_info
WHERE salary>1000 AND salary<3000
```

3. 列具有唯一或包含许多不重复的值

例如,表 staff_info 中员工编号唯一地标识员工。staff_id 列的聚集索引或 PRIMARY KEY 约束将改善基于员工编号搜索员工信息的查询的性能。

下面就来解释 SQL Server 是如何在一个已经创建有聚集索引的表上检索数据的。以数据库 Northwind 中 Customers 表为例,假设该表在字段 CustomerID 上建有聚集索引。现在用户需要执行如下查询:

SELECT CompanyName,City FROM Customers WHERE Customers='PICCO'

SQL Server 将按如下步骤进行数据检索：

（1）SQL Server 发现在 CustomerID 上有索引，而且适合以上查询，故使用该索引。

（2）检索开始后，SQL Server 从索引的根级出发（图 8-2 中的 Page 30），开始比较索引的值。如果查询值（PICCO）大于或等于该索引值，则继续到同一页中的下一个索引值。如果查询值小于该索引值，则跳到上一个索引中指定的页（左边页）。

（3）在索引的根页查询到最后一个索引值（PARIS），则跳到 PARIS 所指向的页（Page 35）。

（4）在 Page 35 中继续查找，直到 QUEDE。由于 PICCO＜QUEDE，所以跳到上一个索引（PARIS）中指定的页（Page 16）。

（5）因为 Page 16 是叶级页，为数据页。所以，SQL Server 在这页中从第一行开始逐行扫描，直到找到 PICCO。

从上面的介绍，读者可以看出，在创建有聚集索引的表上进行数据查询时，与前面类比的图书馆中查书的步骤非常类似：首先得到书的书架号和位置号，然后再通过这些信息找到这本书。

8.3.2 非聚集索引

非聚集索引与书籍中的索引类似。数据存储在一个地方，索引存储在另一个地方，索引带有指针指向数据的存储位置。索引中的项目按索引键值的顺序存储，而表中的信息按另一种顺序存储（这可以由聚集索引规定）。如果在表中未创建聚集索引，则无法保证这些行具有任何特定的顺序。

SQL Server 在搜索数据值时，先对非聚集索引进行搜索，找到数据值在表中的位置，然后从该位置直接检索数据。这使非聚集索引成为精确匹配查询的最佳方法，因为索引包含描述查询所搜索的数据值在表中的精确位置的条目。

在 SQL Server 中，对于索引使用的每个分区，非聚集索引在 index_id ＞0 的 sys.partitions 中都有对应的一行。非聚集索引与聚集索引具有相同的 B 树结构，它们之间的显著差别在于两点：基础表的数据行不按非聚集键的顺序排序和存储；非聚集索引的叶层是由索引页而不是由数据页组成。

非聚集索引的结构如图 8-3 所示。和聚集索引结构类似，非聚集索引也由上下两层组成，底层为数据页，其中存放着表中的数据；上层为索引页，用于数据的检索。不同的是，非聚集索引中索引页又可分为非叶级和叶级，在叶级中包含指向实际数据页面的指针。

非聚集索引中的数据排列顺序并不是表中数据的物理存储顺序，这一点用户要与聚集索引区分开来。与聚集索引一样，也有一些情况需要考虑建立非聚集索引：

1. 查询返回结果集较小

2. 列包含在分组操作中

为 GROUP BY 分组操作中所涉及的列创建多个非聚集索引，为任何外键列创建一个聚集索引。

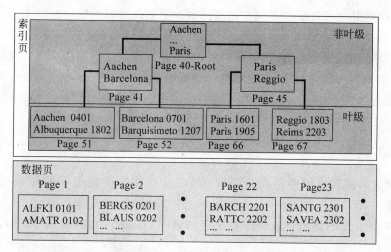

图 8-3　非聚集索引的结构示意图

3. 包含经常出现在查询的搜索条件中的列

例如,"返回完全匹配的 WHERE 子句"这一搜索条件涉及的列经常包含在同类查询操作中。

4. 列具有大量非重复值

如姓氏和名字的组合(前提是聚集索引被用于其他列)。如果只有很少的非重复值,例如仅有 1 和 0,则大多数查询将不使用索引,因为此时表扫描通常更有效。

下面仍以数据库 Northwind 中 Customers 表为例来解释 SQL Server 是如何利用非聚集索引在表上检索数据。假设在 Customers 表的 City 字段上建有非聚集索引(事实上该索引并不存在,但用户可以在阅读了下节内容后自行创建该非聚集索引)。现在用户需要执行如下查询:

```
SELECT staff_id,CompanyName FROM Customers WHERE City= 'Reims'
```

SQL Server 将按如下步骤进行数据检索:

(1) SQL Server 发现在字段 City 上有索引,而且适合以上查询,故使用该索引。

(2) 检索开始后,SQL Server 从索引的根级出发(Page 40),开始比较索引的值。如果查询值(Reims)大于或等于该索引值,则继续到同一页中的下一个索引值。如果查询值小于该索引值,则跳到上一个索引中指定的页(左边页)。

(3) 在索引的根页查询到最后一个索引值(Paris),则跳到 Paris 所指向的索引页(Page 45)。

(4) 在 Page 45 中继续查找,直到 Salzburg。由于 Reims<Salzburg,所以跳到上一个索引(Reggi)中指定的索引页(Page 66)。

(5) 因为 Page 66 是叶级页,所以 SQL Server 在该页中从第一行开始逐行扫描,直到找到 Reims。

（6）通过索引中的 Reims 得到指向实际数据页上记录行的指针 2203。

（7）通过该指针，从数据页上读取字段 City 等于 Reims 的记录行的相关字段信息。

对比前面介绍的聚集索引，读者可以看出，如果把聚集索引看成记录书在图书馆中位置的书架号和位置号的话，那么非聚集索引则可以看成由书名、作者或出版社等信息构成的索书卡，通过查阅索书卡，可以得到一本书在图书馆中的书架号和位置号，然后再通过这些信息找到这本书。

8.3.3　唯一索引

唯一索引确保索引键中不包含重复的值，从而使表或视图中的每一行从某种方式上具有唯一性。只有当唯一性是数据本身的特征时，指定唯一索引才有意义。如果数据中存在重复的键值，则不能创建唯一索引、UNIQUE 约束或 PRIMARY KEY 约束。

使用多列唯一索引，索引能够保证索引键中值的每个组合都是唯一的。例如，如果为 LastName、FirstName 和 MiddleName 列的组合创建了唯一索引，则表中的任意两行都不会有这些列值的相同组合。

聚集索引和非聚集索引都可以是唯一的。只要列中的数据是唯一的，就可以为同一个表创建一个唯一聚集索引和多个唯一非聚集索引。

唯一索引的优点是能够确保定义的列的数据完整性，并且提供了对查询优化器有用的附加信息。所以，如果数据是唯一的并且希望强制实现唯一性，则为相同的列组合创建唯一索引而不是非唯一索引可以为查询优化器提供附加信息，从而生成更有效的执行计划。在这种情况下，建议创建唯一索引（最好通过创建 UNIQUE 约束来创建）。

创建 PRIMARY KEY 或 UNIQUE 约束会自动为指定的列创建唯一索引。创建 UNIQUE 约束和创建独立于约束的唯一索引没有明显的区别，它们数据验证的方式是相同的，而且查询优化器不会区分唯一索引是由约束创建的还是手动创建的。但是，如果目的是要实现数据完整性，则应为列创建 UNIQUE 或 PRIMARY KEY 约束，这样做才能使索引的目标明确。

8.3.4　包含列索引

包含列索引是一种非聚集索引，它扩展后不仅包含键列，还包含非键列。

在 SQL Server 2008 中，可以通过将非键列添加到非聚集索引的叶级别来扩展非聚集索引的功能。通过包含非键列，可以创建覆盖更多查询的非聚集索引。这是因为非键列具有下列优点：

- 它们可以是不允许作为索引键列的数据类型。
- 在计算索引键列数或索引键大小时，数据库引擎不考虑它们。

当查询中的所有列都作为键列或非键列包含在索引中时，带有包含性非键列的索引可以显著提高查询性能。这样可以提升性能，因为查询优化器可以在索引中找到所有列值，不访问表或聚集索引数据，从而减少磁盘 I/O 操作。

8.3.5 索引视图

我们已经知道,标准视图的结果集不是永久地存储在数据库中的。每次查询引用标准视图时,SQL Server 都会在内部将视图的定义替换为该查询,直到修改后的查询仅引用基表,然后运行所得到的查询。

对于标准视图而言,为每个引用视图的查询动态生成结果集的开销很大,特别是对于那些涉及对大量行进行复杂处理(如聚合大量数据或连接许多行)的视图。如果在查询中频繁地引用这类视图,可通过对视图创建唯一聚集索引来提高性能。对视图创建唯一聚集索引后,结果集将存储在数据库中,就像带有聚集索引的表一样。对视图创建索引的另一个好处是优化器可以在未直接在 FROM 子句中指定某一视图的查询中使用该视图的索引。这样一来,可从索引视图检索数据而无须重新编码,由此可以带来高效率的查询。

对基表中的数据进行更改时,数据更改将反映在索引视图中存储的数据中。视图的聚集索引必须唯一,这一要求提高了 SQL Server 在索引中查找受任何数据更改影响的行的效率。如果很少对视图的基表数据进行更改,那么使用视图索引的效果则更好。

8.3.6 全文索引

全文索引是一种特殊类型的基于标记的功能性索引,由 SQL Server 全文引擎创建和维护。用于帮助用户在字符串数据中高效率地搜索复杂的词。

创建全文索引的过程与创建其他类型的索引的过程差别很大。全文引擎不是基于某一特定行中存储的值来构造 B 树结构,而是基于要编制索引的文本中的各个标记来创建倒排、堆积且压缩的索引结构。

若要对一个表创建全文索引,该表必须具有一个唯一且非空的列。在 SQL Server 2008 中,全文索引大小仅受运行 SQL Server 实例的计算机的可用内存资源限制。

创建和维护全文索引的过程称为“索引填充”。Microsoft 支持下列全文索引填充:

1. 完全填充

一般发生在首次填充全文目录或全文索引时。随后可以使用更改跟踪填充或增量填充来维护这些索引。

在全文目录的完全填充过程中,会对该目录涉及的所有表和索引视图中的所有行创建索引项。如果为某个表请求完全填充,则会为该表中的所有行生成索引项。

2. 基于更改跟踪的填充

SQL Server 会记录设置了全文索引的表中修改过的行。这些更改会被传播到全文索引。

更改跟踪填充要求对相应的全文进行了初步填充,且需要少量的开销。

3. 基于时间戳的增量填充

增量填充在全文索引中更新上次填充的当时或之后添加、删除或修改的行。增量填充要求索引表必须具有 timestamp 数据类型的列。如果时间戳列不存在，则无法执行增量填充。对不含时间戳列的表请求增量填充会导致完全填充操作。

如果影响表全文索引的任意元数据自上次填充以来发生了变化，则增量填充请求将作为完全填充来执行。这包括更改任意列、索引或全文索引的定义。

在填充结束时，全文引擎将记录新的时间戳值。该值是 SQL 收集器所观察到的最大时间戳值。以后再启动增量填充时，将会使用该值。

8.3.7　其他索引类型

1. 空间索引

SQL Server 2008 及更高版本支持空间数据。空间索引是对包含空间数据的表列（"空间列"）定义的。每个空间索引指向一个有限空间。在 SQL Server 2008 中，空间索引使用 B 树构建而成。

2. 筛选索引

筛选索引是一种经过优化的非聚集索引，尤其适用于涵盖从定义完善的数据子集中选择数据的查询。筛选索引使用筛选谓词对表中的部分行进行索引。与全表索引相比，设计良好的筛选索引可以提高查询性能、减少索引维护开销并可降低索引存储开销。

3. XML 索引

XML 实例作为二进制大型对象存储在 xml 类型列中。这些 XML 实例可以很大，并且存储的 xml 数据类型实例的二进制表示形式最大可以为 2GB。如果没有索引，则运行时将拆分这些二进制大型对象以计算查询，此拆分可能非常耗时。因此，如果在应用程序环境中经常查询 XML 二进制大型对象，则对 xml 类型列创建索引很有用。它们对列中 XML 实例的所有标记、值和路径进行索引，从而提高查询性能。

但是，在数据修改过程中维护索引会带来开销。所以最好在下列情况下建立 XML 索引：

- 经常对 XML 列进行查询，很少对 XML 实例进行修改。
- XML 值相对较大而检索的部分相对较小，生成索引以避免在运行时分析所有数据。

XML 索引分为主 XML 索引和辅助 XML 索引。xml 类型列的第一个索引必须是主 XML 索引。

8.4　创建索引

在 SQL Server 中，当访问数据库中的数据时，系统先确定该表中是否有索引存在，如果没有索引，那么系统将使用表扫描的方法访问数据。查询处理器根据分布的统计信息生成该查询语句的优化执行规则，以提高数据的访问效率为目标，确定是使用表扫描还是使用索引。即 SQL Server 并不是对所有的索引都能利用,只有那些能加快数据的查询速度的索引才能被选用,如果利用索引查询的速度不如表扫描法速度快时,SQL Server 仍会采用表格扫描的方法进行数据检索。建立不能被 SQL Server 所采用的索引只会增加系统的负担,降低数据检索的速度。因此,可利用性是创建索引的首要条件。

由于 SQL Server 在每个表格中只能使用一个索引作为处理数据条件的途径,因此在创建索引时关键字的选择是非常重要的。选择关键字首先要分析整个系统所需要处理的数据条件;然后要根据具体的字段特性选择索引种类及字段数目。

值得注意的是,建立的索引既可用于 SELECT 语句中也可用于 INSERT,UPDATE 和 DELETE 中。但是用于后三种语句中时会相应地降低该命令的执行速度,同时字段的长度也会影响命令的执行速度。

索引的创建可以通过两种途径实现:一是在 T-SQL 编辑器窗口中利用 CREATE INDEX 语句创建;另一种是利用 SQL Server Management Studio 对象资源管理器中的 "新建索引" 对话框创建。

8.4.1 利用 CREATE INDEX 语句创建索引

用户可以在 T-SQL 编辑器窗口中用 SQL 语句创建索引,其命令格式为:

```
CREATE [UNIQUE] [CLUSTERED|NONCLUSTERED] INDEX index_name
    ON [database_name.[schema_name] .|schema_name.] table_or_view_name
        (column [ASC|DESC] [, ... n])
    [WITH (< relational_index_option > [, ... n])]
    [ON {filegroup_name|"default"}]


< relational_index_option > ::=
{
    PAD_INDEX= {ON|OFF}
        |FILLFACTOR= fillfactor
|SORT_IN_TEMPDB= {ON|OFF}
|IGNORE_DUP_KEY= {ON|OFF}
|STATISTICS_NORECOMPUTE= {ON|OFF}
|DROP_EXISTING= {ON|OFF}
|ONLINE= {ON|OFF}
|ALLOW_ROW_LOCKS= {ON|OFF}
|ALLOW_PAGE_LOCKS= {ON|OFF}
|MAXDOP= max_degree_of_parallelism
|DATA_COMPRESSION= {NONE|ROW|PAGE}
    [ON PARTITIONS (({< partition_number_expression >|< range >} [, ... n])]
}
```

其中,各参数的意义如下:

- UNIQUE:建立的索引关键字字段上不允许有相同的内容记录。如果 SQL Server 发现有两条或多条相同的记录,则无法继续执行 CREATE UNIQUE

INDEX 命令，此时传回错误信息，而且在对记录进行有关操作时，也不能产生相同的字段内容，否则该操作将会被取消。

- CLUSTERED：指定建立聚集索引。在创建任何非聚集索引之前创建聚集索引。如果没有指定 CLUSTERED，则创建非聚集索引，即默认值为 NONCLUSTERED。
- NONCLUSTERED：指定建立非聚集索引。无论是使用 PRIMARY KEY 和 UNIQUE 约束隐式创建索引，还是使用 CREATE INDEX 显式创建索引，每个表都最多可包含 999 个非聚集索引。
- index_name：索引名称。在每个表中的索引名称必须唯一，不论表格中有无记录，都可以创建索引。
- database_name：创建索引的数据库的名称。
- schema_name：创建索引的表或视图所属架构的名称。
- table_or_view_name：建立的索引所在的表格或视图的名称。必须使用 SCHEMABINDING 定义视图才能在视图上创建索引。视图上的非聚集索引必须在视图上创建了唯一的聚集索引之后才能创建。
- column：索引所基于的列。不能将大型对象数据类型 ntext、text、varchar(max)、nvarchar(max)、varbinary(max)、xml 或 image 的列指定为索引的键列。
- [ASC|DESC]：确定特定索引列的升序或降序排序方向，默认值为 ASC。
- relational_index_option：指定创建索引时要使用的选项。
- PAD_INDEX：指定索引中间级中每个页（节点）上保持开放的空间。默认值为 OFF。PAD_INDEX 选项只有在指定了 FILLFACTOR 时才有用，因为 PAD_INDEX 使用由 FILLFACTOR 所指定的百分比。默认情况下，给定中间级页上的键集，SQL Server 将确保每个索引页上的可用空间至少可以容纳一个索引允许的最大行。如果为 FILLFACTOR 指定的百分比不够大，无法容纳一行，SQL Server 将在内部使用允许的最小值替代该百分比。
- FILLFACTOR＝fillfactor：索引存储页的填充率，指定每个索引存储页预留多少可利用的空间。用户可在创建或重新生成索引时用 WITH FILLFACTOR 语句指定它的大小。fillfactor 必须为介于 1～100 之间的整数值。如果没有指定，则系统使用 sp_configure 系统存储过程为 fillfactor 设定默认值为 0。如果 fillfactor 为 100 或 0，则数据库引擎将创建完全填充叶级页的索引。FILLFACTOR 设置仅在创建或重新生成索引时应用，数据库引擎并不会在页中动态保持指定的可用空间百分比。
- SORT_IN_TEMPDB：指定是否在 **tempdb** 中存储临时排序结果。默认值为 OFF，表示中间排序结果与索引存储在同一数据库中。若指定为 ON，则将在 **tempdb** 中存储用于生成索引的中间排序结果。如果 **tempdb** 与用户数据库不在同一组磁盘上，就可缩短创建索引所需的时间，但是会增加索引生成期间所使用的磁盘空间量。
- IGNORE_DUP_KEY：指定在 INSERT 插入操作尝试向唯一索引插入重复键值时的错误响应。IGNORE_DUP_KEY 选项仅适用于创建或重新生成索引后发生的插入操作,当执行 CREATE INDEX、ALTER INDEX 或 UPDATE 时,该选项无效。默认值为 OFF,表示向唯一索引插入重复键值时将出现错误消息,且整个 INSERT 操作将被回滚。若指定为 ON,则向唯一索引插入重复键值时将出现警告消息,但只有违反唯一性约束的行操作才会失败。

- STATISTICS_NORECOMPUTE:指定过期的索引统计不会自动重新计算。默认值为 OFF,表示启用统计信息自动更新功能。若要恢复自动更新统计,可执行没有 NORECOMPUTE 子句的 UPDATE STATISTICS。如果禁用分布统计的自动重新计算,可能会妨碍查询优化器为涉及该表的查询选取最佳执行计划。

- DROP_EXISTING:指定应除去并重建已命名的先前存在的聚集索引或非聚集索引。默认值为 OFF,如果指定的索引名称已存在,则会显示一条错误。若指定为 ON,则删除并重新生成现有索引。删除并重建索引时,指定的索引名称必须与当前的现有索引相同。因为非聚集索引包含聚集键,所以在除去聚集索引时,必须重建非聚集索引。如果重建聚集索引,则必须重建非聚集索引,以便使用新的键集。为已经具有非聚集索引的表重建聚集索引时(使用相同或不同的键集),DROP_EXISTING 子句可以提高性能。DROP_EXISTING 子句代替了先对旧的聚集索引执行 DROP INDEX 语句,然后再对新的聚集索引执行 CREATE INDEX 语句的过程。非聚集索引只需重建一次,而且还只是在键不同的情况下才需要。如果键没有改变(提供的索引名和列与原索引相同),则 DROP_EXISTING 子句不会重新对数据进行排序。在必须压缩索引时,这样做会很有用。用户无法通过使用 DROP_EXISTING 子句将聚集索引转换成非聚集索引;但是,可以通过该子句将唯一聚集索引更改为非唯一索引,反之亦然;还可以通过该子句修改索引定义,例如指定不同的列、排序顺序、分区方案或索引选项。

- ONLINE:指定在索引操作期间基础表和关联的索引是否可用于查询和数据修改操作,默认值为 OFF。

- ALLOW_ROW_LOCKS:指定是否允许行锁,默认值为 ON。

- ALLOW_PAGE_LOCKS:指定是否允许使用页锁,默认值为 ON。

- MAXDOP=max_degree_of_parallelism:限制在执行并行计划的过程中使用的处理器数量,最大数量为 64 个。默认值为 0,表示根据当前系统工作负荷使用实际的处理器数量或更少数量的处理器。

- DATA_COMPRESSION:为指定的索引、分区号或分区范围指定数据压缩选项。NONE、ROW、PAGE 选项分别表示不压缩、使用行压缩、使用页压缩来压缩索引或指定的分区。

- ON PARTITIONS:指定对其应用 DATA_COMPRESSION 设置的分区。如果不提供 ON PARTITIONS 子句,则 DATA_COMPRESSION 选项将应用于分区索引的所有分区。

- ON filegroup_name:在给定的文件组上创建指定的索引。如果未指定位置且表或视图尚未分区,则索引将与基础表或视图使用相同的文件组。该文件组必须已经通过执行 CREATE DATABASE 或 ALTER DATABASE 创建。

- ON "default"：为默认文件组创建指定索引。

值得注意的是，如果表中已经含有使用 CREATE INDEX 语句创建的标准索引，在定义 PRIMARY KEY 或 UNIQUE 约束时创建的索引会覆盖以前创建的标准索引。也就是说，PRIMARY KEY 或 UNIQUE 约束创建的索引优先级高于使用 CREATE INDEX 语句创建的索引。

下面通过实例来学习如何创建索引并使用各种索引选项。为了方便举例，需要在数据库 My_test_DB 中新建一张表，请读者在 T-SQL 编辑器的查询窗口中运行如下命令：

```
USE My_test_DB
GO
CREATE TABLE dbo.test_table
(
staff_id int NOT NULL,
name nvarchar(5) NOT NULL,
birthday datetime NULL,
gender nchar(1) NULL,
address nvarchar(20) NULL,
telcode char(12) NULL,
zipcode char(6) NULL,
salary money NULL)
GO
```

执行完毕后，用户在 Microsoft SQL Server Management Studio 对象资源管理器中可以看到一个名为 test_table 的表已经被建立起来，该表是完全按照 staff_info 表的字段建立起来的。接着，需要向该表中插入数据。读者可以通过如下命令将 staff_info 中的数据复制到新建立的 test_table 中。

```
INSERT INTO dbo.test_table
SELECT * FROM dbo.staff_info
```

完成上面的建表工作后，就可以开始创建索引了。

【例 8-1】 在 My_test_DB 数据库中的 test_table 表上创建名为 ind_staff_id 的聚集索引。该索引在 staff_id 列上创建。

具体命令如下：

```
USE My_test_DB
GO
CREATE UNIQUE CLUSTERED INDEX ind_staff_id
ON test_table(staff_id)
GO
```

在 T-SQL 编辑器的查询窗口中运行以上命令，在运行结果的消息窗口中显示"命令已成功完成"，表明索引已成功建立。接着，考虑如下插入语句：

```
USE My_test_DB
```

```
GO
INSERT INTO test_table(staff_id,name,birthday,gender)
VALUES(970890,'李晓','4/2/1988','2')
GO
```

在 T-SQL 编辑器的查询窗口中执行以上命令,返回结果如图 8-4 所示。

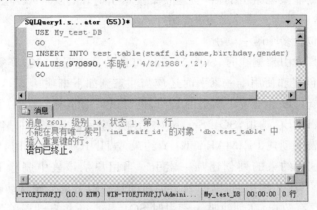

图 8-4　在唯一性的聚集索引键列上插入重复值

由于 staff_id 列不允许有重复值出现(970890 这个员工号已经存在),而 IGNORE_DUP_KEY 默认设置为 OFF,故插入重复值的操作会整个回滚。

本例展示了最常见的创建索引的方式。

用户在创建聚集索引时应当注意到如下事项:

- 当用户在表中创建 PRIMARY KEY 约束或 UNIQUE 约束时,SQL Server 将自动为建有这些约束的列创建聚集索引。当用户从该表中删除 PRIMARY KEY 约束或 UNIQUE 约束时,这些列上创建的聚集索引也会被自动删除。
- 必须是表的所有者,才能执行 CREATE INDEX 语句来创建索引。
- 每个数据库表中只能存在一个聚集索引。

【例 8-2】　在 My_test_DB 数据库中的 test_table 表中,除了在 staff_id 列上创建索引之外,如果还希望在 telcode 列上创建索引,则只能创建非聚集索引。这里,创建名为 ind_telcode 的唯一性的非聚集索引,该索引在 telcode 列上创建。

具体命令如下:

```
USE My_test_DB
GO
CREATE UNIQUE INDEX ind_telcode
ON test_table(telcode)
GO
```

在 T-SQL 编辑器的查询窗口中运行以上命令,在运行结果的消息窗口中显示"命令已成功完成",表明索引已成功建立。

用户在创建和使用非聚集索引时应当注意到如下事项:

- 如果没有指定索引类型,SQL Server 将使用非聚集索引作为默认的索引类型。

- 每个表都最多可包含 999 个非聚集索引。
- 当在同一表格中建立聚集索引和非聚集索引时，应先建立聚集索引后建非聚集索引。
- 如果先建立非聚集索引的话，当建立聚集索引时，SQL Server 会自动将非聚集索引删除，然后再重新建立非聚集索引。
- 每个表可包含多个唯一索引。
- 当现有聚集索引被删除时，SQL Server 将自动重建现有的非聚集索引。

另外，用户在创建和使用唯一索引时还应当注意到如下事项：

- 唯一索引既可以采用聚集索引的结构，也可以采用非聚集索引的结构。如果不指明 CLUSTERED 选项，SQL Server 将为唯一索引默认采用非聚集索引的结构。
- 当用户在表中创建 PRIMARY KEY 约束或 UNIQUE 约束时，SQL Server 将自动为建有这些约束的列创建唯一索引。当用户从该表中删除 PRIMARY KEY 约束或 UNIQUE 约束时，这些列上创建的唯一索引也会被自动删除。
- 如果表中存有数据，在创建唯一索引时 SQL Server 将自动检验相同的记录；如果 SQL Server 发现有重复的值，则无法继续执行 CREATE UNIQUE INDEX 命令，此时传回带有第一个重复值的错误信息。
- 建有唯一索引的表在执行 INSERT 语句或 UPDATE 语句时，SQL Server 将自动检验新的数据中是否存在重复值。

用户可以通过使用下面的 SQL 命令来查找到表的某列上存在的所有重复行：

```
SELECT column_name,count=COUNT(column_name)
FROM table_name
GROUP BY column_name
HAVING COUNT(column_name)>1
ORDER BY column_name
```

使用以上语句时，只需将实际的列名代替 column_name，实际的表名代替 table_name 即可。

除了可以为表中的单个列创建索引外，还可以为表中的一组列创建索引，这样的索引被称为组合索引。下面就是一个在 test_table 上创建组合索引的例子。

【例 8-3】　在 My_test_DB 数据库中的 test_table 表上创建名为 ind_add_zip 的组合索引。该索引创建在 address 和 zipcode 列上。

具体命令如下：

```
USE My_test_DB
GO
CREATE INDEX ind_add_zip
ON test_table(address,zipcode)
GO
```

在 T-SQL 编辑器的查询窗口中运行以上命令，在运行结果的消息窗口中显示"命令已成功完成",表明索引已成功建立。

用户在创建和使用组合索引时应当注意到如下事项:

- 组合索引应当创建在查询表时需要被频繁访问的列上。
- 一个组合索引键中最多可组合 16 列,允许的最大值为 900 字节。
- 组合索引中组合的所有列必须在同一个表或视图中。
- 要使用组合索引,则查询的 WHERE 子句必须参照组合索引的第一列。例如,如果在查询中想使用【例 8-3】中所创建的索引,则查询语句的 WHERE 子句中必须包括 address 字段,SQL Server 2008 在执行诸如 SELECT * FROM test_table WHERE zipcode='100084'的查询语句时,不会使用组合索引 ind_add_zip。
- 具有相同组合列,不同组合顺序的组合索引彼此是不同的。为了保证查询效率,应当将最具唯一性的列首先定义。

8.4.2 利用 Microsoft SQL Server Management Studio 创建索引

用户也可以利用 Microsoft SQL Server Management Studio 的对象管理器窗口创建索引。

选择所要创建索引的表,然后在此表的"索引"项上单击鼠标右键,在弹出的快捷菜单中选择"新建索引"命令,如图 8-5 所示。

此时,弹出如图 8-6 所示的"新建索引"对话框,用户可以单击此对话框中的"添加"按钮,这时将出现索引列选择对话框,如图 8-7 所示。用户此时需要选择创建索引的列,如 staff_id 列。

图 8-5　通过 Microsoft SQL Server
Management Studio 创建索引

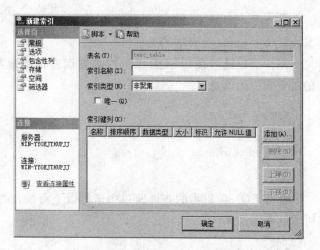

图 8-6　"新建索引"对话框

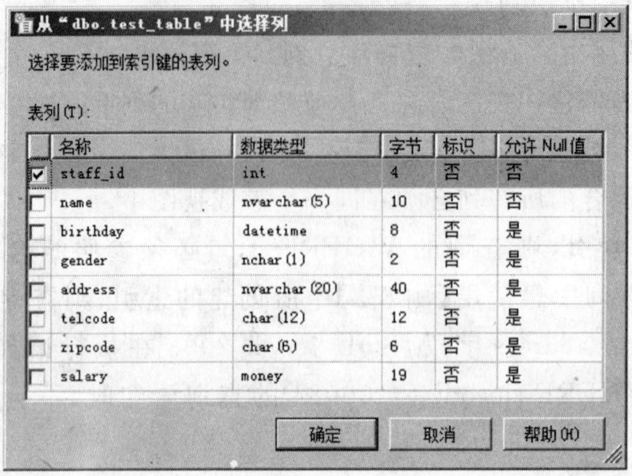

图 8-7 索引列选择对话框

8.5 查询索引信息

在对表格建立了索引之后，在实际应用过程中，有时需要对表的索引信息进行查询。在 SQL Server 2008 中，一般使用系统存储过程查询索引信息。

1. sp_helpindex

用于查看索引的名称、说明和生成索引的列的列名。

具体的命令语句如下：

```
EXEC sp_helpindex table_name
```

其中，table_name 为表格的名称。

用户可以通过在 T-SQL 编辑器的查询窗口中运行如下命令来获得表 test_table 上的所有索引的信息：

```
USE My_test_DB
GO
EXEC sp_helpindex'test_table'
GO
```

在 T-SQL 编辑器的查询窗口中运行以上命令，在运行结果的窗口中将返回如图 8-8 所示的查询结果。

2. sp_help

用于查看索引的详细信息。

具体的命令语句如下：

```
EXEC sp_help table_name
```

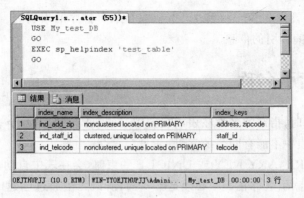

图 8-8 索引信息的查询结果

其中，table_name 为表格的名称。

用户可以通过在 T-SQL 编辑器的查询窗口中运行如下命令来获得表 test_table 上的所有索引的详细信息：

```
USE My_test_DB
GO
EXEC sp_help'test_table'
GO
```

在 T-SQL 编辑器的查询窗口中运行以上命令，在运行结果的窗口中将返回如图 8-9 所示的查询结果。

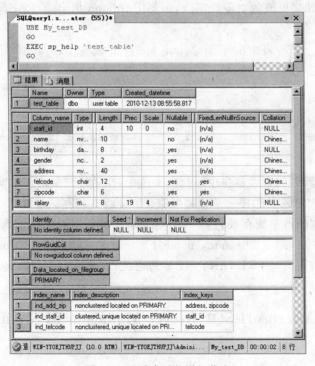

图 8-9 查看索引的详细信息

需要注意的是，sp_helpindex 和 sp_help 只显示可排序的索引列。因此，它不显示关于 XML 索引或空间索引的信息。

8.6 更改索引名称

更改索引名称时，指定的名称在表或视图中必须是唯一的。两个表可以有一个同名的索引，但同一个表中不能有同名的索引。

在表中创建 PRIMARY KEY 或 UNIQUE 约束时，会在表中自动创建一个与该约束同名的索引。因为索引名称在表中必须是唯一的，所以无法通过创建或更改名称获得一个与该表的现有 PRIMARY KEY 或 UNIQUE 约束同名的索引。

8.6.1 利用存储过程 sp_rename 更改

有时为了某种操作的方便，需要更改索引的名称。

可以使用系统存储过程 sp_rename 对索引名称进行更改。具体的命令语句为：

```
EXEC sp_rename table.oldname, table.newname[,column]
```

其中，各参数的意义如下：

- table：需要更改的索引所在的表。
- oldname：需要更改的索引当前的名称。
- newname：指定对象更改后的新名称。
- column：如果更改的对象为字段，则要用 column 指出，否则字段和索引可能会发生冲突。

例如，把 test_table 表中的索引名 ind_staff_id 改为 ind_staff_id_new，具体命令如下：

```
USE My_test_DB
GO
EXEC sp_rename'test_table.ind_staff_id','test_table.ind_staff_id_new'
GO
```

在 T-SQL 编辑器的查询窗口中运行以上命令，在运行结果的消息窗口中将返回如下信息："注意：更改对象名的任一部分都可能会破坏脚本和存储过程。"

用户可以通过执行系统存储过程 sp_helpindex 或利用对象资源管理器来查询修改的结果。读者会发现，图 8-8 中 index_name 下的 ind_staff_id 变为了 ind_staff_id_new。

如果重命名的索引与 PRIMARY KEY 约束关联，则 sp_rename 也会自动重命名该 PRIMARY KEY 约束。

8.6.2 利用 Microsoft SQL Server Management Studio 更改

用户也可以在 Microsoft SQL Server Management Studio 的对象管理器窗口中对索引名称进行更改。

　　选择要更改名称的索引所在的表,展开此表的"索引"节点,在要进行更改的索引名称上右击鼠标,在弹出的菜单中选择"重命名",如图 8-10 所示。

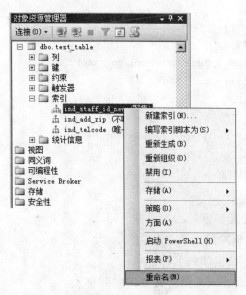

图 8-10　通过对象资源管理器更改索引名称

8.7　删除索引

　　在实际使用中,如果不需要再使用表上的某个索引或是表上的某个索引已经对系统性能起负面影响时,用户就需要删除该索引。SQL Server 为用户提供了两种途径来删除索引:一是在 T-SQL 编辑器窗口中利用 DROP INDEX 语句删除;另一种是利用 SQL Server Management Studio 对象资源管理器删除。

　　若要删除具有 PRIMARY KEY 或 UNIQUE 约束的索引,需要首先删除该约束,然后才能删除索引。

8.7.1　利用 DROP INDEX 语句删除索引

　　用户可以在 T-SQL 编辑器窗口中用 SQL 语句删除索引,其命令格式为:

```
DROP INDEX
{<drop_relational_or_xml_or_spatial_index>[,...n]}
<drop_relational_or_xml_or_spatial_index>::=
    index_name ON<object>
    WITH(<drop_clustered_index_option>[,...n])]
<object>::=
{
    [database_name.[schema_name] .|schema_name.]
        table_or_view_name
```

```
}
<drop_clustered_index_option>::=
{
    MAXDOP=max_degree_of_parallelism
    |ONLINE={ON|OFF}
    |MOVE TO{partition_scheme_name( column_name)
            |filegroup_name
            |"default"
            }
[FILESTREAM_ON{partition_scheme_name
            |filestream_filegroup_name
            |"default"}]
}
```

其中,主要参数的意义如下:

- index_name:要删除的索引名称。
- database_name:数据库的名称。
- schema_name:该表或视图所属架构的名称。
- table_or_view_name:与该索引关联的表或视图的名称。
- <drop_clustered_index_option>:控制聚集索引选项。这些选项不能与其他索引类型一起使用。
- MAXDOP=max_degree_of_parallelism:限制在执行并行计划的过程中使用的处理器数量,最大数量为 64 个。默认值为 0,表示根据当前系统工作负荷使用实际的处理器数量或更少数量的处理器。
- ONLINE:指定在索引操作期间基础表和关联的索引是否可用于查询和数据修改操作,默认值为 OFF。
- MOVE TO:指定一个位置,以移动当前处于聚集索引叶级别的数据行。数据将以堆的形式移动到这一新位置。可以将分区方案或文件组指定为新位置,但该分区方案或文件组必须已存在。MOVE TO 对索引视图或非聚集索引无效。如果未指定分区方案或文件组,则生成的表将位于为聚集索引定义的同一分区方案或文件组中。
- FILESTREAM_ON:指定一个位置,当前处于聚集索引叶级别的 FILESTREAM 表将移至此位置。数据将以堆的形式移动到这一新位置。可以将分区方案或文件组指定为新位置,但该分区方案或文件组必须已存在。FILESTREAM ON 对于索引视图或非聚集索引无效。如果未指定分区方案,则数据将位于为聚集索引定义的同一分区方案中。

若要执行 DROP INDEX,至少需要对表或视图拥有 ALTER 权限。删除表格的权限默认为表格拥有者,且该权限不能转移给其他表格操作者。但是数据库拥有者和系统监督者可以指定表格拥有者的名称,因此使用权限应为表格拥有者、数据库拥有者和系统监督者。

例如,如果用户想删除表 test_table 中的索引 ind_telcode,只需在 T-SQL 编辑器的查询窗口中运行如下命令:

```
USE My_test_DB
GO
DROP INDEX ind_telcode ON test_table
GO
```

使用 DROP INDEX 命令删除索引时,需要注意如下事项:

- 不能将 DROP INDEX 语句用来删除由 PRIMARY KEY 约束或 UNIQUE 约束创建的索引。
- 要删除这些索引必须先删除 PRIMARY KEY 约束或 UNIQUE 约束。
- 若要删除约束后再删除索引,请使用带有 DROP CONSTRAINT 子句的 ALTER TABLE。
- 在删除聚集索引时,表中的所有非聚集索引都将被重建。
- 删除表时,表中存在的所有索引都被删除。
- 不可以在系统表中执行 DROP INDEX 语句。

8.7.2 利用 Microsoft SQL Server Management Studio 删除索引

用户也可以在 Microsoft SQL Server Management Studio 的对象管理器窗口中对索引进行删除。

选择要删除的索引所在的表,展开此表的"索引"节点,在要删除的索引名称上右击鼠标,在弹出的菜单中选择"删除",如图 8-11 所示。

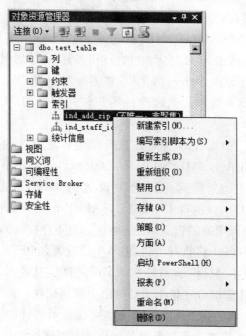

图 8-11 通过对象资源管理器删除索引

8.8　优化索引

8.8.1　索引性能分析

用户通过创建索引希望达到提高 SQL Server 数据检索速度的目的,然而前面已经提到在数据检索中,SQL Server 并不是对所有的索引都能利用。只有那些能加快数据的查询速度的索引才能被选用,如果利用索引查询的速度不如表扫描法速度快时,SQL Server 仍会采用表格扫描的方法进行数据检索。因此在创建索引后,用户应当根据实际可能出现的数据检索工作对查询进行分析,以判定其是否能提高 SQL Server 的数据检索速度。

SQL Server 提供了多种分析索引和查询性能的方法,现在就来介绍其中常用的 SHOWPLAN 和 STATISTIC IO 两种命令。

1. SHOWPLAN

通过在查询语句中设置 SHOWPLAN 选项,用户可以选择是否让 SQL Server 显示查询计划。在查询计划中系统将显示 SQL Server 在执行查询的过程中连接表时所采取的每个步骤以及选择哪个索引(如果表上存在索引的话),从而可以帮助用户分析创建的索引是否被系统使用。

设置显示查询计划的语句有:

- SET SHOWPLAN_TEXT ON：执行该 SET 语句后,SQL Server 以文本格式返回每个查询的执行计划信息。
- SET SHOWPLAN_ALL ON：该语句与 SET SHOWPLAN_TEXT 相似,但比 SHOWPLAN_TEXT 的输出格式更详细。
- SET SHOWPLAN_XML ON：此语句使 SQL Server 不执行 T-SQL 语句,而返回有关如何在正确的 XML 文档中执行语句的执行计划信息。

在以后的 Microsoft SQL Server 版本中,将不推荐使用 SET SHOWPLAN_ALL 和 SET SHOWPLAN_TEXT 选项。微软建议用户使用较新的 SET SHOWPLAN_XML 选项。

SET SHOWPLAN_XML 的设置是在执行或运行时设置的,而不是在分析时设置的。如果 SET SHOWPLAN_XML 为 ON,则 SQL Server 将在不执行语句的情况下返回每个语句的执行计划信息,直到将该选项设置为 OFF 为止。例如,如果在 SET SHOWPLAN_XML 为 ON 时执行 CREATE TABLE 语句,则 SQL Server 将从涉及同一个表的后续 SELECT 语句返回错误信息：指定的表不存在。如果 SET SHOWPLAN_XML 为 OFF,则 SQL Server 将执行语句,但不生成报表,OFF 为系统的默认值。

SET SHOWPLAN_XML 将返回一组 XML 文档信息。SET SHOWPLAN_XML ON 语句之后的每个批处理都将在单个文档输出中得到反映。每个文档都包含批处理中语句的文本,后跟执行步骤的详细信息。该文档可以显示估计的开销、行数、访问的索引数、执行的运算符的类型、连接次序以及有关执行计划的详细信息。

【例 8-4】 在 My_test_DB 数据库中的 test_table 表上查询 staff_id 为 970890 的员工信息,并显示查询处理过程。

具体命令如下:

```
USE My_test_DB
GO
SET SHOWPLAN_XML ON
GO
SELECT * FROM test_table WHERE staff_id= 970890
GO
SET SHOWPLAN_XML OFF
GO
```

在 T-SQL 编辑器的查询窗口中运行以上命令,在运行结果的窗口中将返回如图 8-12 所示的结果。

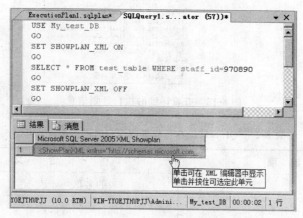

图 8-12　SET SHOWPLAN_XML 为 ON 时的查询结果

单击结果窗口中的链接,将显示如图 8-13 所示的执行计划信息。

2. STATISTICS IO

通过在查询语句中设置 STATISTICS IO 选项,用户可以使 SQL Server 显示数据检索语句执行后生成的有关磁盘活动量的文本信息。

设置显示磁盘 I/O 统计的语句为:

```
SET STATISTICS IO ON
```

设置不显示磁盘 I/O 统计的语句为(这也是系统的默认设置):

```
SET STATISTICS IO OFF
```

SET STATISTICS IO 是在执行或运行时设置,而不是在分析时设置。当该选项被用户设置为 ON 后,所有的后续 T-SQL 语句将返回统计信息,直到用户重新将该选项设置为 OFF 为止。以下是设置显示磁盘 I/O 统计信息后,SQL Server 在执行查询语句时的主要输出项,如表 8-2 所示。

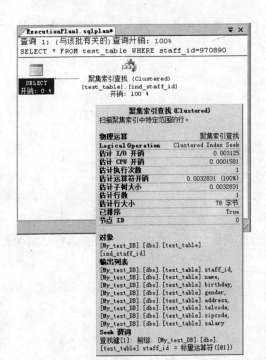

图 8-13　查看详细的执行计划信息

表 8-2　SQL Server 在执行查询语句时的主要输出项

输　出　项	含　　义
Table(表)	表的名称
Scan count(扫描计数)	执行的扫描次数
logical reads(逻辑读取)	从数据高速缓存读取的页数
physical reads(物理读取)	从磁盘读取的页数
read-ahead reads(预读)	为查询放入高速缓存的页数

【例 8-5】　在 My_test_DB 数据库中的 test_table 表上查询 staff_id 为 970890 的员工信息，并显示查询过程中的磁盘 I/O 统计信息。

具体命令如下：

```
USE My_test_DB
GO
SET STATISTICS IO ON
GO
SELECT * FROM test_table WHERE staff_id= 970890
GO
SET STATISTICS IO OFF
GO
```

在 T-SQL 编辑器的查询窗口中运行以上命令,在运行结果的消息窗口中将返回如图 8-14 所示的信息。

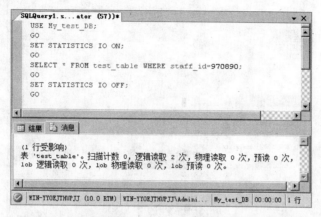

图 8-14 检索语句执行后生成的有关磁盘活动量的信息

从返回结果可以看出,由于之前已经执行过一次检索工作,所以这次检索时,SQL Server 直接从数据高速缓冲中获得所需数据,因此返回结果中物理读取的次数为 0。

8.8.2 查看索引碎片信息

无论何时对基础数据执行插入、更新或删除操作,SQL Server 都会自动维护索引。随着时间的推移,这些修改可能会导致索引中的信息分散在数据库中(含有碎片)。当索引包含的页中的逻辑排序(基于键值)与数据文件中的物理排序不匹配时,就存在碎片。碎片非常多的索引可能会降低查询性能,导致应用程序响应缓慢。

用户可以通过重新组织索引或重新生成索引来修复索引碎片。

决定使用哪种碎片整理方法的第一步是分析索引以确定碎片程度。通过使用系统函数 sys. dm_db_index_physical_stats,可以检测指定表或视图的索引的大小和碎片信息。对于索引,针对每个分区中的 B 树的每个级别,返回与其对应的一行。系统函数 sys. dm_db_index_physical_stat 的具体用法请参考 SQL Server 2008 的帮助文档。也可以使用 Microsoft SQL Server Management Studio 以图形化的方式查看索引的碎片信息。在对象资源管理器中,依次展开指定的数据库、指定的表、"索引"节点,鼠标右击指定的索引名称,在出现的菜单中选择"属性",如图 8-15 所示。

在出现的"索引属性"对话框的左侧选择"碎片"选项,则可查看碎片程度,如图 8-16 所示。

知道碎片程度后,可以参考以下准则并结合实

图 8-15 打开"索引属性"对话框

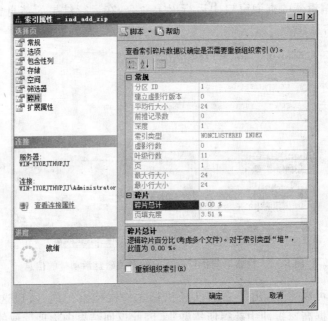

图8-16　通过"索引属性"对话框的"碎片"选择页查看索引的碎片程度

际情况，确定是否进行碎片修复及选择修复的最佳方法：

- 若碎片总计值大于5％而不大于30％，推荐重组索引以修复碎片。
- 若碎片总计值大于30％，推荐重建索引以修复碎片。
- 若碎片总计值小于5％，则不用考虑修复。因为删除如此少量的碎片所获得的收益始终远低于重新组织或重新生成索引的开销。
- 不需要仅因为碎片的原因而重新组织或重新生成索引。碎片的主要影响是，在索引扫描过程中会降低页的预读吞吐量而导致响应时间变长。如果含有碎片的表或索引中的查询工作负荷不涉及扫描（因为工作负荷主要是单独查找），则删除碎片可能不起作用。

8.8.3　重组索引

组织重组是通过对叶级页进行物理重新排序，使其与叶节点的逻辑顺序相匹配，从而对表或视图的聚集索引和非聚集索引的叶级别进行碎片整理，使页有序可以提高索引扫描的性能。

索引在分配给它的现有页内重新组织，而不会分配新页。如果索引跨多个文件，将一次重新组织一个文件，不会在文件之间迁移页。

重新组织还会压缩索引页。如果还有可用的磁盘空间，将删除此压缩过程中生成的所有空页。压缩基于设置的填充因子值。

重新组织进程使用最少的系统资源。索引碎片不太多时，可以重新组织索引。如果索引碎片非常多，重新生成索引则可以获得更好的结果。

可以使用下列方法重新组织聚集索引和非聚集索引：

1. 利用 ALTER INDEX REORGANIZE 语句重组索引

可以使用带 REORGANIZE 字句的 ALTER INDEX 语句重组索引。其基本命令格式如下：

```
ALTER INDEX {index_name|ALL}
    ON[database_name.[schema_name] .|schema_name.] table_or_view_name
    REORGANIZE
        [PARTITION=partition_number]
        [WITH( LOB_COMPACTION= {ON|OFF})]
```

其中，各参数的意义如下：

- index_name：索引的名称。
- ALL：指定与表或视图相关联的所有索引，而不考虑是什么索引类型。
- database_name：数据库的名称。
- schema_name：表或视图所属架构的名称。
- table_or_view_name：与该索引关联的表或视图的名称。
- PARTITION＝partition_number：指定只重新组织索引的一个分区，partition_number 表示重新组织已分区索引的分区数。若指定 PARTITION＝ALL，则重新生成所有分区。如果 index_name 不是已分区索引，则不能指定 PARTITION。
- WITH(LOB_COMPACTION＝{ON|OFF})：指定压缩所有包含大型对象数据的页。LOB 数据类型包括 image、text、ntext、varchar(max)、nvarchar(max)、varbinary(max) 和 xml。压缩此数据可以改善磁盘空间使用情况。默认值为 ON。如果 LOB 列不存在，则忽略 LOB_COMPACTION 子句。

需注意是，不能为 ALLOW_PAGE_LOCKS 设置为 OFF 的索引指定 REORGANIZE。

【例 8-6】 创建 My_test_DB 数据库中 test_table 表上的 ind_add_zip 索引。
具体命令如下：

```
USE My_test_DB
GO
ALTER INDEX ind_add_zip ON dbo.test_table
REORGANIZE
GO
```

在 T-SQL 编辑器的查询窗口中运行以上命令，在运行结果的消息窗口中将显示："命令已成功完成。"

2. 利用 Microsoft SQL Server Management Studio 重组索引

也可以利用 Microsoft SQL Server Management Studio 以图形化的方式重组索引。在对象资源管理器中，依次展开指定的数据库、指定的表、"索引"节点，鼠标右击需重组的索引名称，在出现的菜单中选择"重新组织"，如图 8-17 所示。

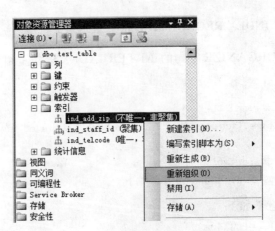

图 8-17　打开"重新组织索引"对话框

在打开的"重新组织索引"对话框中，显示了要重新组织的索引的信息及选择是否压缩所有包含大型对象数据的页，如图 8-18 所示。如果没有大型对象列，则会忽略此选项。单击"确定"按钮即可重组选定的索引。

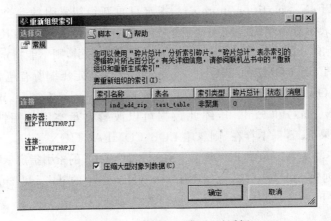

图 8-18　"重新组织索引"对话框

8.8.4　重建索引

重建索引将删除已存在的索引并创建一个新索引。此过程中将删除碎片，通过使用指定的或现有的填充因子设置压缩页来回收磁盘空间，并在连续页中对索引行重新排序（根据需要分配新页）。这样可以减少获取所请求数据所需的页读取数，从而提高磁盘性能。

可以使用下列方法重新生成聚集索引和非聚集索引：

1. 利用 ALTER INDEX REBUILD 语句重建索引

可以使用带 REBUILD 子句的 ALTER INDEX 语句对索引进行重建。其基本命令格式如下：

```
ALTER INDEX{index_name|ALL}
    ON[database_name.[schema_name] .|schema_name.] table_or_view_name
    REBUILD
      [[PARTITION=ALL]
            [WITH(<rebuild_index_option>[,...n])]
      |[PARTITION=partition_number
            [WITH(<single_partition_rebuild_index_option>
                    [,...n])
            ]
        ]
    ]
```

<rebuild_index_option>::=

```
{
    PAD_INDEX={ON|OFF}
  |FILLFACTOR=fillfactor
|SORT_IN_TEMPDB={ON|OFF}
|IGNORE_DUP_KEY={ON|OFF}
|STATISTICS_NORECOMPUTE={ON|OFF}
|ONLINE={ON|OFF}
|ALLOW_ROW_LOCKS={ON|OFF}
|ALLOW_PAGE_LOCKS={ON|OFF}
|MAXDOP=max_degree_of_parallelism
|DATA_COMPRESSION={NONE|ROW|PAGE}
    [ON PARTITIONS({<partition_number_expression>|<range>}
  [,...n])]
}
```

<single_partition_rebuild_index_option>::=

```
{
    SORT_IN_TEMPDB={ON|OFF}
  |MAXDOP=max_degree_of_parallelism
   |DATA_COMPRESSION={NONE|ROW|PAGE}}
}
```

其中,各参数的意义同前。

需注意,重新生成聚集索引并不重新生成关联的非聚集索引,除非指定了关键字 ALL。如果未指定索引选项,则应用现有的索引选项值。

【例 8-7】　创建 My_test_DB 数据库中 test_table 表上的 ind_telcode 索引。设置填充索引,将填充因子设置为 85%,设置将中间排序结果存储在 tempdb 中。

具体命令如下:

```
USE My_test_DB
GO
ALTER INDEX ind_telcode ON dbo.test_table
REBUILD
```

```
WITH(PAD_INDEX=ON,FILLFACTOR=85,SORT_IN_TEMPDB=ON)
GO
```

在 T-SQL 编辑器的查询窗口中运行以上命令，在运行结果的消息窗口中将显示：
"命令已成功完成。"

2．利用 CREATE INDEX DROP_EXISTING 语句重建索引

ALTER INDEX 语句不能通过添加或删除键列、修改选项、修改索引类型或修改列排序顺序来更改索引定义。如需完成此类操作，可以使用带 DROP_EXISTING 子句的 CREATE INDEX 语句对索引进行重建。

【**例 8-8**】　创建 My_test_DB 数据库中 test_table 表上的 ind_telcode 索引，将其设置为非聚集的不唯一索引（当前为唯一索引），并指定该索引的填充因子为 80%。

具体命令如下：

```
USE My_test_DB
GO
CREATE NONCLUSTERED INDEX ind_telcode
ON test_table(telcode)
WITH(PAD_INDEX=ON,FILLFACTOR=80,DROP_EXISTING=ON)
GO
```

在 T-SQL 编辑器的查询窗口中运行以上命令，在运行结果的消息窗口中将显示：
"命令已成功完成。"

3．利用 Microsoft SQL Server Management Studio 重建索引

还可以利用 Microsoft SQL Server Management Studio 以图形化的方式重建索引。在对象资源管理器中，依次展开指定的数据库、指定的表、"索引"节点，鼠标右击需重建的索引名称，在出现的菜单中选择"重新生成"，如图 8-19 所示。

在打开的"重新生成索引"对话框中，显示了要重新生成的索引的信息，如图 8-20 所示。单击"确定"按钮即可重建选定的索引。

8.8.5　查看索引统计信息

索引统计信息是查询优化器用来分析和评估查询、确定最优查询计划的基础数据。创建索引时，查询优化器自动存储有关索引列的统计信息。

一般地，用户可以通过以下两种常用的方式查看指定索引的统计信息：

1．使用 DBCC SHOW_STATISTICS 命令查看统计信息

SQL Server 提供了 DBCC SHOW_STATISTICS 语句显示索引或列的当前查询优化统计信息。其具体命令格式如下：

```
DBCC SHOW_STATISTICS(table_name|view_name , target)
[WITH[NO_INFOMSGS]<option>[, n]]
```

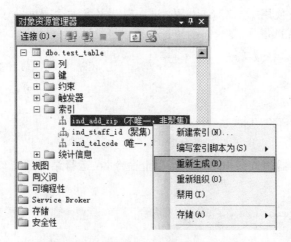

图 8-19 打开"重新生成索引"对话框

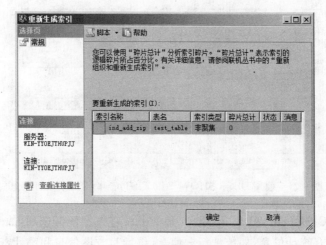

图 8-20 "重新生成索引"对话框

<option>::=STAT_HEADER|DENSITY_VECTOR|HISTOGRAM

其中,各参数的意义如下:

- table_name|view_name:要显示其统计信息的表或索引视图的名称。
- target:要显示其统计信息的索引或列的名称。
- NO_INFOMSGS:取消严重级别从 0 到 10 的所有信息性消息。
- STAT_HEADER|DENSITY_VECTOR|HISTOGRAM:如果指定以上一个或多个选项,将根据指定选项,限制该语句返回的结果集。STAT_HEADER 选项指定返回统计标题信息,主要包括统计对象的名称、表的行数、用于统计信息计算的抽样总行数等信息;DENSITY_VECTOR 指定返回统计密度信息,主要包括索引列前缀集的选择性、平均长度等信息;HISTOGRAM 选项指定返回统计直方图信息。如果没有指定任何选项,则返回所有统计信息。

DBCC SHOW_STATISTICS 不提供空间索引的统计信息。

【例 8-9】 通过使用 DBCC SHOW_STATISTICS 命令显示 My_test_DB 数据库中 test_table 表上的 ind_staff_id 索引的统计信息。

具体命令如下：

```
USE My_test_DB
GO
DBCC SHOW_STATISTICS(test_table,ind_staff_id)
GO
```

在 T-SQL 编辑器的查询窗口中运行以上命令，在运行结果的窗口中将返回如图 8-21 所示的结果。

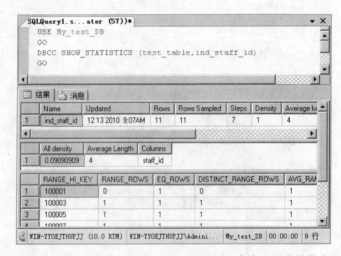

图 8-21　使用 DBCC SHOW_STATISTICS 命令查看统计信息

由于在 DBCC SHOW_STATISTICS 命令中没有指定任何选项，故系统显示了索引 ind_staff_id 的所有统计信息，即统计标题信息、统计直方图信息和统计密度信息。

2. 利用 Microsoft SQL Server Management Studio 查看统计信息

也可以利用 Microsoft SQL Server Management Studio 以图形化的方式查看索引的统计信息。在对象资源管理器中，依次展开指定的数据库、指定的表、"统计信息"节点，鼠标右击指定的索引名称，在出现的菜单中选择"属性"，则可弹出"统计信息属性"对话框。在"常规"选择页中显示的信息如图 8-22 所示。

其中，"上次更新了这些列的统计信息"显示上一次更新统计信息的具体时间；选中"更新这些列的统计信息"复选框后将在对话框关闭时更新统计信息。

单击"统计信息属性"对话框左侧的"详细信息"选项，可查看索引的统计标题信息、统计直方图信息和统计密度信息，如图 8-23 所示。

8.8.6　维护索引统计信息

随着列中数据发生变化，索引和列的统计信息可能会过时，从而导致查询优化器选择

图 8-22 "统计信息属性"对话框的"常规"选择页

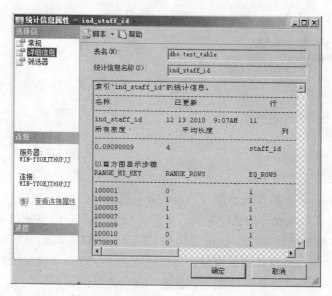

图 8-23 "统计信息属性"对话框的"详细信息"选择页

的查询处理方法不是最佳的。因此,随着表中的数据发生变化,需要对数据库中的这些统计信息进行定期更新。

在 SQL Server 中用户可以通过设置实现统计的自动更新和人工更新。如果将数据库的 AUTO_UPDATE_STATISTICS 选项设置为 ON(默认值)时,查询优化器会在表中的数据发生变化时自动定期更新这些统计信息。此外在优化查询时,查询优化器将激活统计的自动更新功能。如果查询优化器确定表中现存的统计信息过时时,该次执行规划中将包括统计更新的操作,从而使得查询过程需要额外的时间。

在以下情况下，用户需要为数据库表进行统计的手动更新：

* 索引在数据插入数据库表之前就已经创建。
* 需要向包含有少量数据或没有数据的表中添加行并且立即进行表查询。
* 索引中的键值有显著变化。
* 在索引列中添加、更改或删除大量数据（即更改了键值的分布），或已使用 TRUNCATE TABLE 语句将表截断后重新填充。

可以通过执行 UPDATE STATISTICS 语句为指定表或索引视图中的一个或多个统计组（集合），更新有关键值分布的信息。其具体命令格式如下：

```
UPDATE STATISTICS table|view
    [
        {
            { index|statistics_name}
        |({index|statistics_name}[,...n])
        }
    ]
    [    WITH
    [
        [FULLSCAN]
        |SAMPLE number{PERCENT|ROWS}]
        |RESAMPLE
    ]
    [[,][ALL|COLUMNS|INDEX]
    [[,] NORECOMPUTE]
];
```

其中，各参数的意义如下：

* table|view：要更新其统计信息的表或索引视图的名称。
* index：要更新其统计信息的索引。如果未指定 index，则更新指定表或索引视图中的所有分布统计信息。这包含使用 CREATE STATISTICS 语句创建的统计信息、自动创建的统计信息以及作为索引创建的副产品创建的统计信息。
* statistics_name：要更新的统计信息组（集合）的名称。
* FULLSCAN：指定应读取 table 或 view 中的所有行以收集统计信息。
* SAMPLE number{PERCENT|ROWS}：指定在收集较大型的表或视图的统计信息时，要抽样的表或索引视图的百分比或者行数。
* RESAMPLE：指定收集统计信息时，对现有所有包含索引的统计信息使用继承的抽样率。
* ALL|COLUMNS|INDEX：指定 UPDATE STATISTICS 语句是否影响列统计信息、索引统计信息或所有现有统计信息。如果不指定任何选项，则 UPDATE STATISTICS 语句将影响所有统计信息。每个 UPDATE STATISTICS 语句只能指定一个选项。

- NORECOMPUTE：指定不自动重新计算过期统计信息。如果指定此选项，则数据库引擎将禁用自动统计信息重新生成功能。若要恢复自动统计信息重新计算功能，可重新执行不使用 NORECOMPUTE 选项的 UPDATE STATISTICS 命令或执行 sp_autostats。

用户应该避免频繁地进行索引统计的更新或是在数据库操作比较集中的时间段内更新统计。此外，该命令可能会被用户对表执行数据插入的请求所中断。

【例 8-10】 在 My_test_DB 数据库中的 test_table 表上更新索引 ind_telcode 的统计信息。

具体命令如下：

```
USE My_test_DB
GO
UPDATE STATISTICS test_table ind_telcode
GO
```

在 T-SQL 编辑器的查询窗口中运行以上命令，在运行结果的消息窗口中将显示："命令已成功完成。"打开索引 ind_telcode 的"统计信息属性"对话框，通过查看"常规"选择页中的"上次更新了这些列的统计信息"，可以看到已成功地对该索引的统计信息进行了更新。

【例 8-11】 更新 My_test_DB 数据库中的 test_table 表上所有索引的统计信息。

具体命令如下：

```
USE My_test_DB
GO
UPDATE STATISTICS test_table
GO
```

在 T-SQL 编辑器的查询窗口中运行以上命令，在运行结果的消息窗口中将显示："命令已成功完成。"打开索引的"统计信息属性"对话框，通过查看"常规"选择页中的"上次更新了这些列的统计信息"，可以看到已成功地对表 test_table 上的所有索引的统计信息进行了更新。

8.8.7　数据库引擎优化顾问

数据库系统的性能取决于其物理结构设计（包括聚集索引、非聚集索引、索引视图和分区策略）。Microsoft SQL Server 2008 提供了数据库引擎优化顾问工具，用于优化数据库的物理设计结构。利用数据库引擎优化顾问优化数据库，用户不需要数据库结构、工作负荷或 SQL Server 内部工作方面的专业知识，即可选择和创建索引、索引视图和分区的最佳集合。

数据库引擎优化顾问分析在一个或多个数据库中运行的工作负荷的性能效果。其中，工作负荷是对要优化的数据库执行的一组 T-SQL 语句。分析数据库的工作负荷效果后，数据库引擎优化顾问会提供在 SQL Server 数据库中添加、删除或修改物理设计结构的建议。实现这些结构之后,数据库引擎优化顾问使查询处理器能够用最短的时间执行工作负荷任务。

数据库引擎优化顾问的功能包括以下几项:

- 通过使用查询优化器分析工作负荷中的查询,推荐数据库的最佳索引组合。
- 为工作负荷中引用的数据库推荐对齐分区或非对齐分区。
- 推荐工作负荷中引用的数据库的索引视图。
- 分析所建议的更改将会产生的影响,包括索引的使用,查询在表之间的分布,以及查询在工作负荷中的性能。
- 推荐为执行一个小型的问题查询集而对数据库进行优化的方法。
- 允许通过指定磁盘空间约束等高级选项对推荐进行自定义。
- 提供对所给工作负荷的建议执行效果的汇总报告。
- 考虑备选方案,即以假定配置的形式提供可能的设计结构方案,供数据库引擎优化顾问进行评估。

为支持不同情况下的数据库优化,可以用以下几种不同的方式启动数据库引擎优化顾问图形用户界面:

- 通过"开始"菜单启动。在"开始"菜单中,依次指向"所有程序"、Microsoft SQL Server 2008 和"性能工具",然后单击"数据库引擎优化顾问"。
- 通过 SQL Server Management Studio 中的"工具"菜单启动。在"工具"菜单中,单击"数据库引擎优化顾问"。
- 通过 SQL Server Management Studio 中的查询编辑器启动。在 T-SQL 编辑器窗口中选择一个查询或整个脚本,右击选定的内容,再选择"在数据库引擎优化顾问中分析查询"。此时将打开数据库引擎优化顾问图形用户界面,并将该脚本作为 XML 文件工作负荷导入。可以指定会话名称和优化选项,以将选定的 T-SQL 查询作为工作负荷进行优化;

通过 SQL Server Profiler 中的"工具"菜单启动:在"工具"菜单中,单击"数据库引擎优化顾问"。

下面简要介绍如何通过数据库引擎优化顾问对数据库进行优化的方法:

(1) 确定希望数据库引擎优化顾问在分析过程中考虑添加、删除或保留的数据库功能(索引、索引视图、分区)。

(2) 创建工作负荷,可以是包含了查询语句的文件,也可以是由 SQL Server Profiler 工具生成的保存在表中的跟踪。

(3) 启动数据库引擎优化顾问,并登录到 Microsoft SQL Server 实例。

(4) 在"常规"选项卡上的"会话名称"中输入一个名称以创建新的优化会话。

(5) 在"工作负荷"区域内选择"文件"或"表"。然后,在相邻的文本框中输入文件的路径或表的名称,指定表的格式为：database_name. schema_name. table_name;或者单击相邻的"浏览"按钮(望远镜图标)以选择相应的工作负荷文件或工作负荷表。

(6) 在"选择要优化的数据库和表"区域中,选择要对其运行在步骤 5 中选择的工作负荷的数据库和表。

（7）选中"保存优化日志"以保存优化日志的副本。

至此，"常规"选项卡的内容设置完毕，如图 8-24 所示。

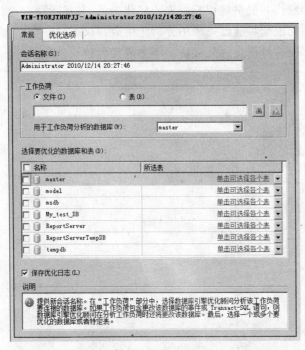

图 8-24　数据库引擎优化顾问的"常规"选项卡

（8）单击"优化选项"选项卡，从列出的选项中进行选择，如图 8-25 所示。

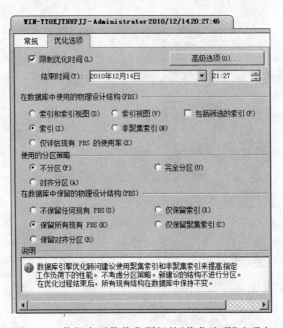

图 8-25　数据库引擎优化顾问的"优化选项"选项卡

（9）单击工具栏中的"开始分析"按钮。

如果希望停止已经启动的优化会话，请在"操作"菜单上选择以下选项之一：

- 选择"停止分析（并提供建议）"将停止优化会话，并提示用户选择是否希望数据库引擎优化顾问根据目前已完成的分析来生成建议。

- 选择"停止分析"将停止优化会话而不生成任何建议。

第9章

存储过程及其应用

9.1　存储过程概述

　　存储过程是存放在数据库上的封装了可重用代码的模块或例程。存储过程在第一次执行时进行语法检查和编译,编译好的版本存储在过程高速缓存中用于后续调用,这样就可以使存储过程执行时更加迅速,更加高效。存储过程由应用程序激活,而不是由 SQL Server 自动执行。存储过程可用于安全机制,用户可以被授权执行存储过程。在执行重复任务时存储过程可以提高性能和一致性,因为它们在第一次执行时就完成编译,提供其他前端应用程序共享应用程序逻辑,若要改变业务规则或策略,只需改变存储过程。存储过程可以带有和返回用户提供的参数。

　　SQL Server 的存储过程可以接受输入参数并以输出参数的格式向调用过程或批处理返回多个值;包含执行数据库操作(包括调用其他过程)的编程语句;可以向调用过程或批处理返回状态值,以指明成功或失败(以及失败的原因)。因此,SQL Server 中的存储过程与其他编程语言中的过程类似。

9.1.1　存储过程的类型

　　在 Microsoft SQL Server 2008 中,有三种可用的存储过程,即系统存储过程、用户定义的存储过程和扩展存储过程。

1. 系统存储过程

　　系统存储过程是用来执行 SQL Server 中的许多管理活动的特殊存储过程。从物理意义上讲,系统存储过程存储在源数据库中,并且带有"sp_"前缀。从逻辑意义上讲,系统存储过程出现在每个系统定义数据库和用户定义数据库的 sys 构架中。

2. 用户定义的存储过程

　　用户定义的存储过程是主要的存储过程类型。用户定义的存储过程可以接受输入参数、向客户端返回表格或标量结果和消息、调用数据定义语言和数据操作语言语句,然后返回输出参数。在 SQL Server 2008 中,用户定义的存储过程分为 T-SQL 存储过程和CLR 存储过程两种类型。T-SQL存储过程是指保存的T-SQL语句集合,可以接受和返

回用户提供的参数。CLR 存储过程是指对 Microsoft . NET Framework 公共语言运行时
(CLR)方法的引用，可以接受和返回用户提供的参数。

3. 扩展存储过程

扩展存储过程是指 Microsoft SQL Server 的实例可以动态加载和运行的 DLL。扩展存
储过程允许使用编程语言（如 C 语言等）创建外部例程。值得注意的是，后续版本的
Microsoft SQL Server 将删除扩展存储过程。微软建议改用 CLR 存储过程实现相应功能。

9.1.2　存储过程的优点

在 SQL Server 中使用存储过程而不使用存储在客户端计算机本地的 T-SQL 程序有
许多优点：

- 存储过程已在服务器注册，可以提高 T-SQL 语句的执行效率。
- 存储过程具有安全特性和所有权链接，以及可以附加到它们的证书。用户可以被
  授予权限来执行存储过程，而不被授予权限来访问存储过程中引用的对象（表或
  视图等），从而保证数据库中数据的安全性。
- 存储过程可以强制应用程序的安全性，防止 SQL 嵌入式攻击。
- 存储过程允许模块化程序设计，即存储过程创建之后，可以在程序中任意调用。
  提高了程序的设计效率，改进了应用程序的可维护性，并允许应用程序统一访问
  数据库。
- 存储过程在第一次执行后，会在 SQL Server 的缓冲区中创建查询树，这样在第二
  次执行该存储过程时，就无须进行预编译，从而改进系统的执行性能。
- 存储过程是命名代码，允许延迟绑定。即可以在存储过程中引用当前不存在的对
  象，当然这些对象在执行存储过程时应该存在。
- 存储过程可以减少网络通信流量。存储过程是存放在服务器上的预先编译好的
  单条或多条 T-SQL 语句并在服务器上运行。使用存储过程时，在服务器和客户
  端之间的网络上需要传输的只有用来执行存储过程的命令和存储过程执行完毕
  后返回的结果，用户无须在网络上发送上百个 T-SQL 语句或是将众多数据从服
  务器下载至客户端后再进行处理，从而大大减少了网络负载。

9.2　创建和执行简单存储过程

9.2.1　CREATE PROCEDURE 语句

存储过程的创建由如下的命令完成：

```
CREATE{PROC|PROCEDURE}[schema_name.] procedure_name
    [{@parameter[type_schema_name.] data_type}
        [=default][OUT|OUTPUT][READONLY]
    ][,...n]
[WITH{ENCRYPTION|RECOMPILE|ENCRYPTION, RECOMPILE}]
```

```
[FOR REPLICATION]
AS<sql_statement>[;][...n]
[;]
```
<sql_statement>::=
```
{[BEGIN] statements[END]}
```

其中,各参数的意义如下:

- schema_name:过程所属架构的名称。
- procedure_name:所创建的新存储过程的名称。
- @parameter:指明存储过程中包含的输入和输出参数。在 CREATE PROCEDURE 语句中可以声明一个或多个参数,存储过程最多可以有 2100 个参数。
- [type_schema_name.] data_type:参数以及所属架构的数据类型。
- default:参数的默认值。如果定义了 default 值,则无须指定此参数的值即可执行过程。默认值必须是常量或 NULL。
- OUTPUT:指示参数是输出参数。该选项的值可以返回给调用 EXECUTE 的语句。
- READONLY:指示不能在过程的主体中更新或修改参数。
- ENCRYPTION:对存储过程的定义文本进行加密。
- RECOMPILE:指示执行计划不保存在过程高速缓存中,每次执行时都重新编译它。
- FOR REPLICATION:指定不能在订阅服务器上执行为复制创建的存储过程。
- sql_statement:包含在存储过程中需要执行的一个或多个 T-SQL 语句。

【例 9-1】 在 My_test_DB 数据库上新建一个无参的存储过程 staff_name,用于查询数据库中所有员工的编号和姓名(数据来源于 staff_info 表)。

具体命令如下:

```
USE My_test_DB
GO
CREATE PROC staff_name
AS
SELECT staff_id,name FROM staff_info
GO
```

在 T-SQL 编辑器的查询窗口中运行以上命令,在运行结果的消息窗口中显示"命令已成功完成",表明存储过程已成功建立。

用户可以通过 Microsoft SQL Server Management Studio,查看新创建的存储过程。在 Microsoft SQL Server Management Studio 的对象资源管理器窗口中,连接到一个数据库引擎实例。依次展开"数据库"、My_test_DB、"可编程性"、"存储过程"节点,即可找到新建的存储过程 dbo. staff_name,如图 9-1 所示。

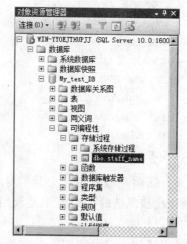

图 9-1 在对象资源管理器中查看新建的存储过程

9.2.2　创建存储过程的指导原则

在创建存储过程中，用户需要考虑下列事项：

- 不能将 CREATE PROCEDURE 语句与其他 SQL 语句组合到单个批处理中，每一个批处理就是一个 GO 语句段。
- 创建存储过程是有权限的，其默认权限属于数据库所有者，其他用户如果希望获得创建存储过程的权限，必须通过数据库所有者授权，值得注意的是，应尽量避免存储过程的使用者和底层表的所有者不是同一个人的情况。
- 由于存储过程是一个数据库对象，其名称必须遵守标识符规则。在命名用户自定义的存储过程时应避免使用"sp_"前缀，以免与以后的某些系统过程发生冲突。
- 尽量不要使用临时存储过程，以避免 tempdb 上造成的对系统表资源的争夺，从而导致影响系统的执行性能。
- 存储过程只能在当前数据库中创建，根据可使用的内存，存储过程的最大尺寸被限制为 128 MB。
- 其他数据库对象均可在存储过程中创建。可以引用在同一存储过程中创建的对象，只要引用时已经创建了该对象即可。
- 如果执行的存储过程将调用另一个存储过程，则被调用的存储过程可以访问由第一个存储过程创建的所有对象，包括临时表在内。
- CREATE PROCEDURE 定义可以包括任意数量和类型的 T-SQL 语句，但以下语句除外：

```
CREATE AGGREGATE
CREATE RULE
CREATE DEFAULT
CREATE SCHEMA
CREATE 或 ALTER FUNCTION
CREATE 或 ALTER TRIGGER
CREATE 或 ALTER PROCEDURE
CREATE 或 ALTER VIEW
SET PARSEONLY
SET SHOWPLAN_ALL
SET SHOWPLAN_TEXT
SET SHOWPLAN_XML
USE database_name
```

在【例 9-1】中，由于创建的是一个十分简单的存储过程，采用了一次创建的办法。但对于比较复杂的存储过程，建议用户按照如下 4 个步骤创建存储过程。

(1) 编写 Transact_SQL 语句。

如【例 9-1】中的 SQL 语句：

```
SELECT staff_id,name FROM staff_info
```

（2）测试 T-SQL 语句。

执行步骤（1）中编写的 SQL 语句，确认结果符合要求。

（3）创建存储过程。

如果返回结果符合要求，则按照存储过程的语法，定义该存储过程。

（4）执行过程。

在服务器上执行新定义好的存储过程以验证该存储过程的正确性。

存储过程的执行由如下命令完成：

```
[{ EXEC|EXECUTE }]
    {
      [@ return_status=]
      { procedure_name|@ procedure_name_var}
        [[@ parameter=]{value|@ variable[OUTPUT]|[DEFAULT]}
        ]
      [,...n]
      [WITH RECOMPILE]
    }
[;]
```

其中，各参数的意义如下：

- @return_status：可选的整型变量，保存存储过程的返回状态值。这个变量在用于 EXECUTE 语句前，必须在批处理、存储过程或函数中声明过。值为 0 时表示存储过程执行成功。
- procedure_name：要调用的存储过程名称。
- @procedure_name_var：局部定义的变量名，代表存储过程的名称。
- @parameter：存储过程中定义的参数。
- value：调用存储过程时输入的参数值。如果参数名称没有指定，参数值必须以 CREATE PROCEDURE 语句中定义的顺序提供。
- @variable：是用来存储参数或返回参数的变量。
- OUTPUT：指定存储过程返回一个参数。
- DEFAULT：根据存储过程的定义，提供参数的默认值。
- WITH RECOMPILE：执行存储过程后，强制编译、使用和放弃新计划。如果该存储过程存在现有查询计划，则该计划将保留在缓存中。

9.2.3　查看存储过程信息

通过使用一些系统存储过程和目录视图，可以获取有关存储过程的以下信息：

- 存储过程的定义。即查看用于创建存储过程的 T-SQL 语句，这对于没有用于创建存储过程的 T-SQL 脚本文件的用户是很有用的。可以通过 sys. sql_modules、OBJECT_DEFINITION、sp_helptext 查看这类信息。
- 有关存储过程的信息（如存储过程的架构、创建时间及其参数）。可以通过 sys.

objects、sys. procedures、sys. parameters、sys. numbered _ procedures、sys. numbered_procedure_parameters、sp_help 查看这类信息。

- 指定存储过程所使用的对象及使用指定存储过程的过程。此信息可用来识别那些受数据库中某个对象的更改或删除影响的过程。可以通过 sys. sql_expression_depen dencies、sys. dm _ sql _ referenced _ entities、sys. dm _ sql _ referencing_entities 查看这类信息。

【例 9-2】 在查询分析器中通过系统存储过程 sp_stored_procedures 查看数据库 My_test_DB 中的所有存储过程。

具体命令如下：

```
USE My_test_DB
GO
EXEC sp_stored_procedures
GO
```

在 T-SQL 编辑器的查询窗口中运行以上命令，在运行结果窗口中将返回数据库 My_test_DB 中的所有存储过程的列表，如图 9-2 所示。返回结果中包含存储过程名称、所有者、输入参数个数、输出参数个数等存储过程的信息，在返回结果中可以很容易地找到在【例 9-1】中所建立的存储过程 staff_name。

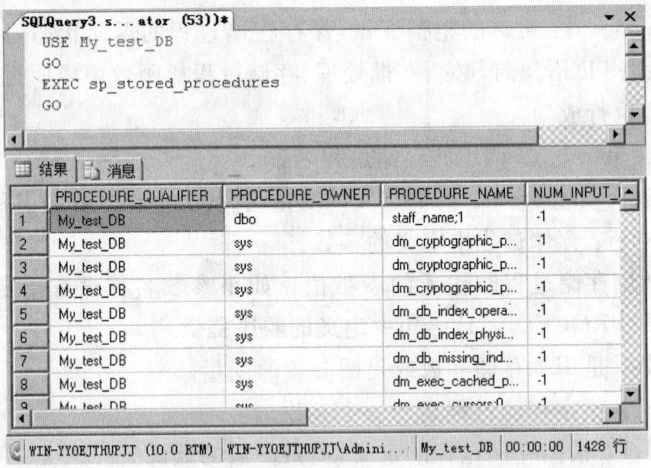

图 9-2 数据库 My_test_DB 中的所有存储过程列表

【例 9-3】 在查询分析器中通过系统存储过程 sp_help 查看数据库 My_test_DB 中的存储过程 staff_name 的一般信息。

具体命令如下：

```
USE My_test_DB
GO
EXEC sp_help staff_name
GO
```

在 T-SQL 编辑器的查询窗口中运行以上命令,在运行结果窗口中将返回关于存储过程 staff_name 的类型、拥有者、创建时间信息,如图 9-3 所示。

如果希望隐藏存储过程定义的文本信息,那么用户在创建存储过程时,通过使用 WITH ENCRYPTION 子句来对存储过程文本信息进行加密即可。加密后的存储过程无法用 sp_helptext 来查看相关信息。

【例 9-4】　在查询分析器中通过系统存储过程 sp_helptext 查看数据库 My_test_DB 中的存储过程 staff_name 的定义。

具体命令如下:

```
USE My_test_DB
GO
EXEC sp_helptext staff_name
GO
```

在 T-SQL 编辑器的查询窗口中运行以上命令,在运行结果窗口中将返回存储过程 staff_name 定义的文本信息,如图 9-4 所示。

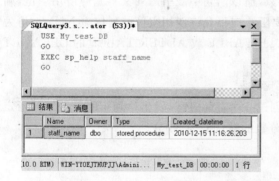

图 9-3　返回存储过程 staff_name 的一般信息

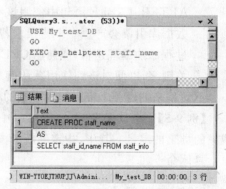

图 9-4　返回创建存储过程 staff_name 时
　　　　定义的 T-SQL 源文本

如果希望隐藏存储过程定义的文本信息,那么用户在创建存储过程时,通过使用 WITH ENCRYPTION 子句来对存储过程文本信息进行加密即可。加密后的存储过程无法用 sp_helptext 来查看相关信息。

9.3　创建和执行含参数的存储过程

在介绍创建存储过程命令的参数时,曾经谈到存储过程可以指定输入、输出参数。向存储过程指定输入、输出参数的主要目的是通过使用参数向存储过程输入和输出信息来扩展存储过程的功能。通过使用参数,可以多次使用同一存储过程并按指定要求查找数据库。

9.3.1　创建含有输入参数的存储过程

输入参数是指由调用程序向存储过程传递的参数,输入参数允许用户或客户端应用程序将数据值传递到存储过程中。使用输入参数可以向同一存储过程传递不同的值,在数据库中进行多次查询,返回符合条件的结果。

为了定义接受输入参数的存储过程,需要在 CREATE PROCEDURE 语句中声明一个或多个变量作为参数。

声明输入参数的命令语法参考 9.2.1 节中详细讲到的 CREATE PROCEDURE 语句。

使用输入参数时,需要注意以下事项:

- 在存储过程中定义的输入参数最多不能超过 1024 个。
- 参数的默认值必须是常量或 NULL。
- 除非定义了参数的默认值或者将参数设置为等于另一个参数,否则用户必须在调用过程时为每个声明的参数提供值。
- 在存储过程内部定义的本地变量数目只受可以使用的内存限制。
- 创建存储过程时,应指定所有输入参数和向调用过程或批处理返回的输出参数。
- 默认情况下,参数可为空值。如果传递 NULL 参数值并且在 CREATE 或 ALTER TABLE 语句中使用该参数,而该语句中被引用列又不允许使用空值,则数据库引擎会产生一个错误。若要阻止向不允许使用空值的列传递 NULL,请为过程添加编程逻辑,或使用 CREATE TABLE 或 ALTER TABLE 的 DEFAULT 关键字,以便对该列使用默认值。

下面就来创建一个带有输入参数的存储过程。

【例 9-5】 在数据库 My_test_DB 中创建一个存储过程,输出达到年度各项考评指定成绩的员工的编号。其中,指定创新考核分数的默认值为 85 分。

具体命令如下:

```
USE My_test_DB
GO
CREATE PROC staff_score1
@s numeric(4,1),@i numeric(4,1)=85,@t numeric(4,1)
AS
SELECT staff_id
    FROM staff_score
    WHERE sell_score>=@s AND inno_score>=@i AND team_score>=@t
GO
```

在 T-SQL 编辑器的查询窗口中运行以上命令,在运行结果的消息窗口中显示"命令已成功完成",表明存储过程已成功建立。可以通过 Microsoft SQL Server Management Studio 对象资源管理器对建立情况进行确认。

9.3.2　执行含有输入参数的存储过程

执行带有输入参数的存储过程时,SQL Server 2008 提供了以下两种参数传递的方法。

1. 通过参数名传递参数值

在执行存储过程的语句中,通过语句@parameter_name=value 以"参数名=参数值"的形式给出参数的传递值。当存储过程含有多个输入参数时,参数值可以以任意顺序指定,对于允许空值和具有默认值的输入参数可以不给出参数的传递值。

【例 9-6】 使用通过参数名传递参数值的方法,利用存储过程 staff_score1,返回年度团队协作考评成绩在 90 分以上、其他两项考评成绩在 85 分以上的所有员工编号。

具体命令如下:

```
USE My_test_DB
GO
EXEC staff_score1@t=90,@s=85
GO
```

在 T-SQL 编辑器的查询窗口中运行以上命令,在运行结果窗口中返回的结果如图 9-5 所示。

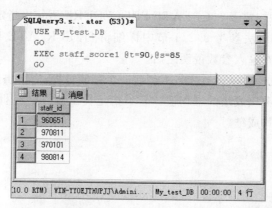

图 9-5 执行含有输入参数的存储过程 staff_score1 返回的结果

值得注意的是,为了说明使用参数名传递参数值时可以以任意顺序指定参数值,将@s和@t两个参数的次序进行了颠倒,此外由于 inno_score 的查询值与相应参数@i 的默认值一致,所以也没有对该输入参数的参数值进行指定。

2. 按位置传递参数值

在执行存储过程的语句中,不参照被传递的参数而直接给出参数的传递值。当存储过程含有多个输入参数时,传递值的顺序必须与存储过程中定义的输入参数的顺序相一致。

按位置传递参数值时,也可以忽略允许空值和具有默认值的参数,但是不能因此破坏输入参数的指定次序。因此,在一个含有 4 个输入参数的存储过程中,用户可以忽略第三和第四个参数,但无法在忽略第三个参数的情况下而指定第 4 个参数的输入值。

【例 9-7】 使用通过参数名传递参数值的方法,利用存储过程 staff_score1,返回年度团队协作考评成绩在90分以上、其他两项考评成绩在85分以上的所有员工编号。

具体命令如下：

```
USE My_test_DB
GO
EXEC staff_score1 85,85,90
GO
```

在 T-SQL 编辑器的查询窗口中运行以上命令，在运行结果窗口中返回的结果与【例9-6】一致。这里由于使用的是按位置传递参数值的方法，所以不可以将三个参数的次序进行颠倒。

9.3.3　创建含有输出参数的存储过程

输出参数是指由存储过程向调用程序传递的参数，输出参数允许存储过程将数据值或游标变量传递给用户或客户端应用程序。使用输出参数可以从存储过程中返回一个或多个值。

为了使用输出参数，需要在 CREATE PROCEDURE 语句中指定 OUTPUT 关键字。声明输出参数的命令语法参考 9.2.1 节中详细讲到的 CREATE PROCEDURE 语句。输出参数必须位于所有输入参数说明之后。

【例9-8】　在数据库 My_test_DB 中创建一个存储过程，用输出参数返回指定员工在各年度中取得的创新考核成绩的平均值。若不指定员工编号，则返回所有员工在所有年度的创新考核中的平均成绩。

具体命令如下：

```
USE My_test_DB
GO
CREATE PROC staff_score2
@id int=NULL,@average numeric(4,1) OUTPUT
AS
SELECT @average=AVG(inno_score)
    FROM staff_score
    WHERE staff_id=@id OR @id IS NULL
GO
```

在 T-SQL 编辑器的查询窗口中运行以上命令，在运行结果的消息窗口中显示"命令已成功完成"，表明存储过程已成功建立。可以通过 Microsoft SQL Server Management Studio 对象资源管理器对建立情况进行确认。

9.3.4　执行含有输出参数的存储过程

在调用含有输出参数的存储过程的程序中，为了接收存储过程的返回值，必须声明作为输出的传递参数，即在 EXECUTE 语句中指定 OUTPUT 关键字。在执行存储过程时，如果 OUTPUT 关键字被忽略，存储过程仍能被执行，只是不返回值。

【例 9-9】 执行存储过程 staff_score2,返回指定员工在各年度中取得的创新考核成绩的平均值。

具体命令如下:

```
USE My_test_DB
GO
DECLARE@ave numeric(4,1)
EXEC staff_score2@id=970890,@average=@ave OUTPUT
SELECT@ave
GO
```

在 T-SQL 编辑器的查询窗口中运行以上命令,在运行结果的窗口中返回如图 9-6 所示结果。

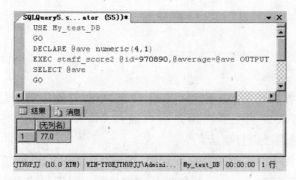

图 9-6 执行含有输入、输出参数的存储过程 staff_score2 返回的结果

从上面的命令中可以看出,为了接收存储过程的返回值,在调用存储过程的命令中,必须声明作为输出的传递参数,这个输出传递参数需要声明为局部变量,用来存放参数的值。

【例 9-10】 执行存储过程 staff_score2,返回所有员工在所有年度中取得的创新考核成绩的平均值。

具体命令如下:

```
USE My_test_DB
GO
DECLARE@ave numeric(4,1)
EXEC staff_score2@average=@ave OUTPUT
SELECT@ave
GO
```

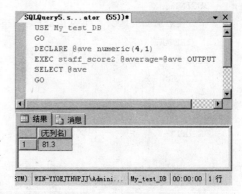

在 T-SQL 编辑器的查询窗口中运行以上命令,在运行结果的窗口中返回如图 9-7 所示结果。

在这里,由于定义存储过程 staff_score2 的输入参数 @id 时,为其指定了默认值

图 9-7 执行含有输出参数的存储过程 staff_score2 返回的结果

NULL，故在调用程序不提供员工编号时，默认返回所有员工的平均成绩。

9.3.5　存储过程的返回值

存储过程在每次执行后都会返回一个整数值。如果执行成功，则返回0，如果失败则返回 -1~-99 之间的随机数。用户也可以使用 RETURN 语句来指定一个存储过程的返回值。

【例 9-11】　在 My_test_DB 数据库的 staff_score 表中增加一列 password，用于存放员工的密码，并设置各员工的初始密码为员工编号。

具体的命令如下：

```
USE My_test_DB
GO
ALTER TABLE staff_score ADD password VARCHAR(20)
GO
UPDATE staff_score SET password=staff_id
GO
```

在 T-SQL 编辑器的查询窗口中运行以上命令，在运行结果的消息窗口显示"(18 行受影响)"，表示已对表成功更新。用户可以通过 Microsoft SQL Server Management Studio 的对象资源管理器进行确认。

然后，创建一个用于员工登录的存储过程，如果员工编号与密码都正确则存储过程返回0，如果员工编号不存在则返回 -1，如果员工编号存在但密码错误则返回 -2。

具体的命令如下：

```
USE My_test_DB
GO
CREATE PROC login
@id int,@pwd varchar(20)
AS
IF EXISTS(SELECT * FROM staff_score WHERE staff_id=@id)
  BEGIN
    IF EXISTS(SELECT * FROM staff_score WHERE staff_id=@id AND password=@pwd)
      RETURN 0
    ELSE
      RETURN -2
  END
ELSE
  RETURN -1
GO
```

在 T-SQL 编辑器的查询窗口中运行以上命令，在运行结果的消息窗口中显示"命令已成功完成"，表示已成功建立存储过程。用户可以通过 Microsoft SQL Server Management Studio 的对象资源管理器进行确认。

接下来,调用上面创建的存储过程 login,通过判断其返回值,输出不同的结果。可结合不同的员工编号和密码值,查看运行结果。

具体命令如下:

```
USE My_test_DB
GO
DECLARE@ result int
EXEC@ result= login@ id= 960651,@ pwd= '960651'
IF@ result= 0
  PRINT'登录成功'
IF@ result= -1
  PRINT'员工号不存在'
IF@ result= -2
  PRINT'密码错误'
GO
```

在 T-SQL 编辑器的查询窗口中运行以上命令,在运行结果的消息窗口中显示"登录成功"。在以下两种员工编号和密码值的组合下,运行结果分别显示"密码错误"和"员工号不存在":

```
@ id= 960651,@ pwd= '860651';@ id= 860651,@ pwd= '860651'。
```

9.4　存储过程的重编译处理

9.4.1　存储过程的处理

在存储过程创建之后第一次被执行时,SQL Server 2008 将对其进行语法分析阶段、解析阶段、编译阶段和执行阶段的处理。

1. 语法分析阶段

在创建存储过程时,需要对该过程中的语句进行语法检查。如果在过程定义中存在语法错误,将返回错误,并且将不能创建该存储过程。如果语法正确,则存储过程的文本将存储在 sys. sql_modules 目录视图中。

2. 解析阶段

在首次执行存储过程时,查询处理器从 sys. sql_modules 目录视图中读取存储过程的文本,并检查由过程使用的对象名称是否存在。这一过程称为延迟名称解析,因为存储过程引用的表对象只需在执行该存储过程时存在,而不需要在创建该存储过程时就存在。需要注意的是,只有当引用的表对象不存在时才能使用延迟名称解析,所有其他对象在创建所存储的过程时必须存在。例如,不能在存储过程中引用一个不存在的列(该列所属的表对象已经存在)。

在解析阶段，Microsoft SQL Server 还执行其他验证活动（如检查列数据类型与变量的兼容性）。如果执行存储过程时存储过程所引用的对象丢失，则存储过程在到达引用丢失对象的语句时将停止执行，并将返回错误信息。

3．编译阶段

编译阶段是指分析存储过程和生成存储过程执行计划的过程。如果执行过程时成功通过解析阶段，则 Microsoft SQL Server 查询优化器将分析存储过程中的 T-SQL 语句并创建一个执行计划。执行计划描述执行存储过程的最快方法，所依据的信息包括表中的数据量；表的索引的存在及特征，以及数据在索引列中的分布；WHERE 子句条件所使用的比较运算符和比较值；是否存在连接以及 UNION、GROUP BY 和 ORDER BY 关键字。

查询优化器在分析完存储过程中的这些因素后，将执行计划置于内存中。优化的内存中的执行计划将用来执行该查询。执行计划将驻留在内存中，直到重新启动 SQL Server 或需要空间以存储另一个对象时为止。

4．执行阶段

执行阶段是指执行驻留在内存中的存储过程执行计划的过程。在执行存储过程时，如果现有的执行计划仍在内存中，则 SQL Server 将再次使用它。如果执行计划不再位于内存中，则创建新的执行计划。

9．4．2　存储过程的重编译处理

执行计划生成后便驻留在过程高速缓存中，当用户需要执行该存储过程时，SQL Server 将其从缓存中调出执行。但在实际的应用中，可能因为用户向表中新增了数据列或为表中新增了索引而造成了数据库的逻辑结构的改变，致使原来为存储过程生成的查询计划可能不再是最优的了。这时就需要 SQL Server 在执行存储过程时重新对其进行编译，以便存储过程能够重新得到优化并建立新的查询计划。

在 Microsoft SQL Server 重新启动后第一次运行存储过程时自动执行此优化。当存储过程使用的基础表发生变化时，也会执行此优化。但如果添加了存储过程可能从中受益的新索引，将不自动执行优化，直到下一次 Microsoft SQL Server 重新启动后再运行该存储过程时为止。在这种情况下，往往需要强制在下次执行存储过程时对其重新编译。

SQL Server 中，强制重新编译存储过程的方式有三种：

1．在建立存储过程时设定重编译选项

在使用 CREATE PROCEDURE 语句创建存储过程时使用 WITH RECOMPILE 子句迫使 SQL Server 不为该存储过程缓存计划并在每次执行时对存储过程进行重编译处理。当存储过程的参数值在各次执行间都有较大差异，导致每次均需创建不同的执行计划时，可使用 WITH RECOMPILE 选项。此选项并不常用，因为每次执行存储过程时都必须对其进行重新编译，这样会使存储过程的执行变慢。

【例 9-12】 在 My_test_DB 数据库上创建存储过程 staff_name2,要求执行与【例 9-1】相同的选择操作,但需保证其在每次被执行时都被重编译处理。

具体命令如下:

```
USE My_test_DB
GO
CREATE PROC staff_name2
WITH RECOMPILE
AS
SELECT staff_id,name FROM staff_info
GO
```

在 T-SQL 编辑器的查询窗口中运行以上命令,在运行结果的消息窗口中显示"命令已成功完成",表示已成功建立存储过程 staff_name2。

2. 在执行存储过程时设定重编译选项

在使用 EXECUTE 语句执行存储过程时使用 WITH RECOMPILE 子句,可以让 SQL Server 在这一次执行存储过程时重新编译该存储过程。这一次执行完毕后,新的执行计划被保存在缓存中。仅当所提供的参数不典型,或者自创建该存储过程后数据发生显著更改时才应使用此选项。

例如,用户可以通过下面的命令实现执行存储过程 staff_name 时,对其进行重编译处理:

```
EXEC staff_name WITH RECOMPILE
```

3. 使用系统存储过程 sp_recompile

使用系统存储过程 sp_recompile 可以使存储过程在下次运行时重新编译。

具体命令格式为:

```
EXEC sp_recompile object
```

其中,sp_recompile 为系统存储过程中用于指定重编译的存储过程,object 为当前数据库中存储过程、触发器、表或视图的名称。语句的返回值为 0(表示成功)或非零数字(表示失败)。

前面已经谈到,存储过程只能从同一张表或视图上提取信息,当表或视图发生了较大的更新和改动时,可以利用系统存储过程 sp_recompile 对表或视图上的存储过程进行重编译处理。sp_recompile 只在当前数据库中寻找对象。

例如,用户可以通过下面的命令使作用于 staff_score 表上的所有存储过程在下次运行时重新编译。

```
USE My_test_DB
GO
EXEC sp_recompile staff_score
GO
```

9.5 修改和删除存储过程

9.5.1 修改存储过程

如果需要更改存储过程中的语句或参数，可以通过删除和重新创建该存储过程来完成，也可以用单个步骤更改该存储过程。删除和重新创建存储过程时，所有与该存储过程相关联的权限都将丢失。更改存储过程时，过程或参数定义会更改，但为该存储过程定义的权限将保留。

也可以通过重命名存储过程进行修改，新名称必须遵守标识符规则。用户只能重命名自己拥有的存储过程，但数据库所有者可以更改任何用户的存储过程名称。要重命名的存储过程必须位于当前数据库中。

如同表和视图的修改，当用户需要对存储过程进行修改或重新定义时，可以通过ALTER 语句实现。用户可以在修改存储过程时重新指定存储过程的一些附加选项（如WITH RECOMPILE 等），也可以对存储过程的内容进行修改。

修改存储过程的具体语法如下：

```
ALTER PROC[EDURE] procedure_name[;number]
ALTER{PROC|PROCEDURE}[schema_name.] procedure_name
    [{@parameter[type_schema_name.] data_type}
      [=default][OUT|OUTPUT]
    ][,...n]
[WITH{ENCRYPTION|RECOMPILE|ENCRYPTION, RECOMPILE}]
[FOR REPLICATION]
AS<sql_statement>[...n]
```

其中，各参数的意义如下：

- schema_name：过程所属架构的名称。
- procedure_name：要更改的存储过程的名称。
- @parameter：存储过程中包含的输入和输出参数。最多可以指定 2100 个参数。
- [type_schema_name.] data_type：参数以及所属架构的数据类型；
- default：参数的默认值。如果定义了 default 值，则无须指定此参数的值即可执行过程。
- OUTPUT：指示参数是输出参数。该选项的值可以返回给调用 EXECUTE 的语句。
- ENCRYPTION：对存储过程的定义文本进行加密。
- RECOMPILE：指示执行计划不保存在过程高速缓存中，每次执行时都重新编译它。
- FOR REPLICATION：指定不能在订阅服务器上执行为复制创建的存储过程。
- sql_statement：包含在存储过程中需要执行的一个或多个 T-SQL 语句。

下面就通过修改存储过程 staff_name 来演示如何进行存储过程的修改。

【**例 9-13**】 修改存储过程 staff_name,返回所有出生日期在 1990 年 1 月 1 日之后的员工的名字,并对该存储过程指定重编译处理和加密选项。

具体命令如下:

```
USE My_test_DB
GO
ALTER PROC staff_name
WITH RECOMPILE,ENCRYPTION
AS
SELECT name FROM staff_info WHERE birthday>'1990-1-1'
GO
```

在 T-SQL 编辑器的查询窗口中运行以上命令,在运行结果的消息窗口中显示"命令已成功完成",表示已成功更改存储过程。也可以通过执行 EXEC staff_name 命令查看该存储过程返回的结果,从而对更改进行确认。

此时,如果用户在 T-SQL 编辑器的查询窗口中运行如下命令:

```
EXEC sp_helptext staff_name
```

将会在运行结果的消息窗口中收到如下消息:"对象'staff_name'的文本已加密。"

此外,在修改存储过程时还需要注意到如下两个事项:

- 修改具有任何选项,例如 WITH RECOMPILE 的存储过程时,必须在 ALTER PROCEDURE 语句中包括该选项以保留该选项提供的功能。
- ALTER PROCEDURE 语句只能修改一个单一的过程。如果存储过程中调用了其他存储过程,嵌套的存储过程将不受影响。

9.5.2 删除存储过程

当用户定义的存储过程不再需要时,可将其删除。如果另一个存储过程调用某个已被删除的存储过程,Microsoft SQL Server 将在执行调用进程时显示一条错误消息。但是,如果定义了具有相同名称和参数的新存储过程来替换已被删除的存储过程,那么引用该过程的其他过程仍能成功执行。例如,如果存储过程 proc1 引用存储过程 proc2,而 proc2 已被删除,但又创建了另一个名为 proc2 的存储过程,现在 proc1 将引用这一新存储过程。proc1 不必重新创建。

SQL Server 可以使用 Microsoft SQL Server Management Studio 或 DROP PROCEDURE 语句来删除用户定义的存储过程。

1. 利用 Microsoft SQL Server Management Studio 删除存储过程

在 Microsoft SQL Server Management Studio 的对象资源管理器窗口中,连接到一个数据库引擎实例。依次展开"数据库"、存储过程所属的数据库 My_test_DB、"可编程性"、"存储过程"节点,鼠标右击要删除的过程,在出现的菜单中选择"删除"命令,如图 9-8 所示。

　　这时，出现"删除对象"对话框。若要查看基于存储过程的对象，请单击"显示依赖关系"按钮。在确认已选择了正确的存储过程后，再单击"确定"按钮，如图9-9和图9-10所示。

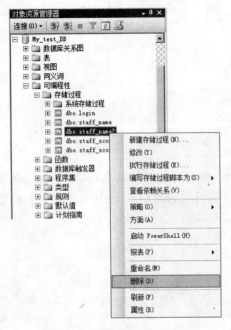

图9-8　打开"删除对象"对话框

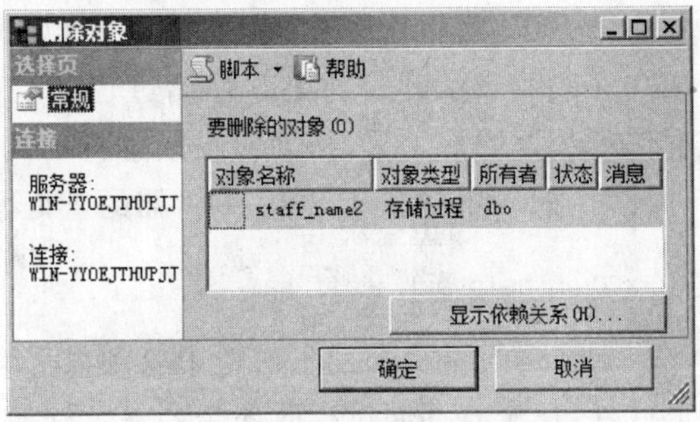

图9-9　"删除对象"对话框

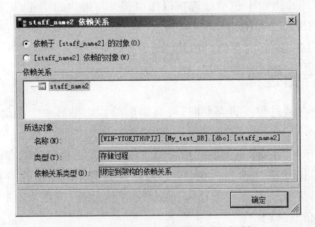

图9-10　存储过程的"依赖关系"对话框

2. 利用 DROP PROCEDURE 语句删除存储过程

使用 T-SQL 语句删除存储过程的语法如下：

```
DROP{PROC|PROCEDURE}{[schema_name.] procedure}[,...n]
```

　　其中，schema_name 表示过程所属架构的名称，不能指定服务器名称或数据库名称。procedure 表示要删除的存储过程或存储过程组的名称。

【例 9-14】 删除数据库 My_test_DB 上的存储过程 staff_name。

具体命令如下：

```
USE My_test_DB
GO
DROP PROC dbo.staff_name
GO
```

在 T-SQL 编辑器的查询窗口中运行以上命令,在运行结果的消息窗口中显示"命令已成功完成",表示已成功删除存储过程。用户可以通过 Microsoft SQL Server Management Studio 的对象资源管理器对删除情况进行确认。

9.6 系统存储过程和 CLR 存储过程

在 Microsoft SQL Server 2008 中,除了用户定义的存储过程外,还有系统存储过程和扩展存储过程。而后续版本的 Microsoft SQL Server 将删除扩展存储过程,微软建议改用 CLR 存储过程实现相应功能。故下面对 SQL Server 中的系统存储过程和 CLR 存储过程进行简要的介绍。

9.6.1 系统存储过程

SQL Server 系统存储过程是为用户使用方便而提供的,它们使用户可以很容易地从系统表中取出信息、管理数据库,并执行涉及更新系统表的其他任务。

系统存储过程在安装过程中在 master 数据库中创建,由系统管理员拥有。所有系统存储过程的名字均以"sp_"开始。

SQL Server 提供了许多的系统存储过程作为检索和操纵存放在系统中表的信息的一种简便方式。用户也可以自己创建系统存储过程(只需以"sp_"作为过程名的开头)。

如果过程以"sp_"开头,又在当前数据库中找不到,SQL Server 就在 master 数据库中查找。以"sp_"前缀命名的存储过程中引用的表如果不能在当前数据库中解析出来,将在 master 数据库中查找。

在 SQL Server 2008 中,主要的系统存储过程类型和功能如表 9-1 所示。

表 9-1 主要的系统存储过程类型和功能

类 别	功 能
活动目录存储过程	用于在 Microsoft Windows 的活动目录中注册 SQL Server 实例和 SQL Server 数据库
目录存储过程	用于实现 ODBC 数据字典功能,并隔离 ODBC 应用程序,使之不受基础系统表更改的影响
变更数据捕获存储过程	用于启用、禁用或报告变更数据捕获对象
游标存储过程	用于实现游标变量功能
数据库引擎存储过程	用于 SQL Server 数据库引擎的常规维护

续表

类　别	功　能
数据库邮件和 SQL Mail 存储过程	用于从 SQL Server 实例内执行电子邮件操作
数据库维护计划存储过程	用于设置管理数据库性能所需的核心维护任务
分布式查询存储过程	用于实现和管理分布式查询
全文搜索存储过程	用于实现和查询全文索引
日志传送存储过程	用于配置、修改和监视日志传送配置
自动化存储过程	用于在标准 T-SQL 批次中使用标准自动化对象
复制存储过程	用于管理复制操作
安全性存储过程	用于管理安全性
SQL Server Profiler 存储过程	由 SQL Server Profiler 用于监视性能和活动
SQL Server 代理存储过程	由 SQL Server 代理用于管理计划的活动和事件驱动的活动
XML 存储过程	用于 XML 文本管理
常规扩展存储过程	用于提供从 SQL Server 实例到外部程序的接口，以便进行各种维护活动

9.6.2　CLR 存储过程

公共语言运行库（CLR）是 Microsoft .NET Framework 的核心，它为所有 .NET Framework 代码提供执行环境。在 CLR 中运行的代码称为托管代码。使用在 Microsoft SQL Server 中驻留的 CLR（称为 CLR 集成），可以在托管代码中编写存储过程、触发器、用户定义函数、用户定义类型和用户定义聚合。而 CLR 存储过程是通过引用 SQL Server 程序集而创建的存储过程，它的实现在程序集（在 .NET Framework 公共语言运行时中创建）中定义。

CLR 存储过程的最大价值之一是替换了现存的扩展存储过程。T-SQL 只可以访问数据库的资源，为了访问外部系统资源，微软已经在 SQL Server 中提供了支持，叫做扩展存储过程。扩展存储过程是不受管理的动态库，运行在 SQL Server 进程空间，基本上可以做到任何标准可执行程序能做到的事，包括访问数据库外部的系统资源，比如读写文件系统，读写注册表和访问网络。然而，因为扩展存储过程与 SQL Server 数据库引擎运行在相同的进程空间，所以在扩展存储过程中的程序 BUG、内存非法使用和内存泄漏等问题都可能潜在地影响 SQL Server 数据库引擎。CLR 存储过程解决了这一问题，因为它们是用托管代码实现的，运行在 CLR 的范围之内。

CLR 存储过程的另一个优势是取代包含复杂逻辑和包括业务规则的现有 T-SQL 存储过程，这些存储过程难以用 T-SQL 实现。虽然 T-SQL 在数据访问和管理方面表现很好，但它不是完整的编程语言，例如不支持数组、集合、类等。虽然可以在 T-SQL 中模拟某些这样的构造，但 CLR 托管代码已经集成了对这些构造的支持。

　　CLR 存储过程可以利用. NET Framework 类库提供的内建功能。另外，由于 CLR 存储过程是编译执行的，而不是像 T-SQL 那样是解释执行的，所以对于那些重复执行多次的代码，使用 CLR 存储过程可以带来巨大的性能优势。

　　CLR 存储过程本身并不是专门为取代 T-SQL 存储过程而设计的。目前，T-SQL 存储过程仍然是以数据为中心的存储过程的最佳选择。

第10章

触发器及其应用

10.1 触发器概述

10.1.1 触发器的基本概念

Microsoft SQL Server 提供两种主要机制来强制使用业务规则和数据完整性：约束和触发器。

触发器一般认为是一种特殊类型的存储过程，可在执行语言事件时自动生效。但触发器与存储过程又不同，它只能自动执行，不能由用户直接调用。在指定表中对数据进行修改时，用来防止对数据进行的不正确或不一致的修改。触发器可主要用于强制复杂的业务规则或要求。由于触发器在数据库上执行并附着在对应的基表上，因此它们激发时将与执行相应操作的应用程序无关；用户不能像执行一般的存储过程一样通过使用触发器的名称来调用或执行触发器，此外触发器也不能传递或者接受参数。使用创建数据库触发器能够帮助保证数据的一致性和完整性。如果在触发器上定义了其他条件，就在触发器执行前检查这些条件。如果违反了这些条件，触发器不被执行。因次，要执行一个触发，除了定义触发器的操作外，还必须要求触发器的附加条件要成立。

通过触发器可以把事务规则从应用程序代码移到数据库中从而确保事务规则被遵守，并能显著提高性能。事实上，触发器的开销非常低，运行触发器所占用的时间主要花在引用其他存于内存或磁盘上的表上。

10.1.2 触发器的类型

SQL Server 2008 系统提供包括三种常规类型的触发器：DML 触发器、DDL 触发器和登录触发器。

1. DML 触发器

当数据库中发生数据操作语言（DML）事件时将调用 DML 触发器。DML 事件包括在指定表或视图中修改数据的 INSERT 语句、UPDATE 语句或 DELETE 语句。在DML 触发器中，可以执行查询其他表的操作，还可以包含复杂的 T-SQL 语句。

DML 触发器通常用于以下场合：

- DML触发器可通过数据库中的相关表实现级联更改。不过，通过级联引用完整性约束可以更有效地进行这些更改。
- DML 触发器可以防止恶意或错误的 INSERT、UPDATE 以及 DELETE 操作,并强制执行比 CHECK 约束定义的限制更为复杂的其他限制。与 CHECK 约束不同,DML 触发器可以引用其他表中的列。
- DML 触发器可以评估数据修改前后表的状态,并根据该差异采取措施。
- 一个表中的多个同类 DML 触发器(INSERT、UPDATE 或 DELETE)允许采取多个不同的操作来响应同一个修改语句。

用户可以设计三种类型的 DML 触发器:AFTER 触发器、INSTEAD OF 触发器、CLR 触发器。

2. DDL 触发器

当服务器或数据库中发生数据定义语言(DDL)事件时将调用 DDL 触发器。DDL 事件主要与以关键字 CREATE、ALTER 和 DROP 开头的 T-SQL 语句对应。执行 DDL 式操作的系统存储过程也可以激发 DDL 触发器。

DDL 触发器可以用于在数据库中执行管理任务,例如,审核以及规范数据库操作。

DDL 触发器通常用于以下场合:
- 要防止对数据库架构进行某些更改。
- 希望数据库中发生某种情况以响应数据库架构中的更改。
- 要记录数据库架构中的更改或事件。

仅在运行触发 DDL 触发器的 DDL 语句后,DDL 触发器才会激发。DDL 触发器无法作为 INSTEAD OF 触发器使用。

3. 登录触发器

登录触发器将为响应 LOGON 事件而激发存储过程,与 SQL Server 实例建立用户会话时将引发此事件。

登录触发器将在登录的身份验证阶段完成之后且用户会话实际建立之前激发。如果身份验证失败,将不激发登录触发器。可以使用登录触发器来审核和控制服务器会话,例如通过跟踪登录活动限制 SQL Server 的登录名或限制特定登录名的会话数。

另外需要说明的是,在 SQL Server 2008 系统中还可以创建 CLR 触发器。CLR 触发器既可以是 DML 触发器,也可以是 DDL 触发器。

10.1.3 DDL 与 DML 触发器的比较

DDL 触发器和 DML 触发器的用处不同:
- DML 触发器在 INSERT、UPDATE 和 DELETE 语句上操作,并且有助于在表或视图中修改数据时强制业务规则,扩展数据完整性。
- DDL 触发器在 CREATE、ALTER、DROP 和其他 DDL 语句以及执行 DDL 式操作的存储过程中执行操作。它们用于执行管理任务,并强制影响数据库的业务规则。它们应用于数据库或服务器中某一类型的所有命令。

DDL 触发器和 DML 触发器也具有相似性：

- DDL 和 DML 触发器都需要触发事件进行触发从而自动执行,不能由用户直接调用执行。
- 可以使用相似的 T-SQL 语法创建、修改和删除 DML 和 DDL 触发器。
- DDL 和 DML 触发器均可以运行在 Microsoft .NET Framework 中创建的以及在 SQL Server 中上载的程序集中打包的托管代码。
- 可以为同一个 T-SQL 语句创建多个 DDL 触发器和 DML 触发器。
- DDL 和 DML 触发器均将触发器本身和触发它的语句作为可以在触发器内回滚的单个事务对待。也就是说,在执行 DDL 或 DML 触发器的过程中,如果检测到错误(例如,磁盘空间不足)发生,则整个事务将自动回滚。
- DML 和 DDL 触发器都可以是嵌套触发器：一个触发器执行启动另一个触发器的操作,或通过引用 CLR 例程、类型或聚合执行托管代码。这些操作都可以启动其他触发器等。

10.1.4 使用触发器的优点

由于在触发器中可以包含复杂的处理逻辑,因此应该将触发器用来保持最基本的数据完整性。使用触发器主要可以实现以下操作：

1. 强制比 CHECK 约束更复杂的数据完整性

在数据库中要实现数据完整性的约束,可以使用 CHECK 约束或触发器来实现。但是在 CHECK 约束中不允许引用其他表中的列来完成检查工作,而触发器则可以引用其他表中的列来完成数据完整性的约束。例如,当向订单表 Order 中插入一条新记录时,必须先检查存货表 Store 中相应货物的记录,只有当存货的数目大于订单中对货物的定购数目时,才能完成 Order 表的插入操作。这种需要引用其他表的数据检查是无法通过 CHECK 约束完成的,必须使用触发器加以实现。

2. 使用自定义的错误信息

用户有时需要在数据完整性遭到破坏或其他情况下,发出预先自定义好的错误信息或动态自定义的错误信息。通过使用触发器,用户可以捕获破坏数据完整性的操作,并返回自定义的错误信息。

3. 实现数据库中多张表的级联修改

用户可以通过触发器对数据库中的相关表进行级联修改。

4. 比较数据库修改前后数据的状态

大多数触发器都提供了访问由 INSERT、UPDATE 或 DELETE 语句引起的数据变化的前后状态的能力。因此用户就可以在触发器中引用由于修改所影响的记录行。

5. 维护非规范化数据

用户可以使用触发器来保证非规范数据库中的低级数据的完整性。维护非规范化数据与表的级联是不同的。表的级联指的是不同表之间的主外键关系,维护表的级联可以通过设置表的主键与外键的关系来实现。而非规范数据通常是指在表中的派生的、冗余的数据值,维护非规范化数据应该通过使用触发器来实现。

10.1.5　DML 触发器的类型

按照触发器事件类型的不同,SQL Server 2008 系统提供的 DML 触发器可以分为三种类型:INSERT 类型、UPDATE 类型、DELETE 类型。

向表中插入一个数据时,如果该表含有 INSERT 类型的 DML 触发器,那么该 INSERT 类型的触发器就被触发执行。同理,如果该表含有 UPDATE 类型的 DML 触发器,则对该表执行更新操作时,该 UPDATE 类型的触发器就被触发执行。如果该表含有 DELETE 类型的 DML 触发器,则对该表执行删除操作时,该 UPDATE 类型的触发器就被触发执行。

按照触发器和触发事件的操作时间的不同,SQL Server 2008 系统提供的 DML 触发器可以分为 AFTER 触发器和 INSTEAD OF 触发器两种类型。

当 INSERT、UPDATE、DELETE 语句执行后才执行 DML 触发器的操作时,该触发器为 AFTER 触发器。指定 AFTER 与指定 FOR 相同,它是 Microsoft SQL Server 早期版本中唯一可用的选项。AFTER 触发器只能在表上指定。

如果想使用 DML 触发器操作代替通常的事件触发动作,则可以使用 INSTEAD OF 类型的触发器。也就是说 INSTEAD OF 触发器能替代 INSERT、UPDATE、DELETE 触发事件的操作。可以为表也可以为带有一个或多个基表的视图定义 INSTEAD OF 触发器,而这些触发器能够扩展视图可支持的更新类型。表 10-1 对 AFTER 触发器和 INSTEAD OF 触发器的功能进行了比较。

表 10-1　AFTER 触发器和 INSTEAD OF 触发器的功能比较

函　　数	AFTER 触发器	INSTEAD OF 触发器
适用范围	表	表和视图
每个表或视图包含触发器的数量	每个触发操作（UPDATE、DELETE 和 INSERT）包含多个触发器	每个触发操作（UPDATE、DELETE 和 INSERT）包含一个触发器
级联引用	无任何限制条件	不允许在作为级联引用完整性约束目标的表上使用 INSTEAD OF,UPDATE 和 DELETE 触发器
执行	晚于:约束处理、声明性引用操作、创建插入和删除的表以及触发操作	早于:约束处理;替代:触发操作;晚于:创建插入和删除的表
执行顺序	可指定第一个和最后一个执行	不适用
插入的和删除的表中的 varchar(max)、nvarchar(max) 和 varbinary(max)列引用	允许	允许
插入的和删除的表中的 text、ntext 和 image 列引用	不允许	允许

10.1.6　DML 触发器的工作原理

在 DML 触发器的执行过程中，SQL Server 为每个触发器创建和管理两个特殊的临时表：插入表 inserted 表和删除表 deleted 表。

这两个表建立在数据库服务器的内存中，与触发器所在表的结构完全相同，用于存储 INSERT、UPDATE 和 DELETE 语句所影响的行的副本。触发器可以检查 inserted 表和 deleted 表以及被修改的表，以便确定是否修改了多个行和应该如何执行触发器操作。对于 inserted 表和 deleted 表，用户没有修改的权限，只有读取的权限。在触发器的执行过程中，可以读取这两个表中的内容，来测试特定数据修改的影响以及设置 DML 触发器操作条件。当触发器的工作完成之后，这两个表将从内存中删除。

当 INSERT 或 UPDATE 语句激活相应触发器以后，所有被添加或被更新的记录都被存储到 inserted 表中。inserted 表是一个逻辑表，保存了所插入记录的备份，允许用户参考 INSERT 语句中的数据。触发器可以检查 inserted 表来确定该触发器的操作是否应该被执行以及如何执行。数据库表和 inserted 表存有共同的记录，即在执行插入或更新语句过程中，新的记录将会同时添加到插入的数据表和 inserted 表中。

当 DELETE 或 UPDATE 语句激活相应触发器以后，所有被删除的记录都被存储到 deleted 表中。deleted 表是一个逻辑表，用来保存已经从表中删除的记录。该 deleted 表允许用户参考原来的 DELETE 语句删除的已经记录在日志中的数据。数据库表和 deleted 表中通常没有共同的记录，即在执行删除或更新语句过程中，记录将从触发器所在表中删除，并传输到 deleted 表中。

需要说明的是，更新语句类似于在删除操作之后执行插入操作：首先旧行被复制到 deleted 表中，其次新行被复制到触发器所在表和 inserted 表中。

10.2　创建触发器

10.2.1　CREATE TRIGGER 语句

触发器是数据库服务器中发生事件时自动执行的特殊存储过程。触发器可以由 T-SQL 语句直接创建，也可以由程序集方法创建，这些方法是在 Microsoft .NET Framework 公共语言运行时（CLR）中创建并上载到 SQL Server 实例的。SQL Server 允许为任何特定语句创建多个触发器。

可以通过 CREATE TRIGGER 语句创建 DML、DDL 或登录触发器。

1. 使用 CREATE TRIGGER 语句创建 DML 触发器

创建 DML 触发器的 CREATE TRIGGER 语句的基本语法形式如下：

```
CREATE TRIGGER[schema_name .]trigger_name
ON{table|view}
[WITH ENCRYPTION]
```

```
{ FOR | AFTER | INSTEAD OF }
{[INSERT][,][UPDATE][,][DELETE]}
[NOT FOR REPLICATION]
AS sql_statement [;][, ... n]
```

其中,各参数的意义如下:

- schema_name:DML 触发器所属架构的名称。DML 触发器的作用域是为其创建该触发器的表或视图的架构。
- trigger_name:DML 触发器的名称。触发器名称在数据库中必须唯一。
- table | view:对其执行 DML 触发器的表或视图,有时称为触发器表或触发器视图。
- WITH ENCRYPTION:对 CREATE TRIGGER 语句的文本进行加密处理。
- FOR | AFTER:AFTER 指定 DML 触发器仅在触发 SQL 语句中指定的所有操作都已成功执行时才被触发。所有的引用级联操作和约束检查也必须在激发此触发器之前成功完成。如果仅指定 FOR 关键字,则 AFTER 为默认值。
- INSTEAD OF:指定执行 DML 触发器而不是触发 SQL 语句,因此,其优先级高于触发语句的操作。对于表或视图,每个 INSERT、UPDATE 或 DELETE 语句最多可定义一个 INSTEAD OF 触发器。但是,可以为具有自己的 INSTEAD OF 触发器的多个视图定义视图。INSTEAD OF 触发器不能在具有 WITH CHECK OPTION 属性的可更新视图上定义。如果向指定了 WITH CHECK OPTION 属性的可更新视图添加 INSTEAD OF 触发器,SQL Server 将产生一个错误。用户必须用 ALTER VIEW 删除该选项后才能定义 INSTEAD OF 触发器。
- {[INSERT][,][UPDATE][,][DELETE]}:指定数据修改语句,这些语句可在 DML 触发器对此表或视图进行尝试时激活该触发器。必须至少指定一个选项。在触发器定义中允许使用上述选项的任意顺序组合。
- NOT FOR REPLICATION:指示当复制代理修改涉及触发器的表时,不应执行触发器。
- sql_statement:触发条件和操作。触发器条件指定其他标准,用于确定尝试的 DML 事件是否导致执行触发器操作。尝试上述操作时,将执行 T-SQL 语句中指定的触发器操作。

创建 DML 触发器前需要注意以下几点:

- CREATE TRIGGER 语句必须是批处理中的第一条语句,该语句后的所有其他语句都将被解释为触发器语句定义的一部分。
- CREATE TRIGGER 语句只能应用于一个表。
- 触发器只能在当前的数据库中创建,但是可以引用当前数据库的外部对象。
- 如果指定了触发器架构名称来限定触发器,则将以相同的方式限定表名称。
- 在同一条 CREATE TRIGGER 语句中,可以为多种用户操作(如 INSERT 和 UPDATE)定义相同的触发器操作。
- 创建 DML 触发器的权限默认分配给表的所有者,且不能将该权限转给其他用户。

- DML 触发器是数据库对象，它的名称必须遵循标识符规则，但不能以 ♯ 或 ♯♯ 开头。
- 在触发器内可以指定任意的 SET 语句。选择的 SET 选项在触发器执行期间保持有效，然后恢复为原来的设置。
- 如果触发了一个触发器，结果将返回给执行调用的应用程序，就像使用存储过程一样。若要避免由于触发器触发而向应用程序返回结果，请不要包含返回结果的 SELECT 语句，也不要包含在触发器中执行变量赋值的语句。包含向用户返回结果的 SELECT 语句或进行变量赋值的语句的触发器需要特殊处理；这些返回的结果必须写入允许修改触发器表的每个应用程序中。如果必须在触发器中进行变量赋值，则应该在触发器的开头使用 SET NOCOUNT 语句以避免返回任何结果集。
- 虽然 TRUNCATE TABLE 语句实际上就是 DELETE 语句，但是它不会激活触发器，因为该操作不记录各个行删除。
- 不要为系统表创建用户定义触发器。
- 在 DML 触发器中不允许使用下列 T-SQL 语句：

```
ALTER DATABASE
CREATE DATABASE
DROP DATABASE
LOAD DATABASE
LOAD LOG
RECONFIGURE
RESTORE DATABASE
RESTORE LOG
```

如果对作为触发操作目标的表或视图使用 DML 触发器，则不允许在该触发器的主体中使用下列 T-SQL 语句：

```
CREATE INDEX(含 CREATE SPATIAL INDEX 和 CREATE XML INDEX)
ALTER INDEX
DROP INDEX
DBCC DBREINDEX
ALTER PARTITION FUNCTION
DROP TABLE
```
用于执行添加、修改、删除列，切换分区或者添加、删除 PRIMARY KEY 或 UNIQUE 约束操作的
```
ALTER TABLE
```

2. 使用 CREATE TRIGGER 语句创建 DDL 触发器

创建 DDL 触发器的 CREATE TRIGGER 语句的基本语法形式如下：

```
CREATE TRIGGER trigger_name
ON{ALL SERVER|DATABASE}
```

```
[WITH ENCRYPTION]
{ FOR|AFTER}{event_type|event_group}[,...n]
AS sql_statement [;][,...n]
```

其中,各参数的意义如下:

- trigger_name:DDL 触发器的名称。触发器名称在数据库中必须唯一。
- DATABASE:将 DDL 触发器的作用域应用于当前数据库。如果指定了此参数,则只要当前数据库中出现 event_type 或 event_group,就会激发该触发器。
- ALL SERVER:将 DDL 触发器的作用域应用于当前服务器。如果指定了此参数,则只要当前服务器中的任何位置上出现 event_type 或 event_group,就会激发该触发器。
- WITH ENCRYPTION:对 CREATE TRIGGER 语句的文本进行加密处理。
- FOR|AFTER:AFTER 指定 DDL 触发器仅在触发 SQL 语句中指定的所有操作都已成功执行时才被触发。所有的引用级联操作和约束检查也必须在激发此触发器之前成功完成。如果仅指定 FOR 关键字,则 AFTER 为默认值。
- event_type:执行之后将导致激发 DDL 触发器的 T-SQL 事件的名称。
- event_group:预定义的 T-SQL 事件分组的名称。执行任何属于 event_group 的 T-SQL 事件之后,都将激发 DDL 触发器。
- sql_statement:触发条件和操作。触发器条件指定其他标准,用于确定尝试的 DDL 事件是否导致执行触发器操作。尝试上述操作时,将执行 T-SQL 语句中指定的触发器操作。

图 10-1 列出了可用于运行 DDL 触发器的主要 DDL 事件组以及它们所涵盖的事件。注意关系图的树形结构所指示的事件组的内在关系。例如,指定 FOR DDL_TABLE_EVENTS 的 DDL 触发器涵盖 CREATE TABLE、ALTER TABLE 和 DROP TABLE 这些 T-SQL 语句;指定 FOR DDL_TABLE_VIEW_EVENTS 的 DDL 触发器涵盖 DDL_TABLE_ EVENTS、DDL _ VIEW _ EVENTS、DDL _ INDEX _ EVENTS 和 DDL _ STATISTICS_EVENTS 下的所有 T-SQL 语句。

3. 使用 CREATE TRIGGER 语句创建登录触发器

创建登录触发器的 CREATE TRIGGER 语句的基本语法形式如下:

```
CREATE TRIGGER trigger_name
ON ALL SERVER
[WITH ENCRYPTION]
{ FOR|AFTER} LOGON
AS sql_statement [;][,...n]
```

其中,各参数的意义如下:

- trigger_name:登录触发器的名称。触发器名称在数据库中必须唯一。
- ALL SERVER:登录触发器的作用域为当前服务器。
- WITH ENCRYPTION:对 CREATE TRIGGER 语句的文本进行加密处理。

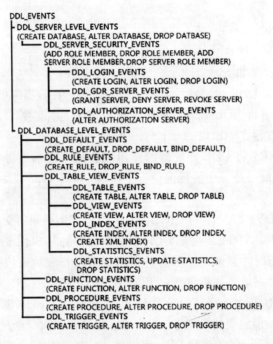

图 10-1　可运行于 DDL 触发器的主要 DDL 事件组及主要事件

- FOR|AFTER：AFTER 指定登录触发器仅在触发 SQL 语句中指定的所有操作都已成功执行时才被触发。所有的引用级联操作和约束检查也必须在激发此触发器之前成功完成。如果仅指定 FOR 关键字，则 AFTER 为默认值。
- sql_statement：触发条件和操作。触发器条件指定其他标准，用于确定尝试的 logon 事件是否导致执行触发器操作。尝试上述操作时，将执行 T-SQL 语句中指定的触发器操作。

10.2.2　创建 DML 触发器

【例 10-1】　在 My_test_DB 数据库的 staff_score 表上建立一个 AFTER INSERT 触发器。如果有人试图在 staff_score 表中添加数据，则 DML 触发器将向客户端显示一条消息。

具体命令如下：

```
USE My_test_DB
GO
CREATE TRIGGER tr_score
ON staff_score
FOR INSERT
AS
RAISERROR('向员工考核表中插入数据',10,1)
GO
```

在 T-SQL 编辑器的查询窗口中运行以上命令,在运行结果的消息窗口中显示"命令已成功完成",表明该触发器已成功建立。

上述命令中用到了 RAISERROR 语句,RAISERROR 用于将与 SQL Server 数据库引擎生成的系统错误或警告消息使用相同格式的消息返回到应用程序中。使用 RAISERROR 可以帮助对 T-SQL 代码进行故障排除、检查数据值、返回包含变量文本的消息等。

RAISERROR 语句的具体语法形式如下:

```
RAISERROR({msg_id|msg_str|@local_variable}
{ ,severity ,state}
[,argument[, ... n]])
[WITH option[, ... n]]
```

其中,各参数的意义如下:

- msg_id:使用 sp_addmessage 存储在 sys. messages 目录视图中的用户定义错误消息号。用户定义错误消息的错误号应当大于 50000。如果未指定 msg_id,则 RAISERROR 引发一个错误号为 50000 的错误消息。
- msg_str:用户定义消息,格式与 C 标准库中的 printf 函数类似。该错误消息最长可以有 2047 个字符。当指定 msg_str 时,RAISERROR 将引发一个错误号为 50000 的错误消息。
- @local_variable:是一个可以为任何有效字符数据类型的变量,其中包含的字符串的格式化方式与 msg_str 相同。@local_variable 必须为 char 或 varchar,或者能够隐式转换为这些数据类型。
- severity:用户定义的与该消息关联的严重级别。当使用 msg_id 引发使用 sp_addmessage 创建的用户定义消息时,RAISERROR 上指定的严重性将覆盖 sp_addmessage 中指定的严重性。任何用户都可以指定 0~18 之间的严重级别。只有 sysadmin 固定服务器角色成员或具有 ALTER TRACE 权限的用户才能指定 19~25 之间的严重级别,若要使用 19~25 之间的严重级别,必须选择 WITH LOG 选项。20~25 之间的严重级别被认为是致命的,如果遇到致命的严重级别,客户端连接将在收到消息后终止,并将错误记录到错误日志和应用程序日志。
- state:0~255 的整数。负值或大于 255 的值会生成错误。如果在多个位置引发相同的用户定义错误,则针对每个位置使用唯一的状态号有助于找到引发错误的代码段。
- argument:用于代替 msg_str 或对应于 msg_id 的消息中定义的变量的参数。可以有 0 个或多个代替参数,但是代替参数的总数不能超过 20 个。每个代替参数都可以是局部变量或具有下列任一数据类型:tinyint、smallint、int、char、varchar、nchar、nvarchar、binary 或 varbinary,不支持其他数据类型。
- option:错误的自定义选项,可以是下列的任一值:

LOG:在 Microsoft SQL Server 数据库引擎实例的错误日志和应用程序日志中记录错误。记录到错误日志的错误目前被限定为最多 440 字节。只有 sysadmin 固定服务器角色成员或具有 ALTER TRACE 权限的用户才能指定 WITH LOG。

NOWAIT：将消息立即发送给客户端。

SETERROR：将@@ERROR 值和 ERROR_NUMBER 值设置为 msg_id 或 50000，不用考虑严重级别。

当用户向表 staff_score 中插入数据时将触发 tr_score 触发器，但是数据仍能被插入表中。如向表中加入如下记录内容：

```
USE My_test_DB
GO
INSERT INTO staff _ score VALUES (2010,
960651,87,90,92,'960651')
GO
```

在 T-SQL 编辑器的查询窗口中运行以上命令，在运行结果窗口中返回的结果如图 10-2 所示。

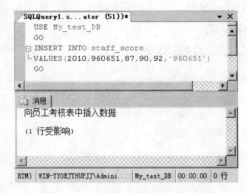

图 10-2　插入数据时触发 staff_score
表上的 INSERT 触发器

用户可以用 SELECT 语句查看一下此时 staff_score 表的内容，可以发现上述记录已经插入到表中了。这是由于在定义触发器时，指定的是 FOR 选项，因此 AFTER 成了默认设置。此时触发器只有在触发 SQL 语句 INSERT 中指定的所有操作都已成功执行后才激发。因此用户仍能将数据插入到 staff_score 表中。

有没有什么办法能实现触发器被执行的同时，取消触发触发器的 SQL 语句的操作呢？这就需要使用 INSTEAD OF 关键字来实现。可以在视图或表上定义 INSTEAD OF INSERT 触发器来代替 INSERT 语句的标准操作，通常在视图上定义 INSTEAD OF INSERT 触发器以在一个或多个基表中插入数据。

【例 10-2】　在 My_test_DB 数据库的 staff_score 表上建立一个 INSTEAD OF UPDATE 触发器，用来禁止用户对该表中的数据进行任何修改。

具体命令如下：

```
USE My_test_DB
GO
CREATE TRIGGER tr_score2
ON staff_score
INSTEAD OF UPDATE
AS
RAISERROR('不能修改员工考核表中的数据',10,1)
GO
```

在 T-SQL 编辑器的查询窗口中运行以上命令，在运行结果的消息窗口中显示"命令已成功完成"，表明该触发器已成功建立。

此时，试着执行如下 UPDATE 操作：

```
USE My_test_DB
GO
UPDATE staff_score
SET year=2007 WHERE year=2006
GO
```

在 T-SQL 编辑器的查询窗口中运行以上命令,在运行结果窗口中返回的结果如图 10-3 所示。

用户可以看到,修改数据的操作无法进行,触发器起到了保护作用。同时还可以看到从返回消息中无法了解表中的数据是否被更新,那么使用查询语句看看表 staff_score 是否已被更新。在 T-SQL 编辑器的查询窗口中运行如下命令:

```
USE My_test_DB
GO
SELECT year FROM staff_score WHERE year=2006
GO
```

查询结果中只有三行含数据 2006 的内容,可见刚才的更新操作并不能实现对表中 year 字段的更新,如图 10-4 所示。

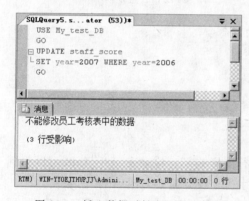
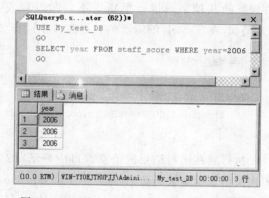

图 10-3 插入数据时触发 staff_score   图 10-4 staff_score 表中 year 字段的查询结果
　　　　　表上的 UPDATE 触发器

【例 10-3】 在 My_test_DB 数据库的 staff_info 表上建立一个 AFTER UPDATE 触发器,用来禁止用户对该表中的 name 字段进行修改。

具体命令如下:

```
USE My_test_DB
GO
CREATE TRIGGER tr_info
ON staff_info
AFTER UPDATE
AS
IF UPDATE(name)
BEGIN
```

```
    RAISERROR('不能修改员工姓名',10,1)
    ROLLBACK
END
GO
```

在 T-SQL 编辑器的查询窗口中运行以上命令，在运行结果的消息窗口中显示"命令已成功完成"，表明该触发器已成功建立。

此时，试着执行如下 UPDATE 操作：

```
USE My_test_DB
GO
UPDATE staff_info
SET name='陈锋' WHERE name='陈峰'
GO
```

在 T-SQL 编辑器的查询窗口中运行以上命令，在运行结果窗口中返回的结果如图 10-5 所示。

但是，UPDATE 操作可以对没有建立保护性触发的其他字段进行更新而不会激发触发器，例如，在 T-SQL 编辑器的查询窗口中运行如下命令：

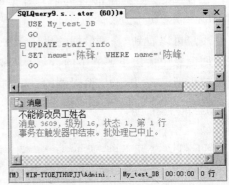

图 10-5　更改数据时触发 staff_info 表上的 UPDATE 触发器

```
USE My_test_DB
GO
UPDATE staff_info
SET zipcode='100084' WHERE zipcode='100088'
GO
```

执行后在运行结果的消息窗口中显示"（2 行受影响）"。检索表 staff_info 可以看到表内的信息确实被更新了，这是由于在 zipcode 字段上没有建立 UPDATE 的触发。

【例 10-4】　在 My_test_DB 数据库的 staff_info 表上建立一个 DELETE 触发器，用来禁止用户对该表中的任何数据进行删除。

具体命令如下：

```
USE My_test_DB
GO
CREATE TRIGGER tr_info2
ON staff_info
INSTEAD OF DELETE
AS
RAISERROR('你没有删除记录的权限',10,1)
GO
```

在 T-SQL 编辑器的查询窗口中运行以上命令，在运行结果的消息窗口中显示"命令已成功完成"，表明该触发器已成功建立。

现在来试试在表 staff_info 中进行删除数据的操作。例如,在 T-SQL 编辑器的查询窗口中运行如下命令:

```
USE My_test_DB
GO
DELETE FROM staff_info
WHERE name= '陈熹'
GO
```

执行后在运行结果的消息窗口中返回如图 10-6 所示的信息。

用户此时再用 SELECT 语句查看一下 staff_info 表的内容,可以发现指定删除的记录仍然保留在该表中,可见在定义触发器时定义的 INSTEAD OF 选项取消了触发 tr_info2 的 DELETE 操作,所以该记录未被删除。

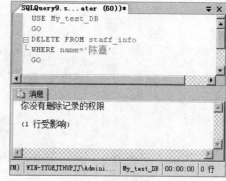

图 10-6 删除数据时触发 staff_info 表上的 DELETE 触发器

10.2.3 创建 DDL 触发器

【例 10-5】 基于 My_test_DB 数据库建立一个 DDL 触发器 safety,用来禁止用户创建、修改、删除该数据库中的表。

具体命令如下:

```
USE My_test_DB
GO
CREATE TRIGGER safety
ON DATABASE
FOR CREATE_TABLE,DROP_TABLE,ALTER_TABLE
AS
    PRINT'必须禁止"safety"触发器才可创建、修改或删除数据库中的表'
    ROLLBACK
GO
```

在 T-SQL 编辑器的查询窗口中运行以上命令,在运行结果的消息窗口中显示“命令已成功完成”,表明该触发器已成功建立。

现在来试试在数据库 My_test_DB 中进行删除表的操作。例如,在 T-SQL 编辑器的查询窗口中运行如下命令:

```
USE My_test_DB
GO
DROP TABLE staff_info
GO
```

执行后在运行结果的消息窗口中返回如图 10-7 所示的信息。

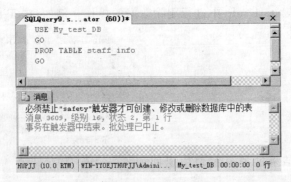

图 10-7　删除表时触发数据库 My_test_DB 上的 DDL 触发器

10.3　查看触发器信息

在 SQL Server 中可查看表中触发器的类型、触发器名称、触发器所有者，以及触发器创建的日期等，如果在创建或修改触发器时对触发器进行加密，还可以获取触发器定义的有关信息；以及了解所使用的 T-SQL 语句，或了解它如何影响所在的表；此外，还可以列出指定的触发器所使用的对象。

SQL Server 为用户提供了多种查看触发器信息的方法。

10.3.1　使用系统存储过程 sp_helptext、sp_helptrigger 查看触发器信息

用户可以使用系统存储过程 sp_helptext 来查看触发器的定义信息。

具体命令的语法如下：

```
EXEC sp_helptext triggername
```

【例 10-6】　使用系统存储过程 sp_helptext 查看触发器 tr_score 的定义文本信息。

具体命令如下：

```
USE My_test_DB
GO
EXEC sp_helptext tr_score
GO
```

在 T-SQL 编辑器的查询窗口中运行以上命令，在运行结果窗口中显示的结果如图 10-8 所示。

和存储过程的加密类似，用户也可以在创建触发器时，通过指定 WITH ENCRYPTION 来对触发器的定义文本信息进行加密，加密后的触发器无法用 sp_helptext 来查看相关信息。

用户还可以通过使用系统存储过程 sp_helptrigger 来查看某张特定表上存在的触发器的某些相关信息。

图 10-8 查看触发器 tr_score 的定义文本

具体命令的语法如下：

```
EXEC sp_helptrigger tablename
```

【例 10-7】 使用系统存储过程 sp_helptrigger 查看表 staff_info 上存在的所有触发器的相关信息。

具体命令如下：

```
USE My_test_DB
GO
EXEC sp_helptrigger staff_info
GO
```

在 T-SQL 编辑器的查询窗口中运行以上命令，在运行结果窗口中显示的结果如图 10-9 所示。用户可以了解到触发器的名称，所有者以及触发条件等相关信息。

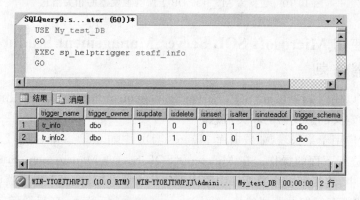

图 10-9 查看表 staff_info 上的所有触发器信息

需要注意的是，sp_helptrigger 返回的是对当前数据库的指定表定义的 DML 触发器的类型。sp_helptrigger 不能用于 DDL 触发器。

10.3.2　使用对象目录视图 sys. triggers 查看触发器信息

用户还可以通过对象目录视图 sys. triggers 查看某特定数据库上存在的所有触发器的相关信息。

【例 10-8】　使用对象目录视图 sys. triggers 查看数据库 My_test_DB 上存在的所有触发器的相关信息。

具体命令如下：

```
USE My_test_DB
GO
SELECT * FROM sys.triggers
GO
```

在 T-SQL 编辑器的查询窗口中运行以上命令，在运行结果窗口中显示的结果如图 10-10 所示。用户可以了解到触发器的名称、类型、创建日期等相关信息。

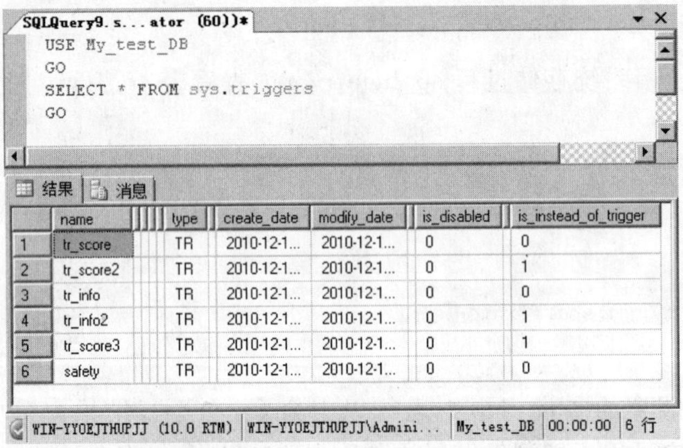

图 10-10　数据库 My_test_DB 上所有触发器的相关信息

10.3.3　使用 Microsoft SQL Server Management Studio 查看触发器信息

用户还可以使用 Microsoft SQL Server Management Studio 以图形化的方式方便地查看数据库中定义的触发器的相关信息。

若要查看应用于某张表（如数据库 My_test_DB 中的 staff_score 表）上的 DML 触发器信息，则需进行下面的操作。在 Microsoft SQL Server Management Studio 的对象资源管理器窗口中，连接到一个数据库引擎实例。依次展开"数据库"、触发器所属的数据库 My_test_DB、"表"、触发器所属的表 staff_score、"触发器"节点，在展开的"触发器"节点下用鼠标右击要查看信息的 DML 触发器名称，就可以对其进行相关操作，如图 10-11 所示。

若要查看应用于某个数据库（如 My_test_DB 数据库）上的 DDL 触发器信息，则需进行下面的操作。在 Microsoft SQL Server Management Studio 的对象资源管理器窗口中，连接到一个数据库引擎实例。依次展开"数据库"、触发器所属的数据库 My_test_DB、"可编程性"、"数据库触发器"节点，在展开的"数据库触发器"节点下用鼠标右击要查看信息的 DDL 触发器名称，就可以对其进行相关操作，如图 10-12 所示。

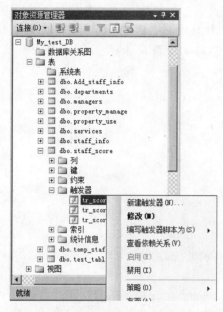

图 10-11　查看应用于表的 DML 触发器

图 10-12　查看应用于数据库的 DDL 触发器

10.4　使用触发器

10.4.1　使用触发器强制数据完整性

约束和触发器都可以用来强制数据完整性。触发器的主要好处在于可以包含使用 T-SQL 代码的复杂处理逻辑。因此，触发器可以支持约束的所有功能。

然而，实体完整性总应在最低级别上通过索引进行强制，这些索引应是 PRIMARY KEY 和 UNIQUE 约束的一部分，或者是独立于约束而创建的。域完整性应通过 CHECK 约束进行强制，而引用完整性则应通过 FOREIGN KEY 约束进行强制，假设这些约束的功能满足应用程序的功能需求。因此，触发器在某些运用场合下并不总是最好的方法。

触发器在约束所支持的功能无法满足应用程序的功能要求时，就显示出优势了。触发器的优势体现在以下情况中：

- 除非 REFERENCES 子句定义了级联引用操作，否则 FOREIGN KEY 约束只能用与另一列中的值完全匹配的值来验证列值。
- CHECK 约束只能根据逻辑表达式或同一表中的另一列来验证列值。如果应用程序要求根据另一个表中的列验证列值，则必须使用触发器。
- 约束只能通过标准化的系统错误消息来传递错误消息。如果应用程序要求使用（或能从中获益）自定义信息和较为复杂的错误处理，则必须使用触发器。

10.4.2　使用触发器强制业务规则

触发器在强制数据完整性之外，还可以强制实施对 CHECK 约束来说过于复杂的业务规则，包括对其他表中行的状态进行检查。

【例 10-9】　在数据库 My_test_DB 中的 staff_score 上建立 DELETE 触发器 tr_staff_del，使得在删除表 staff_score 中记录的同时，自动检查表 staff_info 中是否有该员工的记录，如果存在该员工记录，则取消删除操作。

具体命令如下：

```
USE My_test_DB
GO
CREATE TRIGGER tr_staff_del
ON staff_score
FOR DELETE
AS
IF(SELECT COUNT(*) FROM
    staff_info INNER JOIN deleted
    ON staff_info.staff_id=deleted.staff_id)>0
BEGIN
    RAISERROR('无法删除在职员工的考核记录',10,1)
    ROLLBACK
END
```

在 T-SQL 编辑器的查询窗口中运行以上命令，在运行结果的消息窗口中显示"命令已成功完成"，表明该触发器已成功建立。

下面将验证建立使用触发器来强制业务规则的可行性。

现在来试试在表 staff_score 中进行删除数据的操作。例如，在 T-SQL 编辑器的查询窗口中运行如下命令：

```
USE My_test_DB
GO
DELETE FROM staff_score
WHERE staff_id=970890
GO
```

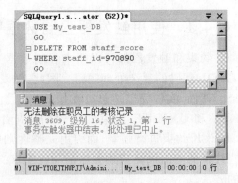

图 10-13　删除数据时触发 staff_score 表上的 DELETE 触发器

执行后在运行结果的消息窗口中返回如图 10-13 所示的信息。

将上面语句中的"staff_id＝970890"替换为"staff_id＝960811"，执行后在运行结果的消息窗口中显示："（1 行受影响）"。

此时再用 SELECT 语句查看一下 staff_score 表中的内容，可以发现 staff_id 为 970890 的记录仍然保留在该表中，staff_id 为 960811 的记录已经被删除。这是由于只有员工编号为 970890 的员工信息存在于 staff_info 表中。

10.5　修改和删除触发器

10.5.1　修改触发器

实际运用中,用户可能需要改变已经创建好的触发器。SQL Server 可以在保留现有触发器名称的同时,修改触发器的触发动作和执行内容。可以使用 ALTER TRIGGER 语句或者 Microsoft SQL Server Management Studio 对触发器进行修改。

1. 使用 ALTER TRIGGER 语句修改触发器

修改 DML 触发器的 ALTER TRIGGER 语句的基本语法形式如下:

```
ALTER TRIGGER schema_name.trigger_name
ON{table|view}
[WITH ENCRYPTION]
{ FOR|AFTER|INSTEAD OF}
{[INSERT][,][UPDATE][,][DELETE]}
[NOT FOR REPLICATION]
AS sql_statement [;][,... n]
```

修改 DDL 触发器的 CREATE TRIGGER 语句的基本语法形式如下:

```
ALTER TRIGGER trigger_name
ON{DATABASE|ALL SERVER}
[WITH ENCRYPTION]
{ FOR|AFTER}{event_type[,... n]|event_group}
AS sql_statement[;]
```

其中,各参数的意义与创建触发器语句 CREATE TRIGGER 中各参数的意义相同。下面就演示如何修改前面例子中创建的触发器。

【例 10-10】　修改 My_test_DB 数据库中的 staff_info 表上建立的 UPDATE 触发器 tr_info,用来禁止用户对该表中的 staff_id(而不是 name)字段进行修改。

具体命令如下:

```
USE My_test_DB
GO
ALTER TRIGGER tr_info
ON staff_info
FOR UPDATE
AS
IF UPDATE(salary)
BEGIN
    RAISERROR('没有修改薪水的权限',10,1)
    ROLLBACK
END
GO
```

在 T-SQL 编辑器的查询窗口中运行以上命令，在运行结果的消息窗口中显示"命令已成功完成"，表明该触发器已成功修改。

此时，试着执行如下 UPDATE 操作：

```
USE My_test_DB
GO
UPDATE staff_info
SET salary= 1200 WHERE salary=1000
GO
```

在 T-SQL 编辑器的查询窗口中运行以上命令，在运行结果窗口中返回的结果如图 10-14 所示。

2. 利用 Microsoft SQL Server Management Studio 修改 DML 触发器

用户还可以使用 Microsoft SQL Server Management Studio 以图形化的方式修改数据库中定义的 DML 触发器。

若要修改应用于某张表（如数据库 My_test_DB 中的 staff_info 表）上的 DML 触发器定义，则需进行下面的操作。在 Microsoft SQL Server Management Studio 的对象资源管理器窗口中，连接到一个数据库引擎实例。依次展开"数据库"、触发器所属的数据库 My_test_DB、"表"、触发器所属的表 staff_info、"触发器"节点，在展开的"触发器"节点下用鼠标右击要修改的 DML 触发器名称，在弹出的菜单中选择"修改"命令，如图 10-15 所示。

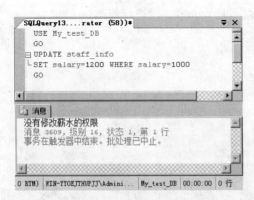

图 10-14 更改数据时触发 staff_info 表上修改后的 UPDATE 触发器

图 10-15 选择"修改"命令

在弹出的触发器定义 T-SQL 编辑窗口中,用户可以直接进行修改,如图 10-16 所示。修改完毕,单击工具栏中的"!"执行按钮执行该 T-SQL 语句,将修改后的触发器保存到数据库中。

图 10-16　触发器定义 T-SQL 编辑窗口

10.5.2　删除触发器

实际运用中,当用户不再需要使用某个已经创建好的触发器时,可以对其进行删除。当触发器被删除时,它所基于的表和数据并不受影响。而当触发器所关联的表被删除时,触发器自动被删除。

可以使用 DROP TRIGGER 语句或者 Microsoft SQL Server Management Studio 对触发器进行删除。

1. 使用 DROP TRIGGER 语句删除触发器

删除 DML 触发器的 DROP TRIGGER 语句的基本语法形式如下:

```
DROP TRIGGER[schema_name.] trigger_name[, ... n]
```

删除 DDL 触发器的 DROP TRIGGER 语句的基本语法形式如下:

```
DROP TRIGGER trigger_name[, ... n]
ON{DATABASE|ALL SERVER}
```

例如用户可以使用如下语句来删除 My_test_DB 数据库上的 DDL 触发器 safety:

```
USE My_test_DB
GO
DROP TRIGGER safety
ON DATABASE
GO
```

2. 利用 Microsoft SQL Server Management Studio 删除触发器

用户还可以使用 Microsoft SQL Server Management Studio 以图形化的方式删除数据库中定义的 DML 和 DDL 触发器。操作步骤与查看触发器信息相近,只是在鼠标右击具体的触发器名称时,在弹出的菜单中选择"删除"命令。在弹出的"删除对象"对话框中可以单击"显示依赖关系"按钮查看触发器的依赖关系;单击"确定"按钮即可删除该触发器,如图 10-17 所示。

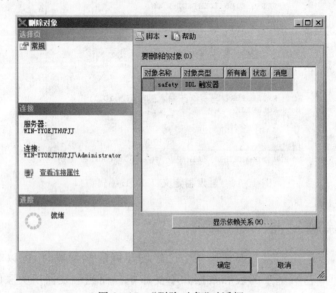

图 10-17 "删除对象"对话框

10.5.3 禁止或启用触发器

刚创建好的触发器默认为启用状态。在使用触发器时,用户可能遇到在某些时候需要禁止某个触发器起作用的场合,例如用户需要对某个建有插入触发器的触发器表中插入大量数据,可暂时将触发器置于禁用状态。当一个触发器被禁止后,该触发器仍然存在于触发器表上,只是触发器不会被激发,直到该触发器被重新启用。

可以使用 ALTER TABLE 语句或者 Microsoft SQL Server Management Studio 禁用或启用触发器。

1. 使用 ALTER TABLE 语句禁用或启用触发器

禁止|启用触发器的 ALTER TABLE 语句的基本语法形式如下:

```
ALTER TABLE table_name
{ DISABLE|ENABLE} TRIGGER{ALL|trigger_name[, ... n]}
```

其中,各参数的意义如下:

- table_name:触发器作用的表的名称。

- DISABLE：禁用。
- ENABLE：启用。
- ALL：指定禁用或启用操作该表上的所有触发器。
- trigger_name：要禁用或启用的触发器的名称。

用户可以自己尝试禁止或启用在数据库 My_test_DB 中创建的某个触发器或者所有的触发器。

2. 利用 Microsoft SQL Server Management Studio 禁用或启用 DML 触发器

用户还可以使用 Microsoft SQL Server Management Studio 以图形化的方式禁用或启用数据库中定义的 DML 触发器。操作步骤与查看触发器信息相近，只是在鼠标右击具体的触发器名称时，在弹出的菜单中选择"禁用"（或"启用"）命令。这时，会弹出如图 10-18 所示的"禁用触发器"对话框或者如图 10-19 所示的"启用触发器"对话框。

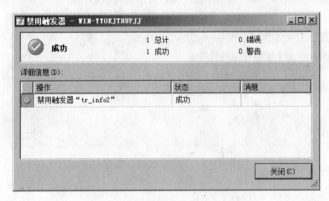

图 10-18　"禁用触发器"对话框

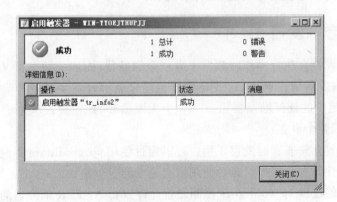

图 10-19　"启用触发器"对话框

需要注意的是，如果数据库中存在触发器对相应数据库中修改表的操作进行了禁用，则无法成功禁用或启用触发器。

例如，重建【例 10-5】中的 DDL 触发器 safety，它将禁止用户创建、修改、删除数据库 My_test_DB 中的表。创建完毕之后，利用 Microsoft SQL Server Management Studio 进

行禁用 DML 触发器 tr_info2 的操作时，"禁用触发器"对话框显示"1 错误"，如图 10-20 所示。单击消息可查看详细错误信息，如图 10-21 所示。

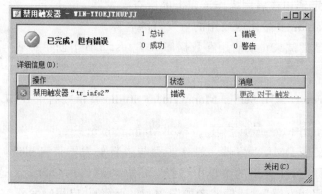

图 10-20　"禁用触发器"对话框显示禁用错误

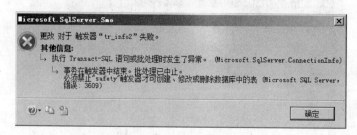

图 10-21　详细的错误信息

10.6　嵌套触发器和递归触发器

10.6.1　嵌套触发器

如果一个触发器在执行操作时激发了另一个触发器，而这个触发器又接着引发下一个触发器，所有触发器依次触发，这些触发器就是嵌套触发器。触发器最深可以嵌套至32 层，如果嵌套链中的任何触发器引发了一个无限循环，则超过最大嵌套级的触发器将被中止，并且回滚整个事务。

系统默认配置允许嵌套触发器。用户可以通过使用 sp_configure 系统存储过程和通过服务器实例属性配置选项指定是否使用嵌套触发器。

使用系统存储过程 sp_configure 控制是否允许嵌套 AFTER 触发器的语法为：

```
EXEC sp_configure'nested triggers','{ 0|1}'
```

当设置为 1 时，AFTER 触发器被允许嵌套使用。但不管此设置为何，都可以嵌套 INSTEAD OF 触发器（注意只有 DML 触发器可以为 INSTEAD OF 触发器）。值得注意的是，在 SQL Server 2008 中，即使 nested triggers 服务器配置选项设置为 0，也会激发嵌套在 INSTEAD OF 触发器内的第一个 AFTER 触发器，但是不会激发以后的 AFTER 触发器。

　　用户也可以通过使用 Microsoft SQL Server Management Studio 来设置是否使用嵌套触发器。

　　在 Microsoft SQL Server Management Studio 的对象资源管理器窗口中,用鼠标右击一个数据库引擎实例的名称,在弹出的菜单中选择"属性"命令,如图 10-22 所示。

　　在弹出的"服务器属性"对话框中选择"高级"选择页,在"杂项"中的"允许触发器激发其他触发器"一栏,通过下拉菜单选择是否使用嵌套触发器,如图 10-23 所示。

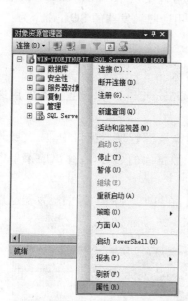

图 10-22　打开"服务器属性"对话框

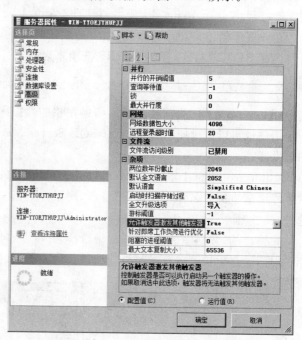

图 10-23　设置是否允许使用嵌套触发器

　　由于触发器在事务中执行,如果在一组嵌套触发器的任意层中发生错误,则整个事务都将取消,且所有的数据修改都将回滚。为了测试出错的触发器,用户可以通过在触发器中使用 PRINT 语句从而确定错误发生的位置。另外,在默认情况下,触发器不允许迭代替用,即触发器不能自己调用自己。

10.6.2　递归触发器

　　当递归触发器选项启用时,修改表中数据的触发器将激发第二个触发器,第二个触发器又通过修改原始表中的数据激发了激发它的触发器,从而形成递归触发器。和嵌套触发器一样,递归触发器的深度也可以达到 32 级。如果递归循环中的任何触发器包含无穷循环,超过递归限制后,触发器将中止并回滚整个事务。

　　递归触发器有两种不同的递归方式,它们分别是直接递归和间接递归:

* 直接递归:触发器激发并执行一个操作,而该操作又使同一个触发器再次激发。

　　例如,某应用程序更新了表 T1,从而引发触发器 Trig1;Trig1 再次更新表 T1,使触发器 Trig1 再次被引发。

- 间接递归：触发器激发并执行一个操作，而该操作又使另一个表中的同类型触发器激发，第二个触发器使原始表得到更新，从而再次激发第一个触发器。例如，某应用程序更新了表 T2，并引发触发器 Trig2；Trig2 更新表 T3，从而使触发器 Trig3 被激发；Trig3 转而更新表 T2，从而使 Trig2 再次被激发。

当数据库选项 RECURSIVE_TRIGGERS 设置为 OFF 时，仅阻止 AFTER 触发器的直接递归。如果要禁用 AFTER 触发器的间接递归，需要和禁止嵌套触发器一样通过系统存储过程将 nested triggers 服务器选项设置为 0。

在数据库创建时，递归触发器选项是默认禁止的，但可以使用 ALTER DATABASE 语句设置 RECURSIVE_TRIGGERS 选项来启用它。启用递归触发器的 SQL 命令为：

ALTER DATABASE database_name SET RECURSIVE_TRIGGER ON

其中，database_name 为需要启用递归触发器的数据库名称。

用户也可以通过使用 Microsoft SQL Server Management Studio 来设置是否使用递归触发器。

在 Microsoft SQL Server Management Studio 的对象资源管理器窗口中，依次展开数据库引擎实例的名称、"数据库"节点，用鼠标右击一个数据库的名称，在弹出的菜单中选择"属性"命令，如图 10-24 所示。

在弹出的"数据库属性"对话框中选择"选项"选择页，在"杂项"中的"递归触发器已启用"一栏，通过下拉菜单选择是否使用递归触发器，如图 10-25 所示。

图 10-24　打开"数据库属性"对话框

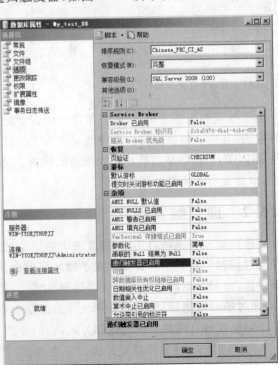

图 10-25　设置是否允许使用递归触发器

递归触发器可以用于如下场合：

- 维护一个会话跟踪系统，其中系统子部件被跟踪到父部件。
- 维护生产调动数据的数据图，其中存在一个隐含的调动层次。

此外，还应注意在设计递归触发器时，每个触发器必须包含一个条件检查，并在条件不成立时自动停止递归处理。

第11章
用户定义函数的应用与程序设计

SQL Server 支持用户定义函数,在某些应用中,还需要编写用户程序,本章将主要介绍用户定义函数和程序设计的方法。

11.1 用户定义函数概述

在 SQL Server 系统中,为了加快开发速度,可以将一个或多个 T-SQL 语句组成的子程序定义成函数,从而实现代码的封装和重用。SQL Server 并不将用户限制在使用已经被定义为 T-SQL 一部分的内置函数上,而是允许用户通过创建自己的用户定义函数,来补充和扩展系统支持的内置函数。用户定义函数可以使用 T-SQL 或任何 .NET 编程语言来编写。

与编程语言中的函数类似,Microsoft SQL Server 2008 系统中,用户定义函数是接受零个或多个参数、执行操作并将操作结果以单个标量值或结果集的形式返回的例程。用户定义函数不支持输出参数。

11.1.1 用户定义函数的组件

在 Microsoft SQL Server 2008 系统中,所有的用户定义函数都具有相同的由两部分组成的结构:标题和正文。

其中,标题可以定义以下内容:

- 具有可选架构/所有者名称的函数名称。
- 输入参数名称和数据类型。
- 可以用于输入参数的选项。
- 返回参数数据类型和可选名称。
- 可以用于返回参数的选项。

正文定义了函数将要执行的操作或逻辑。它可以是执行函数逻辑的一个或多个 T-SQL 语句,也可以是 .NET 程序集的引用。

11.1.2 用户定义函数的类型

在 Microsoft SQL Server 2008 系统中,用户定义函数可分为以下两类:

1. 标量用户定义函数

标量用户定义函数返回在 RETURNS 子句中定义的类型的单个数据值。

对于内联标量函数,没有函数体;标量值是单个语句的结果。对于多语句标量函数,定义在 BEGIN END 块中的函数体包含一系列返回单个值的 T-SQL 语句。返回类型可以是除 text、ntext、image、cursor 和 timestamp 外的任何数据类型。

2. 表值用户定义函数

表值用户定义函数返回 table 数据类型。

对于内联表值函数,没有函数主体;表是单个 SELECT 语句的结果集。对于多语句表值函数,在 BEGIN END 语句块中定义的函数体包含一系列 T-SQL 语句,这些语句可生成行并将其插入将返回的表中。

11.1.3　用户定义函数的优点

在 SQL Server 中使用用户定义函数具有以下优点:

* 允许模块化程序设计:只需创建一次函数并将其存储在数据库中,以后便可以在程序中调用任意次。用户定义函数可以独立于程序源代码进行修改。
* 执行速度更快:T-SQL 用户定义函数通过缓存计划并在重复执行时重用它来降低 T-SQL 代码的编译开销。每次使用用户定义函数时均无须重新解析和重新优化,从而缩短了执行时间。
* 减少网络流量:基于某种无法用单一标量的表达式表示的复杂约束来过滤数据的操作,可以表示为函数。然后,此函数便可以在 WHERE 子句中调用,以减少发送至客户端的数字或行数。

11.2　创建用户定义函数

11.2.1　创建用户定义函数的基本原则

在创建用户定义函数的时候,每个完全限定用户函数名称(schema_name. function_name)必须唯一。

在这里引入函数副作用的概念。函数副作用是指对具有函数外作用域的资源状态的任何永久性更改。用户定义函数的 BEGIN END 块中的语句不能有任何副作用。函数中的语句唯一能做的更改是对函数上的局部对象(如局部变量)的更改。

不能在函数中执行的操作包括:

* 对数据库表的修改。
* 对不在函数上的局部游标进行操作。
* 发送电子邮件。
* 尝试修改目录。

- 生成返回至用户的结果集。

在函数中，有效语句的类型包括：

- DECLARE 语句，该语句可用于定义函数局部的数据变量和游标。
- 为函数局部对象的赋值，如使用 SET 为标量和表局部变量赋值。
- 游标操作，该操作引用在函数中声明、打开、关闭和释放的局部游标。不允许使用 FETCH 语句将数据返回到客户端，仅允许使用 FETCH 语句通过 INTO 子句给局部变量赋值。
- 除 TRY CATCH 语句以外的流控制语句。
- SELECT 语句，该语句包含具有为函数的局部变量赋值的表达式的选择列表。
- INSERT、UPDATE 和 DELETE 语句，这些语句修改函数的局部表变量。
- EXECUTE 语句，该语句调用扩展存储过程。

一个用户定义函数最多可以有 1024 个输入参数。如果函数的参数有默认值，则调用该函数时必须指定 DEFAULT 关键字才能获取默认值。此行为与在用户定义存储过程中具有默认值的参数不同，在后一种情况下，忽略参数同样意味着使用默认值。用户定义函数不支持输出参数。

与系统函数一样，用户定义函数可从查询中调用。标量函数和存储过程一样，可使用 EXECUTE 语句执行。

函数具有确定性这一属性，分为确定性函数和不确定性函数。对于确定性函数，只要使用特定的输入值集并且数据库具有相同的状态，那么不管何时调用，始终都会返回相同的结果。对于不确定性函数，即使访问的数据库的状态不变，每次使用特定的输入值集调用，都可能会返回不同的结果。并不是所有具有不确定性的内置系统函数都可在 T-SQL 用户定义函数中使用。表 11-1 显示了可以在 T-SQL 用户定义函数中使用的不确定性内置函数。

表 11-1 可在 T-SQL 用户定义函数中使用的不确定性内置函数

函 数 名 称	功 能
CURRENT_TIMESTAMP	返回当前数据库系统时间戳，返回值的类型为 datetime，并且不含数据库时区偏移量。此值得自运行 SQL Server 实例的计算机的操作系统
GETDATE	同上
GET_TRANSMISSION_STATUS	返回某一会话方上次传输的状态
GETUTCDATE	以 datetime 值的形式返回当前数据库系统的时间戳。数据库时区偏移量未包含在内。此值表示当前的 UTC 时间（协调世界时）。此值得自运行 SQL Server 实例的计算机的操作系统
@@CONNECTIONS	返回 SQL Server 自上次启动以来尝试的连接数，无论连接是成功还是失败
@@CPU_BUSY	返回 SQL Server 自上次启动后的工作时间
@@DBTS	返回当前数据库的当前 timestamp 数据类型的值。这一时间戳值在数据库中必须是唯一的

续表

函 数 名 称	功　　能
@@IDLE	返回 SQL Server 自上次启动后的空闲时间
@@IO_BUSY	返回自从 SQL Server 最近一次启动以来，SQL Server 已经用于执行输入和输出操作的时间
@@MAX_CONNECTIONS	返回 SQL Server 实例允许同时进行的最大用户连接数。返回的数值不一定是当前配置的数值
@@PACK_RECEIVED	返回 SQL Server 自上次启动后从网络读取的输入数据包数
@@PACK_SENT	返回 SQL Server 自上次启动后写入网络的输出数据包个数
@@PACKET_ERRORS	返回自上次启动 SQL Server 后，在 SQL Server 连接上发生的网络数据包错误数
@@TIMETICKS	返回每个时钟周期的微秒数
@@TOTAL_ERRORS	返回自上次启动 SQL Server 之后 SQL Server 所遇到的磁盘写入错误数
@@TOTAL_READ	返回 SQL Server 自上次启动后由 SQL Server 读取（非缓存读取）的磁盘的数目
@@TOTAL_WRITE	返回自上次启动 SQL Server 以来 SQL Server 所执行的磁盘写入数

11.2.2　创建标量函数

标量函数返回在函数 RETURNS 子句中定义的数据类型的单个数据值。标量函数与系统的内置函数十分相似。在创建了标量函数后，用户就可以方便地重复使用该函数了。

1. 利用 Microsoft SQL Server Management Studio 创建标量函数

在 Microsoft SQL Server Management Studio 的对象资源管理器窗口中，连接到一个数据库引擎实例。依次展开"数据库"、要创建函数的数据库名称（如 My_test_DB）、"可编程性"、"函数"，鼠标右击"标量值函数"项，在出现的菜单中选择"新建标量值函数"命令，如图 11-1 所示。

在 T-SQL 编辑器的查询窗口中，会给出创建该函数的语法结构框架，用户在其中可以定义函数内容，如图 11-2 所示。

2. 利用 CREATE FUNCTION 语句创建标量函数

使用 CREATE FUNCTION 语句创建标量函数的具体语法格式如下：

```
CREATE FUNCTION[schema_name.] function_name
```

图 11-1　选择"新建标量值函数"命令

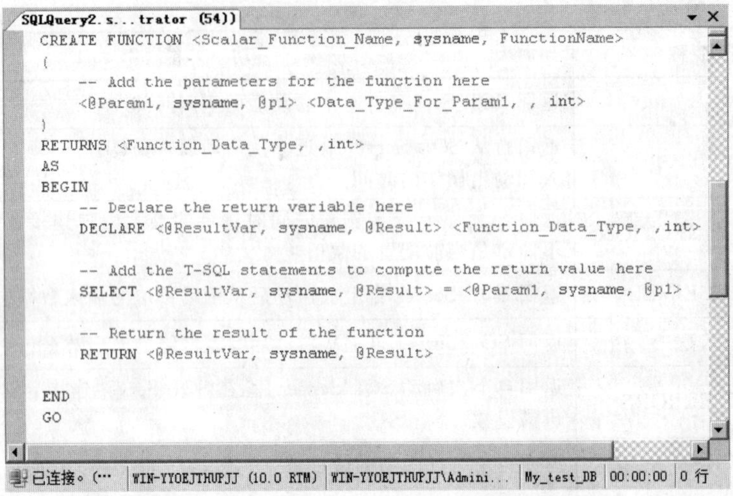

图 11-2　创建标量用户定义函数的语法结构框架

```
([{@parameter_name[AS][type_schema_name.] parameter_data_type
 [=default][READONLY]}
 [,...n]
 ]
)
RETURNS return_data_type
    [WITH< function_option> [,...n]]
    [AS]
    BEGIN
    function_body
        RETURN scalar_expression
    END
[;]
```

< function_option>::=

```
{
    [ENCRYPTION]
|[SCHEMABINDING]
|[RETURNS NULL ON NULL INPUT|CALLED ON NULL INPUT]
}
```

其中,各参数的意义如下:

- schema_name:用户定义函数所属的架构的名称。
- function_name:用户定义函数的名称。函数名称必须符合有关标识符的规则,并且在数据库中以及对其架构来说是唯一的。
- @parameter_name:用户定义函数中的参数。一个函数最多可以有 2100 个参数。执行函数时,如果未定义参数的默认值,则用户必须提供每个已声明参数的值。参数名称必须符合标识符规则。参数是对应于函数的局部参数;其他函数中

可使用相同的参数名称。参数只能代替常量,而不能用于代替表名、列名或其他
数据库对象的名称。即使未指定参数,函数名称后也需要加上括号。

- [type_schema_name.] parameter_data_type:参数的所属框架及参数的数据类型,前者为可选项。
- [= default]:参数的默认值。如果定义了默认值,则无须指定此参数的值即可执行函数。
- READONLY:指示不能在函数定义中更新或修改参数。如果参数类型为用户定义的表类型,则应指定 READONLY。
- return_data_type:标量用户定义函数的返回值。
- function_body:指定一系列定义函数值的 T-SQL 语句,这些语句在一起使用不会产生副作用,计算结果为标量值。
- scalar_expression:指定标量函数返回的标量值。
- ENCRYPTION:将 CREATE FUNCTION 语句的原始文本加密。
- SCHEMABINDING:指定将函数绑定到其引用的数据库对象。
- RETURNS NULL ON NULL INPUT|CALLED ON NULL INPUT:指定标量值函数的 OnNULLCall 属性。如果未指定,则默认为 CALLED ON NULL INPUT,表示即使传递的参数为 NULL,也将执行函数体。如果指定了 RETURNS NULL ON NULL INPUT,则表示当 SQL Server 接收到的任何一个参数为 NULL 时,它可以返回 NULL,而无须实际调用函数体。

需要注意的是,如果 CREATE FUNCTION 语句对在发出 CREATE FUNCTION 语句时不存在的资源产生副作用,SQL Server 将执行该语句。但在调用函数时,SQL Server 不执行此函数。

下面通过举例来说明标量用户定义函数的创建和使用。

【例 11-1】　在数据库 My_test_DB 中创建一个标量用户定义函数 s_rank,该函数实现输入员工考核分数输出考核成绩等级(不合格、合格、良好、优秀)。

具体命令如下:

```
USE My_test_DB
GO
CREATE FUNCTION s_rank(@ input numeric(4,1))
RETURNS nvarchar(6)
AS
BEGIN
    DECLARE@ returnstr nvarchar(6)
    IF@ input>=60 AND@ input<80
        SET@ returnstr='合格'
    ELSE IF@ input>=80 AND@ input<90
        SET@ returnstr='良好'
    ELSE IF@ input>=90 AND@ input<100
        SET@ returnstr='优秀'
```

```
ELSE
        SET@ returnstr='不合格'
        RETURN@ returnstr
END
GO
```

在 T-SQL 编辑器的查询窗口中运行以上命令，在运行结果的消息窗口中显示"命令已成功完成"，表明该用户定义函数已成功创建。可以通过 Microsoft SQL Server Management Studio 对象资源管理器对创建情况进行确认。

用如下命令调用该标量函数，用于查看所有员工所有年度创新考核成绩的等级：

```
USE My_test_DB
GO
SELECT staff_id,year,inno_score,rank=dbo.s_rank(inno_score)
FROM staff_score
GO
```

在 T-SQL 编辑器的查询窗口中运行以上命令，在运行结果的窗口中显示的结果如图 11-3 所示。

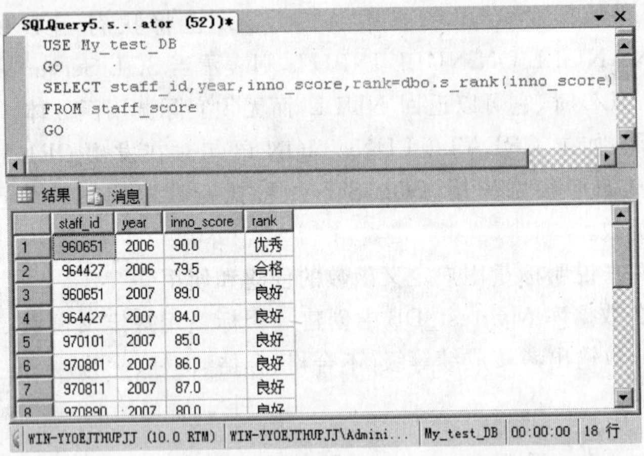

图 11-3　调用标量用户定义函数 s_rank 的查询结果

需要注意的是，在调用用户定义函数时，必须指明函数所属架构的名称和函数名称，函数所属架构的名称是不可以省略的。

【例 11-2】　在数据库 My_test_DB 中创建一个标量用户定义函数 age，该函数实现输入出生年月，输出年龄。

具体命令如下：

```
USE My_test_DB
GO
CREATE FUNCTION age(@ input datetime)
RETURNS tinyint
AS
```

```
BEGIN
    RETURN year(GETDATE())-year(@input)
END
GO
```

在 T-SQL 编辑器的查询窗口中运行以上命令,在运行结果的消息窗口中显示"命令已成功完成",表明该用户定义函数已成功创建。可以通过 Microsoft SQL Server Management Studio 对象资源管理器对创建情况进行确认。

用如下命令调用该标量函数,用于查看所有在职员工的年龄:

```
USE My_test_DB
GO
SELECT staff _ id, name, age = dbo. age
(birthday)
FROM staff_info
GO
```

在 T-SQL 编辑器的查询窗口中运行以上命令,在运行结果的窗口中显示的结果如图 11-4 所示。

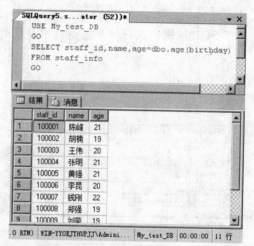

图 11-4　调用标量用户定义函数 age 的查询结果

【例 11-3】　创建一个标量用户定义函数,要求将当前系统日期转化为年月日格式的字符串返回,且默认的分隔符为"::",并允许用户自行定义分隔符。

具体命令如下:

```
USE My_test_DB
GO
CREATE FUNCTION get_time(@ separator nvarchar(2)='::')
RETURNS nvarchar(20)
BEGIN
    DECLARE@ returnstr nvarchar(20)
    SET@ returnstr='今天是'
    +CONVERT(nvarchar(5),datepart(year,GETDATE()))+'年'+@ separator
    +CONVERT(nvarchar(5),datepart(month,GETDATE()))+'月'+@ separator
    +CONVERT(nvarchar(5),datepart(day,GETDATE()))+'日'
    RETURN@ returnstr
END
GO
```

在 T-SQL 编辑器的查询窗口中运行以上命令,在运行结果的消息窗口中显示"命令已成功完成",表明该用户定义函数已成功创建。可以通过 Microsoft SQL Server Management Studio 对象资源管理器对创建情况进行确认。

这时,用户可以在 T-SQL 编辑器的查询窗口中运行如下命令:

```
SELECT dbo.get_time('--')
```

在运行结果的窗口中显示的结果如图 11-5 所示。

当用户定义函数的参数有默认值时，调用该函数时必须指定默认 DEFAULT 关键字才能获取默认值。例如，要使用【例 11-3】中分隔符参数的默认值"::"，则调用函数 get_time 的命令如下：

```
SELECT dbo.get_time(DEFAULT)
```

T-SQL 编辑器运行结果的窗口中显示的结果如图 11-6 所示。

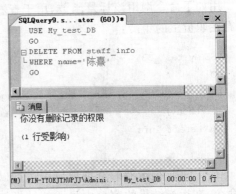

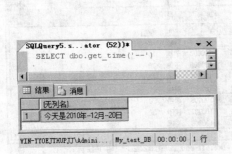

图 11-5　调用标量用户定义函数
get_time 的查询结果

图 11-6　调用标量用户定义函数 get_time
使用默认值的查询结果

在用户定义函数中省略参数将导致出错。例如，如果用户按照如下语句默认含有默认值的参数@seperator 来调用用户定义函数 get_time：

```
SELECT dbo.get_time()
```

那么，T-SQL 编辑器运行结果的消息窗口将显示错误信息，如图 11-7 所示。

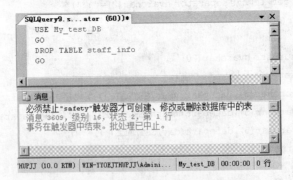

图 11-7　省略含有默认值的参数将导致错误

11.2.3　创建内联表值函数

内联表值函数返回的是由选择的结果构成的记录集——表。在内联表值函数中，

RETURNS 子句在括号中包含一条单独的 SELECT 语句,该语句的结果构成了内联表值函数所返回的表。

内联表值函数是替代视图的有力工具,可用在 T-SQL 查询中允许表或视图表达式的地方。和视图相比,视图受限于单个 SELECT 语句,不允许包含用户自己提供的参数;而内联表值函数可包含附加的语句,使函数所包含的逻辑比视图可能具有的逻辑更强大。

返回表的内联表值函数还可替换返回单个结果集的存储过程。对比返回结果集的存储过程,由内联表值函数返回的表可在 T-SQL 语句的 FROM 子句中引用,而返回结果集的存储过程则不能。

内嵌函数还可用于提高索引视图的能力。索引视图自身不能在其 WHERE 子句搜索条件中使用参数,针对特定用户的需要调整存储的结果集。然而,可定义存储与视图匹配的完整数据集的索引视图,然后在包含允许用户调整其结果的参数化搜索条件的索引视图上定义内嵌函数。如果视图定义较复杂,则生成结果集所要执行的大多数工作都涉及在视图上创建聚集索引时生成聚合或联接多个表。之后如果创建引用视图的内嵌函数,则该函数可应用用户的参数化筛选,从结果集中提取由 CREATE INDEX 语句生成的特定行,随后引用内嵌函数的所有查询都从简化的存储结果集中筛选行。

此外,和标量函数不同的是,在内联表值函数中不使用 BEGIN 和 END 限制函数体,在指定返回值的数据类型时,RETURNS 子句将表指定为返回值的数据类型。

1. 利用 Microsoft SQL Server Management Studio 创建内联表值函数

在 Microsoft SQL Server Management Studio 的对象资源管理器窗口中,连接到一个数据库引擎实例。依次展开“数据库”、要创建函数的数据库名称(如 My_test_DB)、“可编程性”、“函数”,鼠标右击“表值函数”项,在出现的菜单中选择“新建内联表值函数”命令,如图 11-8 所示。

在 T-SQL 编辑器的查询窗口中,会给出创建该函数的语法结构框架,用户在其中可以定义函数内容,如图 11-9 所示。

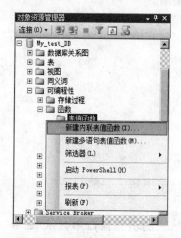

图 11-8 选择“新建内联表值函数”命令

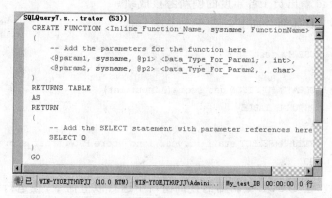

图 11-9 创建内联表值用户定义函数的语法结构框架

2. 利用 CREATE FUNCTION 语句创建内联表值函数

使用 CREATE FUNCTION 语句创建内联表值函数的具体语法格式如下：

```
CREATE FUNCTION[schema_name.] function_name
([{@parameter_name[AS][type_schema_name.] parameter_data_type
  [=default][READONLY]}
  [,...n]
  ]
)
RETURNS TABLE
    [WITH<function_option>[,...n]]
    [AS]
    RETURN[(] select_stmt[)]
[;]
<function_option>::=
{
  [ENCRYPTION]
|[SCHEMABINDING]
|[RETURNS NULL ON NULL INPUT|CALLED ON NULL INPUT]
}
```

其中，主要参数的意义如下：

- TABLE：指定表值函数的返回值为表。只有常量和@local_variables 可以传递到表值函数。在内联表值函数中，TABLE 返回值是通过单个 SELECT 语句定义的。内联函数没有关联的返回变量。
- select_stmt：定义内联表值函数返回值的单个 SELECT 语句。

其余参数的意义与创建标量函数的语法格式中的参数的意义相同。

下面通过举例来说明内联表值用户定义函数的创建和使用。

【例 11-4】 在数据库 My_test_DB 中创建一个内联表值函数，该函数实现输入员工的 id 输出员工各年度的创新考核成绩。

具体命令如下：

```
USE My_test_DB
GO
CREATE FUNCTION get_score(@input int)
RETURNS TABLE
AS
RETURN(SELECT staff_id,year,inno_score FROM staff_score WHERE staff_id=@input)
GO
```

在 T-SQL 编辑器的查询窗口中运行以上命令，在运行结果的消息窗口中显示"命令已成功完成"，表明该用户定义函数已成功创建。可以通过 Microsoft SQL Server Management Studio 对象资源管理器对创建情况进行确认。

用如下命令调用该内联表值函数，用于查看指定员工的所有考核成绩：

```
USE My_test_DB
GO
SELECT * FROM dbo.get_score(970801)
GO
```

在 T-SQL 编辑器的查询窗口中运行以上命令，在运行结果的窗口中显示的结果如图 11-10 所示。

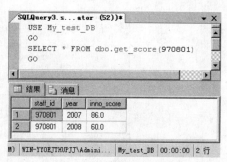

图 11-10　调用内联表值用户定义函数 get_score 的查询结果

11.2.4　创建多语句表值函数

和内联表值函数一样，多语句表值函数返回的也是由选择的结果构成的记录集——表。如果函数主体中的 RETURNS 子句指定的 TABLE 带有列及其数据类型，则该函数是多语句表值函数。

多语句表值函数是视图与存储过程的结合，和内联表值函数一样，用户可以通过使用返回一个表的用户定义函数来代替视图或存储过程。可以使用与使用视图或存储过程相同的方法使用多语句表值函数。和内联表值函数不同的是，多语句表值函数需要由 BEGIN 和 END 限定函数体，并且在 RETURNS 子句中必须定义表的名称和表的格式。

1. 利用 Microsoft SQL Server Management Studio 创建多语句表值函数

在 Microsoft SQL Server Management Studio 的对象资源管理器窗口中，连接到一个数据库引擎实例。依次展开"数据库"、要创建函数的数据库名称（如 My_test_DB）、"可编程性"、"函数"，鼠标右击"表值函数"项，在出现的菜单中选择"新建多语句表值函数"命令，如图 11-8 所示。

在 T-SQL 编辑器的查询窗口中，会给出创建该函数的语法结构框架，用户在其中可以定义函数内容，如图 11-11 所示。

2. 利用 CREATE FUNCTION 语句创建多语句表值函数

使用 CREATE FUNCTION 语句创建多语句表值函数的具体语法格式如下：

```
CREATE FUNCTION[schema_name.] function_name
([{@parameter_name[AS] [type_schema_name.] parameter_data_type
 [=default][READONLY]}
 [,... n]
]
)
RETURNS@ return_variable TABLE<table_type_definition>
    [WITH< function_option>[,... n]]
    [AS]
    BEGIN
```

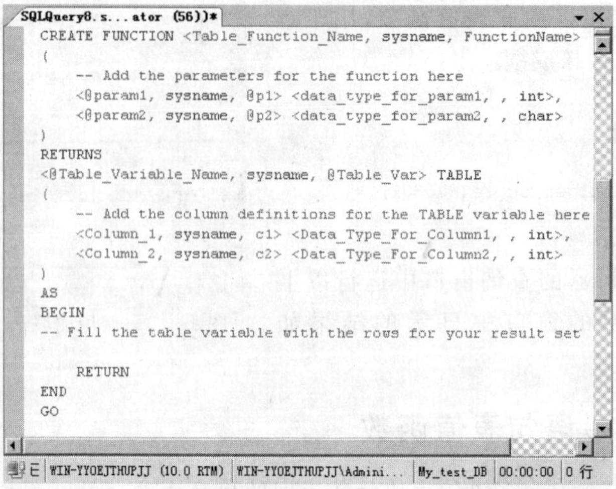

```
SQLQuery8.s...ator (56))*                                        ▼ ×
CREATE FUNCTION <Table_Function_Name, sysname, FunctionName>
(
    -- Add the parameters for the function here
    <@param1, sysname, @p1> <data_type_for_param1, , int>,
    <@param2, sysname, @p2> <data_type_for_param2, , char>
)
RETURNS
<@Table_Variable_Name, sysname, @Table_Var> TABLE
(
    -- Add the column definitions for the TABLE variable here
    <Column_1, sysname, c1> <Data_Type_For_Column1, , int>,
    <Column_2, sysname, c2> <Data_Type_For_Column2, , int>
)
AS
BEGIN
-- Fill the table variable with the rows for your result set

    RETURN
END
GO
```
　　　　　　　E WIN-YYOEJTHUPJJ (10.0 RTM) | WIN-YYOEJTHUPJJ\Admini... | My_test_DB | 00:00:00 | 0 行

图 11-11　创建多语句表值用户定义函数的语法结构框架

```
        function_body
        RETURN
    END
[;]
<function_option>::=
{
    [ENCRYPTION]
  |[SCHEMABINDING]
|[RETURNS NULL ON NULL INPUT|CALLED ON NULL INPUT]
}
```

其中，主要参数的意义如下：

- function_body：指定一系列定义函数值的 T-SQL 语句，这些语句在一起使用不会产生副作用，它们将填充 TABLE 返回变量。
- TABLE：指定表值函数的返回值为表。只有常量和@local_variables 可以传递到表值函数。在多语句表值函数中，@return_variable 是 TABLE 变量，用于存储和汇总应作为函数值返回的行。

其余参数的意义与创建标量函数的语法格式中的参数的意义相同。

上面的语法与创建内联表值函数的语法有以下不同之处：

- 在多语句表值函数的创建语句中，RETURNS 后面是可以接受将要返回的结果集的表的定义，而内联表值函数的创建语句中 RETURNS 后面仅有一个关键字 TABLE。
- 在多语句表值函数的创建语句中使用了 BEGIN END 块，而内联表值函数的创建语句中没有该语块。
- 在多语句表值函数的创建语句中有单独的由 function_body 表示的函数体，而内联表值函数的创建语句中没有该函数体。
- 在多语句表值函数的创建语句中 RETURN 后面是空的，而内联表值函数的创建语句中 RETURN 后面是一个 SELECT 语句。

下面通过举例来说明多语句表值用户定义函数的创建和使用。

【例 11-5】　在数据库 My_test_DB 中创建一个多语句表值函数,该函数实现输入员工编号输出员工姓名、年度销售考核成绩及薪水。

具体命令如下:

```
USE My_test_DB
GO
CREATE FUNCTION wage(@ input AS int)
RETURNS@ result TABLE
(
Name nvarchar(5),
Sell_Score numeric(4,1),
Salary money
)
AS
BEGIN
    INSERT@ result
    SELECT a.name,b.sell_score,a.salary
    FROM staff_info a,staff_score b
    WHERE a.staff_id=@ input
    AND a.staff_id=b.staff_id
    RETURN
END
GO
```

在 T-SQL 编辑器的查询窗口中运行以上命令,在运行结果的消息窗口中显示"命令已成功完成",表明该用户定义函数已成功创建。可以通过 Microsoft SQL Server Management Studio 对象资源管理器对创建情况进行确认。

用如下命令调用该多语句表值函数,用于查看指定员工的相关信息:

```
USE My_test_DB
GO
SELECT * FROM dbo.wage(970890)
GO
```

在 T-SQL 编辑器的查询窗口中运行以上命令,在运行结果的窗口中显示的结果如图 11-12 所示。

【例 11-6】　在数据库 My_test_DB 中创建一个多语句表值函数,该函数实现输入员工编号输出员工姓名、各年度创新考核成绩和等级(不合格、合格、良好、优秀)。

具体命令如下:

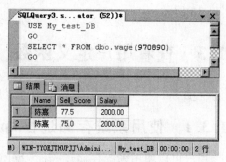

图 11-12　调用多语句表值用户定义函数
wage 的查询结果

```
USE My_test_DB
GO
CREATE FUNCTION get_score2(@input int)
RETURNS@ result TABLE
(
姓名 nvarchar(5),
创新考核 numeric(4,1),
等级 nvarchar(6)
)
AS
BEGIN
    INSERT@ result
    SELECT a.name,b.inno_score,dbo.s_rank(inno_score)
    FROM staff_info a JOIN staff_score b
    ON a.staff_id=b.staff_id
    WHERE a.staff_id=@input
    RETURN
END
GO
```

在 T-SQL 编辑器的查询窗口中运行以上命令，在运行结果的消息窗口中显示"命令已成功完成"，表明该用户定义函数已成功创建。可以通过 Microsoft SQL Server Management Studio 对象资源管理器对创建情况进行确认。

用如下命令调用该多语句表值函数，用于查看指定员工的创新考核相关信息：

```
USE My_test_DB
GO
SELECT * FROM dbo.get_score2(970890)
GO
```

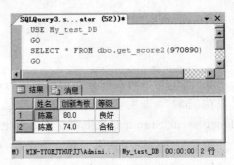

图 11-13　调用多语句表值用户定义函数 get_score2 的查询结果

在 T-SQL 编辑器的查询窗口中运行以上命令，在运行结果的窗口中显示的结果如图 11-13 所示。

11.3　查看用户定义函数

SQL Server 为用户提供了多种查看用户定义函数信息的方法。

11.3.1　使用系统存储过程 sp_helptext 查看用户定义函数信息

用户可以使用系统存储过程 sp_helptext 来查看用户定义函数的定义信息。
具体命令的语法如下：

```
EXEC sp_helptext functionname
```

【例 11-7】　使用系统存储过程 sp_helptext 查看用户定义函数 get_score 的定义文本信息。

具体命令如下：

```
USE My_test_DB
GO
EXEC sp_helptext get_score
GO
```

在 T-SQL 编辑器的查询窗口中运行以上命令，在运行结果窗口中显示的结果如图 11-14 所示。

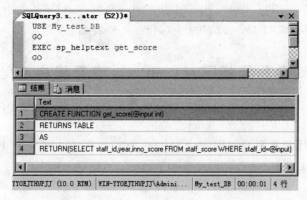

图 11-14　查看用户定义函数 get_score 的定义文本

和其他数据库对象的加密类似，用户也可以在创建用户定义函数时，通过指定 WITH ENCRYPTION 来对用户定义函数的定义文本信息进行加密，加密后的用户定义函数无法用 sp_helptext 来查看相关信息。

用户还可以通过使用系统存储过程 sp_help 来查看有关用户定义函数的信息。

具体命令的语法如下：

```
EXEC sp_help functionname
```

【例 11-8】　使用系统存储过程 sp_help 查看用户定义函数 get_score 的相关信息。

具体命令如下：

```
USE My_test_DB
GO
EXEC sp_help get_score
GO
```

在 T-SQL 编辑器的查询窗口中运行以上命令，在运行结果窗口中显示的结果如图 11-15 所示。可以看到，结果显示了用户定义函数的函数名、函数类型、创建时间、参数名、参数数据类型等多种相关信息。

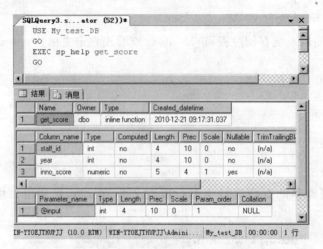

图 11-15　查看用户定义函数 get_score 的相关信息

11.3.2　使用对象目录视图 sys.objects 查看用户定义函数信息

用户还可以通过对象目录视图 sys.objects 查看某特定数据库上存在的用户定义函数的相关信息。

【例 11-9】　使用对象目录视图 sys.objects 查看数据库 My_test_DB 上存在的所有用户定义函数的相关信息。

具体命令如下：

```
USE My_test_DB
GO
SELECT * FROM sys.objects WHERE type= 'FN' OR type= 'IF' OR type= 'TF'
GO
```

以上命令中，FN 代表 SQL 标量函数，IF 代表 SQL 内联表值函数，TF 代表 SQL 多语句表值函数。在 T-SQL 编辑器的查询窗口中运行以上命令，在运行结果窗口中显示的结果如图 11-16 所示。可以看到，结果显示了用户定义函数的名称、类型、创建日期、修改日期等多种相关信息。

11.3.3　使用 Microsoft SQL Server Management Studio 查看用户定义函数信息

用户还可以使用 Microsoft SQL Server Management Studio 以图形化的方式方便地查看数据库中用户定义函数的相关信息。

若要查看某个数据库上的用户定义函数信息，则需进行下面的操作。在 Microsoft SQL Server Management Studio 的对象资源管理器窗口中，连接到一个数据库引擎实例。依次展开"数据库"、数据库名称、"可编程性"、"函数"、"表值函数"或"标量值函数"，在展开的选项下用鼠标右击要查看信息的用户定义函数的名称，就可以对其进行相关操作，如图 11-17 所示。

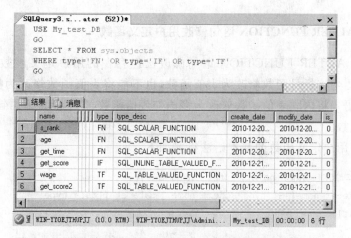

图 11-16 数据库 My_test_DB 上所有用户定义函数的相关信息

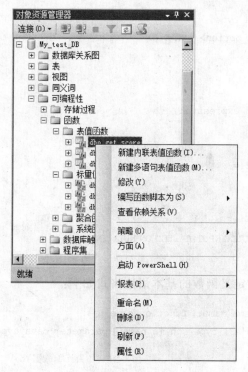

图 11-17 查看数据库中的用户定义函数

11.4 修改和删除用户定义函数

11.4.1 修改用户定义函数

类似修改其他数据库对象一样,可以通过使用 ALTER 语句或者 Microsoft SQL Server Management Studio 对用户定义函数进行修改。

1. 使用 ALTER FUNCTION 语句修改用户定义函数

可以使用 ALTER FUNCTION 语句修改已经存在的用户定义函数。需要注意的是，不能用该语句将标量函数修改为表值函数，也不能将表值函数修改为标量函数；同样地，不能用该语句将内联表值函数修改为多语句表值函数，也不能将多语句表值函数修改为内联表值函数。

修改标量用户定义函数的基本语法格式如下：

```
ALTER FUNCTION[schema_name.] function_name
([{@ parameter_name[AS][type_schema_name.] parameter_data_type
 [=default]}
 [, ... n]
]
)
RETURNS return_data_type
    [WITH< function_option>[, ... n]]
  [AS]
  BEGIN
    function_body
      RETURN scalar_expression
  END
[;]
```

< function_option>::=

```
{
    [ENCRYPTION]
  |[SCHEMABINDING]
|[RETURNS NULL ON NULL INPUT|CALLED ON NULL INPUT]
}
```

修改内联表值用户定义函数的基本语法格式如下：

```
ALTER FUNCTION[schema_name.] function_name
([{@ parameter_name[AS][type_schema_name.] parameter_data_type
 [=default]}
 [, ... n]
]
)
RETURNS TABLE
    [WITH< function_option>[, ... n]]
  [AS]
  RETURN[() select_stmt[)]
[;]
```

< function_option>::=

```
{
```

```
    [ENCRYPTION]
  |[SCHEMABINDING]
|[RETURNS NULL ON NULL INPUT|CALLED ON NULL INPUT]
}
```

修改多语句表值用户定义函数的基本语法格式如下：

```
ALTER FUNCTION[schema_name.] function_name
([{@parameter_name[AS][type_schema_name.] parameter_data_type
 [=default]}
 [,...n]
]
)
RETURNS@ return_variable TABLE<table_type_definition>
    [WITH< function_option>[,...n]]
  [AS]
  BEGIN
    function_body
    RETURN
  END
[;]
<function_option>::=
{
    [ENCRYPTION]
    |[SCHEMABINDING]
|[RETURNS NULL ON NULL INPUT|CALLED ON NULL INPUT]
}
```

各参数的意义与创建用户定义函数语句 CREATE FUNCTION 中各参数的意义相同。下面就示例如何修改前面例子中创建的用户定义函数。

【例 11-10】　修改【例 11-1】中创建的标量用户定义函数 s_rank 的定义，将其中"良好"等级的成绩范围修改为 85～90 分。

具体命令如下：

```
USE My_test_DB
GO
ALTER FUNCTION s_rank(@ input numeric(4,1))
RETURNS nvarchar(6)
AS
BEGIN
    DECLARE@ returnstr nvarchar(6)
    IF@ input>=60 AND@ input<85
        SET@ returnstr='合格'
    ELSE IF@ input>=85 AND@ input<90
        SET@ returnstr='良好'
```

```
ELSE IF@ input>=90 AND@ input<100
    SET@ returnstr='优秀'
ELSE
    SET@ returnstr='不合格'
RETURN@ returnstr
END
GO
```

在 T-SQL 编辑器的查询窗口中运行以上命令，在运行结果的消息窗口中显示"命令已成功完成"，表明该用户定义函数已成功修改。

用如下命令调用该标量函数，用于查看函数修改后所有员工所有年度创新考核成绩的等级：

```
USE My_test_DB
GO
SELECT staff_id,year,inno_score,rank=dbo.s_rank(inno_score)
FROM staff_score
GO
```

在 T-SQL 编辑器的查询窗口中运行以上命令，在运行结果的窗口中显示的结果如图 11-18 所示。从结果可以看到，标量用户定义函数 s_rank 已经被成功修改。

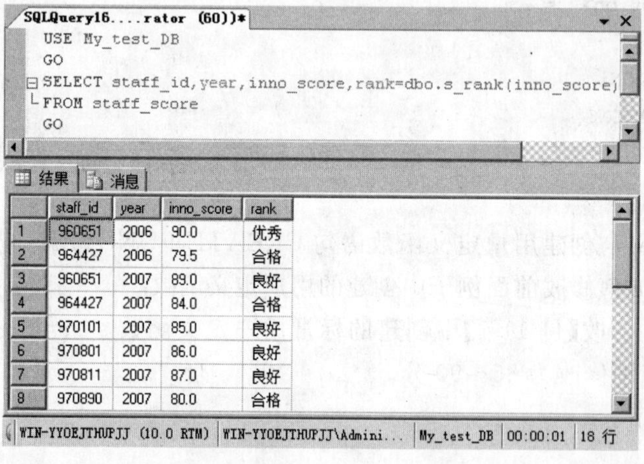

图 11-18　调用修改后的标量用户定义函数 s_rank 的查询结果

2. 利用 Microsoft SQL Server Management Studio 修改用户定义函数

用户还可以使用 Microsoft SQL Server Management Studio 以图形化的方式修改数据库中的用户定义函数。

若要修改某个数据库上的用户定义函数，则需进行下面的操作。在 Microsoft SQL Server Management Studio 的对象资源管理器窗口中，连接到一个数据库引擎实例。依次展开"数据库"、数据库名称、"可编程性"、"函数"、"表值函数"或"标量值函数"，在展开的选项下用鼠标右击要修改的用户定义函数的名称，在弹出的菜单中选择"修改"命令，如

图 11-19 所示。

在弹出的函数定义 T-SQL 编辑窗口中,用户可以直接进行修改,如图 11-20 所示。修改完毕,单击工具栏中的"!"执行按钮执行该 T-SQL 语句,将修改后的用户定义函数保存到数据库中。

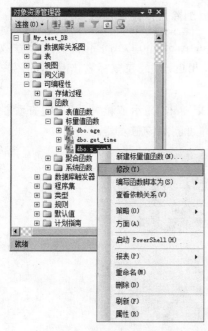

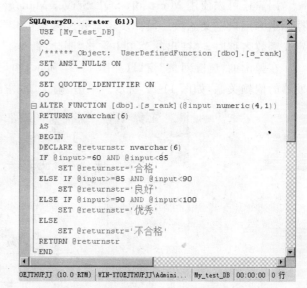

图 11-19　选择"修改"命令　　　　　　　图 11-20　函数定义 T-SQL 编辑窗口

11.4.2　删除用户定义函数

实际运用中,当用户不再需要使用某个已经创建好的用户定义函数时,可以对其进行删除。如果数据库中存在引用某用户定义函数的计算列、CHECK 约束或 DEFAULT 约束,则无法直接删除该函数;如果存在引用某用户定义函数并且已生成索引的计算列,则无法直接删除该函数。

可以使用 DROP FUNCTION 语句或者 Microsoft SQL Server Management Studio 对用户定义函数进行删除。

1. 使用 DROP FUNCTION 语句删除用户定义函数

删除用户定义函数的 DROP FUNCTION 语句的基本语法形式如下:

```
DROP FUNCTION{[schema_name.] function_name}[, ... n]
```

其中,schema_name 是用户定义函数所属的架构的名称,function_name 是要删除的用户定义函数的名称。可以选择是否指定架构名称,不能指定服务器名称和数据库名称。

例如,用户可以使用如下语句来删除 My_test_DB 数据库上的标量用户定义函数 get_time:

```
USE My_test_DB
GO
DROP FUNCTION get_time
GO
```

2. 利用 Microsoft SQL Server Management Studio 删除用户定义函数

用户还可以使用 Microsoft SQL Server Management Studio 以图形化的方式删除数据库中的用户定义函数。操作步骤与修改函数的定义相近，只是在鼠标右击具体的用户定义函数名称时，在弹出的菜单中选择"删除"命令。

在弹出的"删除对象"窗口（如图 11-21 所示）中可以单击"显示依赖关系"按钮查看触发器的依赖关系，如图 11-22 所示。单击"确定"按钮即可删除该触发器。

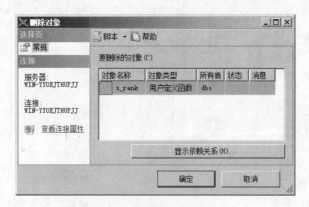

图 11-21 "删除对象"窗口

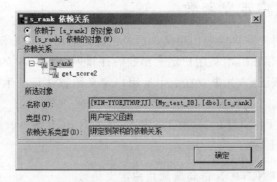

图 11-22 对象"依赖关系"对话框

第12章

事务和锁

在实际使用 SQL Server 系统时，经常会出现许多用户同时访问和修改数据库数据的情况。两个或两个以上用户同时访问一种资源的操作被视为并发访问资源。并发数据访问需要某些机制，以防止多个用户试图修改其他用户正在使用的资源时产生副作用。在 Microsoft SQL Server 2008 系统中，为解决并发性问题采取了事务和锁机制。

12.1 事务

12.1.1 事务的概念

事务是作为单个逻辑工作单元执行的一系列操作。事务由一条或多条 T-SQL 语句组成，可以影响到表中的一行或多行数据。

一个事务必须有以下 4 个属性：

- 原子性：事务必须是原子工作单元。对于其数据修改，要么全都执行，要么全都不执行。
- 一致性：当事务完成时，必须使所有的数据都保持一致的状态。在关系型数据库中，所有规则都必须应用于事务的修改，以保持所有数据的完整性。所有的内部数据结构在事务结束时都必须保证正确。
- 隔离性：由并发事务所做的修改必须与任何其他并发事务所做的修改隔离。事务识别数据时，数据所处的状态要么是另外一个并发事务修改它之前的状态，要么是第二个事务对它修改完成之后的状态，事务不会识别中间状态即正被修改的数据。这种特性也称为可串行性，因为它能够重新装载起始数据，并且重播一系列事务，以使数据结束时的状态与原始事务执行的状态相同。
- 持久性：当一个事务完成之后，它对于系统的影响是永久性的。该修改即使出现系统故障也将一直保持。

事务机制保证了一组数据的修改要么全部执行，要么全部不执行。事务结束分为提交（COMMIT）和回滚（ROLLBACK）两种状态。事务打开以后，要么到全部事务操作成功完成以提交状态结束，要么到事务操作失败被全部取消以回滚状态结束。因此，在 SQL Server 中使用事务能够保证数据的一致性和确保在修改失败时的可恢复性。

当多个用户同时访问数据时，SQL Server 数据库引擎使用以下两种机制确保事务的完整性和保持数据库的一致性：

- 锁定：每个事务对所依赖的资源（如行、页或表）请求不同类型的锁。锁可以阻止其他事务以某种可能会导致事务请求锁出错的方式修改资源。当事务不再依赖锁定的资源时，它将释放锁。
- 行版本控制：当启用了基于行版本控制的隔离级别时，数据库引擎将维护修改的每一行的版本。应用程序可以指定事务使用行版本查看事务或查询开始时存在的数据，而不是使用锁保护所有读取。通过使用行版本控制，读取操作阻止其他事务的可能性将大大降低。

锁定和行版本控制可以防止用户读取未提交的数据，还可以防止多个用户尝试同时更改同一数据。

12.1.2　事务的运行模式

根据事务定义的方式，可以把事务分为两种类型：系统提供的事务和用户定义的事务。对于这两类事务，Microsoft SQL Server 2008 系统提供了以下事务模式：

1. 自动提交事务

自动提交模式是 SQL Server 数据库引擎的默认事务管理模式。每个 Transact-SQL 语句在完成时，都被提交或回滚。如果一个语句成功地完成，则提交该语句；如果遇到错误，则回滚该语句。只要没有显式事务或隐式事务覆盖自动提交模式，与数据库引擎实例的连接就以此默认模式操作，不必指定任何语句来控制事务。自动提交模式也是 ADO、OLE DB、ODBC 和 DB 库的默认模式。

2. 显式事务

显式事务就是显式地在其中定义事务的开始（BEGIN TRANSACTION）和结束（COMMIT/ROLLBACK TRANSACTION）的事务。在实际应用中，大多数的事务都是由用户定义的。

3. 隐式事务

在隐式事务模式中，SQL Server 数据库引擎实例将在提交或回滚当前事务后自动启动新事务。隐式事务模式生成连续的事务链，即下一个语句自动启动一个新事务，当这个新事务完成时，下一个 Transact-SQL 语句又将启动一个新事务。

4. 批范围的事务

批范围的事务模式只适用于多个活动的结果集（MARS），在 MARS 会话中启动的 Transact-SQL 显式或隐式事务将变成批范围的事务。当批处理完成时，如果批范围的事务还没有提交或回滚，SQL Server 将自动回滚该事务。

5. 分布式事务

在一个复杂的使用环境中可能有多台服务器,如果想要保住在多服务器环境中事务的完整性和一致性,就必须定义一个分布式事务。在分布式事务中,所有的操作都可以针对所有的服务器,当这些操作都成功完成后被提交到相应服务器的数据库中,如果这些操作中有一条操作失败,那么这个分布式事务中的所有操作都将被取消。

跨越两个或多个数据库的单个数据库引擎实例中的事务实际上也是分布式事务。该实例对分布式事务进行内部管理;对于用户而言,其操作就像本地事务一样。

对于应用程序而言,管理分布式事务很像管理本地事务。当事务结束时,应用程序会请求提交或回滚事务。不同的是,分布式提交必须由事务管理器管理,以尽量避免出现因网络故障而导致事务由某些服务器成功提交,但由另一些服务器回滚的情况。通过分准备和提交两个阶段管理提交进程可避免这种情况。

12.1.3 事务日志

对于 SQL Server 系统,事务以及事务对数据库所做的修改都会记录在事务日志中。事务日志是数据库的重要组件,如果系统出现故障,则可能需要使用事务日志将数据库恢复到一致状态。

记录在事务日志中的操作一般有以下两种:

- 针对数据的操作:例如插入、删除和修改操作,这是典型的事务操作,这些操作的对象是大量的数据。
- 针对任务的操作:例如创建索引,这些任务操作在事务日志中增加一个记录标志用于表示执行了这种操作。当取消这种事务时,系统自动执行这种操作的反操作,保证系统的一致性。

事务日志支持以下操作:

(1) 恢复个别的事务。

如果应用程序发出 ROLLBACK 语句,或者数据库引擎检测到错误(如失去与客户端的通信),就使用日志记录回滚未完成的事务所做的修改。

(2) 在 SQL Server 启动时恢复所有未完成的事务。

当运行 SQL Server 的服务器发生故障时,数据库可能还没有将某些修改从缓存写入数据文件,在数据文件内有未完成的事务所做的修改。为确保数据库的完整性,当启动 SQL Server 实例时,将前滚日志中记录的、可能尚未写入数据文件的每个修改。

(3) 将还原的数据库、文件、文件组或页前滚到故障点。

在硬件丢失或磁盘故障影响到数据库文件后,可以将数据库还原到故障点。先还原上次完整数据库备份和上次差异数据库备份,然后将后续的事务日志备份序列还原到故障点。当还原每个日志备份时,数据库引擎重新应用日志中记录的所有修改,以前滚所有事务。当最后的日志备份还原后,数据库引擎将使用日志信息回滚到该点未完成的所有事务。

(4) 支持事务复制。

日志读取器代理程序监视已为事务复制配置的每个数据库的事务日志,并将已设复制标记的事务从事务日志复制到分发数据库中。

（5）支持备份服务器解决方案。

备用服务器解决方案、数据库镜像和日志传送极大程度地依赖于事务日志。

在日志传送方案中，"主服务器"实例上"主数据库"内的事务日志备份将自动发送到单独"辅助服务器"实例上的一个或多个"辅助数据库"。每个辅助服务器将该日志还原为其本地的辅助数据库。

在数据库镜像方案中，数据库（主体数据库）的每次更新都在独立的、完整的数据库（镜像数据库）副本中立即重新生成。主体服务器实例立即将每个日志记录发送到镜像服务器实例，镜像服务器实例将传入的日志记录应用于镜像数据库，从而将其继续前滚。

12.1.4 使用事务的基本原则

在使用事务的时候，应尽可能地使事务保持简短。这是因为较长的事务增加了事务占用数据的时间，使得其他必须等待访问该事务锁定数据的事务增加了等待访问数据的时间。

当事务启动后，数据库管理系统（DBMS）必须在事务结束之前保留很多资源，以保护事务的原子性、一致性、隔离性和持久性（ACID）属性。如果修改数据，则必须用排他锁保护修改过的行，以防止任何其他事务读取这些行，并且必须将排他锁控制到提交或回滚事务时为止。根据事务隔离级别设置，SELECT语句可以获取必须控制到提交或回滚事务时为止的锁。特别是在有很多用户的系统中，必须尽可能使事务保持简短以减少并发连接间的资源锁定争夺。在有少量用户的系统中，运行时间长、效率低的事务可能不会成为问题，但是在有上千用户的系统中，将不能忍受这样的事务。

在使用事务时，除了尽可能使事务保持简短以外，还需考虑以下编写有效事务的指导原则：

- 不要在事务处理期间要求用户输入。在事务启动之前，获得所有需要的用户输入。如果在事务处理期间还需要其他用户输入，则回滚当前事务，并在提供了用户输入之后重新启动该事务。
- 在浏览数据时，尽量不要打开事务。在所有预备的数据分析完成之前，不应启动事务。
- 灵活地使用更低的事务隔离级别。并不是所有事务都要求设置最高隔离级别（可序列化）。
- 在事务中尽量使访问的数据量最小。这样可以减少锁定的行数，从而减少事务之间的资源争夺。
- 使用循环语句时事先确认循环的长度和占用的时间，使循环在完成相应功能之前尽可能短。
- 对于数据定义语言，应尽可能地少用或不用事务。因为数据定义语言的操作既占用较长的时间又占用较多的资源，而这些操作通常不访问数据。
- 使用数据操纵语言，例如INSERT、UPDATE和DELETE语句时，尽可能地在这些语句中使用条件判断语句，使操作涉及尽可能少的数据，从而缩短事务的处理时间。

12.2 管理事务

通常来说,事务的基本操作包括启动、保存、提交、回滚。SQL Server 提供了相应的 4 种语句对事务进行管理：BEGIN TRAN 语句、SAVE TRAN 语句、COMMIT TRAN 语句和 ROLLBACK TRAN 语句。

12.2.1 启动事务

1. 显式事务的定义

显式事务需要明确定义事务的启动。显式事务的定义语法格式如下：

```
BEGIN{TRAN|TRANSACTION}
    [{transaction_name|@tran_name_variable}
    [WITH MARK['description']]
]
```

其中,各参数的意义如下：

- transaction_name：分配给事务的名称。仅在最外面的 BEGIN COMMIT 或 BEGIN ROLLBACK 嵌套语句对中使用事务名。
- @tran_name_variable：用户定义的、含有有效事务名称的变量的名称。必须用 char、varchar、nchar 或 nvarchar 数据类型声明变量。
- WITH MARK['description']：指定在日志中标记事务。description 是描述该标记的字符串。如果使用了 WITH MARK,则必须指定事务名。WITH MARK 允许将事务日志还原到命名标记。

BEGIN TRANSACTION 语句将当前连接的活动事务数@@TRANCOUNT 加 1。

【例 12-1】 本例演示如何命名事务。定义一个事务,将 My_test_DB 数据库的 property_manage 表中的所有固定资产数量加 1,并提交该事务。

具体命令如下：

```
USE My_test_DB
GO
DECLARE@ TranName VARCHAR(10)
SELECT@ TranName= 'add_qty'
BEGIN TRANSACTION@ TranName
    UPDATE property_manage SET pro_qty=pro_qty+1
COMMIT TRANSACTION@ TranName
GO
```

在 T-SQL 编辑器的查询窗口中运行以上命令,在运行结果窗口中返回消息"(5 行受影响)",说明已成功执行该事务。利用 SELECT 语句查看执行结果如图 12-1 所示。

【例 12-2】 定义一个事务,将 My_test_DB 数据库的 property_manage 表中的所有

	pro_id	pro_name	pro_qty	unit_price	supply_id
1	0201	显示器	NULL	NULL	NULL
2	0284	摄像机	6	5000.00	电脑器材城B铺
3	0394	键盘	201	20.00	电脑器材城C铺
4	0780	扫描仪	6	1000.00	电脑器材城D铺
5	0789	打印机	21	2000.00	电脑器材城A铺

图 12-1　执行事务 add_qty 后的结果

固定资产数量减 1,并提交该事务。

具体命令如下：

```
BEGIN TRAN red_qty
    WITH MARK N'Reduce the quantity of properties'
GO
USE My_test_DB
GO
UPDATE property_manage SET pro_qty=pro_qty-1
GO
COMMIT TRAN red_qty
GO
```

在 T-SQL 编辑器的查询窗口中运行以上命令,在运行结果窗口中返回消息"(5 行受影响)",说明已成功执行该事务。利用 SELECT 语句查看执行结果如图 12-2 所示。

	pro_id	pro_name	pro_qty	unit_price	supply_id
1	0201	显示器	NULL	NULL	NULL
2	0284	摄像机	5	5000.00	电脑器材城B铺
3	0394	键盘	200	20.00	电脑器材城C铺
4	0780	扫描仪	5	1000.00	电脑器材城D铺
5	0789	打印机	20	2000.00	电脑器材城A铺

图 12-2　执行事务 red_qty 后的结果

2. 隐式事务的定义

SQL Server 系统在默认情况下,隐式事务模式是关闭的。使用隐式事务需要首先将事务模式设置为隐式事务模式。打开/关闭隐式事务模式的语法格式如下：

```
SET IMPLICIT_TRANSACTIONS{ON|OFF}
```

如果设置为 ON,SET IMPLICIT_TRANSACTIONS 将连接设置为隐式事务模式。如果设置为 OFF,则使连接恢复为自动提交事务模式。

如果连接处于隐式事务模式,并且当前不在事务中,则执行下列任一语句都会自动启动一个新事务：

- ALTER TABLE
- BEGIN TRANSACTION

- INSERT
- CREATE
- OPEN
- DELETE
- REVOKE
- DROP
- SELECT
- FETCH
- TRUNCATE TABLE
- GRANT
- UPDATE

在发出 COMMIT 或 ROLLBACK 语句之前,这个自动启动的事务将一直保持有效。在这个事务被提交或回滚之后,下次当连接执行以上任何语句时,数据库引擎实例都将自动启动一个新事务。该实例将不断地生成隐式事务链,直到隐式事务模式关闭为止。需要注意的是,在隐式事务模式下,由于不需要显式地定义事务的开始,事务的结束很容易被忘记。

【例 12-3】 分别使用显式事务和隐式事务向表 property_use 中插入 4 条记录。

具体命令如下:

```
USE My_test_DB
GO
SET IMPLICIT_TRANSACTIONS OFF
GO
PRINT N'使用显式事务'
PRINT N'当前活动事务数:' + CONVERT(nvarchar(5),@@TRANCOUNT)
BEGIN TRAN
    INSERT INTO property_use VALUES('一楼办公室','2010/08',100001,'0284')
    PRINT N'插入 1 条记录后的活动事务数:' + CONVERT(nvarchar(5),@@TRANCOUNT)
    INSERT INTO property_use VALUES('一楼办公室','2010/08',100001,'0394')
    PRINT N'插入 2 条记录后的活动事务数:' + CONVERT(nvarchar(5),@@TRANCOUNT)
COMMIT TRAN
GO
PRINT N'使用隐式事务'
SET IMPLICIT_TRANSACTIONS ON
PRINT N'当前活动事务数:' + CONVERT(nvarchar(5),@@TRANCOUNT)
INSERT INTO property_use VALUES('一楼办公室','2010/08',100001,'0780')
PRINT N'插入 1 条记录后的活动事务数:' + CONVERT(nvarchar(5),@@TRANCOUNT)
INSERT INTO property_use VALUES('一楼办公室','2010/08',100001,'0789')
PRINT N'插入 2 条记录后的活动事务数:' + CONVERT(nvarchar(5),@@TRANCOUNT)
GO
COMMIT TRAN
PRINT N'提交事务后的活动事务数:' + CONVERT(nvarchar(5),@@TRANCOUNT)
```

```
SET IMPLICIT_TRANSACTIONS OFF
GO
```

其中，CONVERT 函数实现将一种数据类型的
表达式转换为另一种数据类型的表达式。

在 T-SQL 编辑器的查询窗口中运行以上命令，
在运行结果的消息窗口中返回如图 12-3 所示信息。

可以看到在以上命令中，使用 SET IMPLICIT_
TRANSACTIONS ON 将事务模式设置为隐式事务
模式。隐式事务模式中不需要显式启动事务的语句
BEGIN TRAN，而是在使用 INSERT 语句时自动启
动一个事务。当在隐式事务模式中执行第二个
INSERT 语句时，由于已经有一个打开的事务，所以

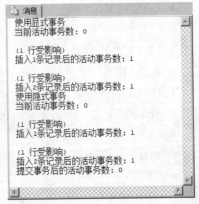

图 12-3　【例 12-3】的执行结果

SQL Server 没有启动新的事务。使用 COMMIT TRAN 提交事务后，须使用 SET
IMPLICIT_TRANSACTIONS OFF 语句恢复为自动提交事务模式。

12.2.2　保存事务

用户可以在事务内设置保存点。事务保存点提供了一种机制，用于回滚部分事务。
保存点可以定义在按条件取消某个事务的一部分后该事务可以返回的一个位置，也就是
说不用回滚到事务的起始位置。如果将事务回滚到保存点，则根据需要必须完成该事务
中其他剩余的 Transact-SQL 语句和 COMMIT TRANSACTION 语句，或者必须通过将
事务回滚到起始点完全取消事务。

在不可能发生错误的情况下，保存点十分有用。在很少出现错误的情况下使用保存
点回滚部分事务，比让每个事务在更新之前测试更新的有效性更为有效。更新和回滚操
作代价很大，因此只有在遇到错误的可能性很小，而且预先检查更新的有效性的代价相对
很高的情况下，使用保存点才会非常有效。

创建保存点的语法格式如下：

SAVE{TRAN|TRANSACTION}{savepoint_name|@savepoint_variable}

回滚到保存点的语法格式如下：

ROLLBACK{TRAN|TRANSACTION}{savepoint_name|@savepoint_variable}

其中，savepoint_name 是分配给保存点的名称，在事务中允许有重复的保存点名称，但指
定保存点名称的 ROLLBACK TRANSACTION 语句只将事务回滚到使用该名称的最近
的 SAVE TRANSACTION。@savepoint_variable 是包含有效保存点名称的用户定义变
量的名称，必须用 char、varchar、nchar 或 nvarchar 数据类型声明变量。

【例 12-4】　定义一个事务，向 property_use 表中插入 1 条记录并设置保存点，然后删
除该记录并回滚到保存点。

具体命令如下：

```
USE My_test_DB
GO
BEGIN TRAN
    INSERT INTO property_use VALUES('二楼办公室','2010/08',100002,'0789')
    SAVE TRAN savepoint
    DELETE FROM property_use WHERE staff_id=100002
    ROLLBACK TRAN savepoint
COMMIT TRAN
GO
```

在 T-SQL 编辑器的查询窗口中运行以上命令，在运行结果窗口中返回消息"(1 行受影响)"。利用 SELECT 语句查看执行结果，可以看到由于保存点的作用，该条新插入的记录仍存在于表 property_use 中，如图 12-4 所示。

	use_site	month	staff_id	pro_id
1	一楼会议室	2010/05	970811	0789
2	多功能厅	2010/05	970890	0284
3	一楼办公室	2010/06	980609	0394
4	二楼办公室	2010/06	980814	0394
5	二楼办公室	2010/07	970811	0201
6	一楼办公室	2010/08	100001	0284
7	一楼办公室	2010/08	100001	0394
8	一楼办公室	2010/08	100001	0780
9	一楼办公室	2010/08	100001	0789
10	二楼办公室	2010/08	100002	0789

图 12-4　表 property 中的记录

12.2.3　回滚事务

回滚事务是指清除自事务的起点或到某个保存点所做的所有数据修改，并释放由事务控制的资源。

回滚事务的语法格式如下：

```
ROLLBACK{TRAN|TRANSACTION}
[transaction_name|@ tran_name_variable
|savepoint_name|@ savepoint_variable]
```

其中，transaction_name 是由前面的 BEGIN TRANSACTION 定义的事务名称。@tran_name_variable 是用户定义的、含有有效事务名称的变量的名称，必须用 char、varchar、nchar 或 nvarchar 数据类型声明变量。

无论在哪种情况下，ROLLBACK TRANSACTION 都将当前连接的活动事务数@@TRANCOUNT 减小为 0。但 ROLLBACK TRANSACTION savepoint_name 不减小当前连接的活动事务数@@TRANCOUNT。

12.2.4　提交事务

提交事务标志一个成功的隐式事务或显式事务的结束。

提交事务的语法格式如下：

```
COMMIT{TRAN|TRANSACTION}[transaction_name|@ tran_name_variable]
```

其中，transaction_name 指定由前面的 BEGIN TRANSACTION 定义的事务名称，SQL Server 数据库引擎忽略此参数，但它通过向程序员指明 COMMIT TRANSACTION 与哪些 BEGIN TRANSACTION 相关联来帮助阅读。@tran_name_variable 是用户定义

的、含有有效事务名称的变量的名称，必须用 char、varchar、nchar 或 nvarchar 数据类型声明变量。

如果当前连接的活动事务数@@TRANCOUNT 为 1,COMMIT TRANSACTION 使得自从事务开始以来所执行的所有数据修改成为数据库的永久部分,释放事务所占用的资源,并将 @@TRANCOUNT 减少到 0。如果 @@TRANCOUNT 大于 1,则 COMMIT TRANSACTION 使@@TRANCOUNT 按 1 递减并且事务将保持活动状态。

当@@TRANCOUNT 为 0 时发出 COMMIT TRANSACTION 将会导致出现错误,因为没有相应的 BEGIN TRANSACTION。不能在发出一个 COMMIT TRANSACTION 语句之后回滚事务,因为数据修改已经成为数据库的一个永久部分。

12.2.5　嵌套事务

显式事务可以嵌套。这主要是为了支持存储过程中的一些事务,这些事务可以从已在事务中的进程调用,也可以从没有活动事务的进程中调用。

SQL Server 数据库引擎将忽略内部事务的提交。当在嵌套事务中使用时,内部事务的提交并不释放资源或使其修改成为永久修改。只有在提交了外部事务时,数据修改才具有永久性,而且资源才会被释放。

根据最外部事务结束时采取的操作,将提交或者回滚内部事务。如果提交外部事务,也将提交内部嵌套事务。如果回滚外部事务,也将回滚所有内部事务,不管是否单独提交过内部事务。

对 COMMIT TRANSACTION 的每个调用都应用于最后执行的 BEGIN TRANSACTION。如果嵌套 BEGIN TRANSACTION 语句,那么 COMMIT 语句只应用于最后一个嵌套的事务,也就是在最内部的事务。即使嵌套事务内部的 COMMIT TRANSACTION transaction_name 语句引用外部事务的事务名称,该提交也只应用于最内部的事务,因为 SQL Server 数据库引擎忽略这里的参数 transaction_name。

ROLLBACK TRANSACTION 语句的 transaction_name 参数只能引用最外部事务的事务名称。如果在一组嵌套事务的任意级别执行使用外部事务名称的 ROLLBACK TRANSACTION transaction_name 语句,那么所有嵌套事务都将回滚。

当前连接的活动事务数 @@TRANCOUNT 记录当前事务的嵌套级别。每个 BEGIN TRANSACTION 语句使 @@TRANCOUNT 增加 1,每个 COMMIT TRANSACTION 语句使@@TRANCOUNT 减去 1。ROLLBACK TRANSACTION 语句将回滚所有嵌套事务,并使@@TRANCOUNT 减小到 0。在无法确定是否已经在事务中时,可以使用 SELECT@@TRANCOUNT 语句查看@@TRANCOUNT 的值,如果@@TRANCOUNT 等于 0,则表明不在事务中。

【例 12-5】　嵌套事务的使用。具体命令如下:

```
USE My_test_DB
GO
BEGIN TRAN
   PRINT N'1条 BEGIN TRAN语句后的活动事务数:'
```

```
      +CONVERT(nvarchar(5),@@TRANCOUNT)
  BEGIN TRAN
    PRINT N'2条 BEGIN TRAN 语句后的活动事务数:'
      +CONVERT(nvarchar(5),@@TRANCOUNT)
  BEGIN TRAN
    PRINT N'3条 BEGIN TRAN 语句后的活动事务数:'
      +CONVERT(nvarchar(5),@@TRANCOUNT)
  INSERT INTO property_use VALUES('二楼办公室','2010/08',100002,'0394')
  COMMIT TRAN
  PRINT N'1条 COMMIT TRAN 语句后的活动事务数:'
      +CONVERT(nvarchar(5),@@TRANCOUNT)
ROLLBACK TRAN
PRINT N'ROLLBACK TRAN 语句后的活动事务数:' +CONVERT(nvarchar(5),@@TRANCOUNT)
GO
```

在 T-SQL 编辑器的查询窗口中运行以上命令，在运行结果的消息窗口中返回如图 12-5 所示信息。

利用 SELECT 语句查看执行结果，可以看到表 property_use 中的数据仍如图 12-4 所示。这是由于 ROLLBACK TRAN 语句回滚了最外部事务，于是所有内部事务也将回滚，不管是否单独提交过内部事务。

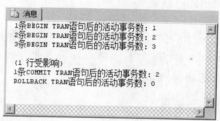

图 12-5　【例 12-5】的执行结果

12.3　管理并发数据访问

多个用户同时访问一种资源的行为被视为并发访问资源。并发数据访问需要某些机制，以防止多个用户试图修改其他用户正在使用的资源时产生负面影响。前面提到，SQL Server 数据库引擎使用锁定和行版本控制两种机制来实现并发控制。

12.3.1　并发控制的类型

并发控制理论根据建立并发控制的方法而分为两类：

1. 悲观并发控制

悲观并发控制在事务执行过程中锁定系统，阻止用户以影响其他用户的方式修改数据。具体地，如果用户执行的操作导致应用了某个锁，只有该锁的所有者释放它，其他用户才能执行与该锁冲突的操作。

悲观并发控制主要用于以下环境：数据争用激烈；发生并发冲突时用锁保护数据的成本低于回滚事务的成本。

2. 乐观并发控制

乐观并发控制中，用户读取数据时不锁定数据。当一个用户更新数据时，系统将检查该用户读取数据后，其他用户是否又更改了该数据，如果其他用户更改了数据，将产生一个错误。一般情况下，收到错误信息的用户将回滚事务并重新开始执行。

乐观并发控制主要用于数据争用不大且偶尔回滚事务的成本低于读取数据时锁定数据的成本的环境。

12.3.2　并发影响

不同级别的并发控制具有不同的副作用。了解这些副作用对于为应用程序选取合适的并发控制级别很重要。

如果数据存储系统没有并发控制，则用户可能会看到以下负面影响：

1. 更新丢失

当两个或多个事务选择同一行，然后基于最初选定的值更新该行时，会发生丢失更新问题。由于每个事务都不知道其他事务的存在，最后的更新将覆盖由其他事务所做的更新，这将导致数据丢失。

2. 脏读

脏读是指当一个事务正在访问一组数据并对数据进行修改，但此修改还没提交到数据库时，第二个事务也访问并使用了这组数据。因为这组数据是还没提交并可能被修改的数据，因此第二个事务读到的这组数据就是脏数据。

3. 不可重复读

不可重复读是指第二个事务多次访问同一行，每次读取到的数据不同。不可重复读与脏读类似，也是其他事务正在修改第二个事务正在读取的数据。但是，在不可重复读的情况中，第二个事务每次读取到的数据都是由对该数据进行修改的事务已提交的。

4. 幻读

幻读是指当事务不是单独执行时发生的一种现象。由于其他事务的删除操作，事务第一次读取的行的范围中有一行不再存在于第二次或后续读取内容中。同样，由于其他事务的插入操作，事务第二次或后续读取的内容中有一行并不存在于第一次读取内容中。

5. 由于行更新导致读取缺失和重复读

在第一个用户扫描索引时，如果第二个用户在第一个用户读取期间更改行的索引键列，则在键更改将行移至第一个用户的扫描位置之前的位置时，该行可能会再次出现。同样，在键更改将行移至第一个用户已读取的索引中的某位置时，该行将不会出现。

如果用户使用分配顺序扫描（使用 IAM 页）查询读取行，则当其他事务导致页拆分时,可能会缺失行。

12.3.3 事务隔离级别

事务的隔离属性能够使其免受其他并发事务执行的更新的影响。隔离级别定义了一个事务必须与其他事务所进行的资源或数据更改相隔离的程度。隔离级别从允许的并发副作用(如脏读或幻读)的角度进行描述。

事务隔离级别用于控制读取数据时是否占用锁以及所请求的锁类型;占用读取锁的时间;引用其他事务修改的行的读取操作是否在该行上的排他锁被释放之前阻塞其他事务,是否检索在启动语句或事务时存在的行的已提交版本以及是否读取未提交的数据修改。

选择事务隔离级别不影响为保护数据修改而获取的锁。事务总是在其修改的任何数据上获取排他锁并在事务完成之前持有该锁,不管为该事务设置了什么样的隔离级别。对于读取操作,事务隔离级别主要定义保护级别,以防受到其他事务所做更改的影响。

SQL Server 数据库引擎支持以下事务隔离级别:

- READ UNCOMMITTED(未提交读)
- READ COMMITTED(已提交读)
- REPEATABLE READ(可重复读)
- SNAPSHOT(快照)
- SERIALIZABLE(可序列化)

通过将更严格的锁持有更长时间,每个隔离级别都比上一个级别提供更好的隔离性。

较低的隔离级别可以增强许多用户同时访问数据的能力,但也增加了用户可能遇到的并发副作用(如脏读或丢失更新)的数量。相反,较高的隔离级别减少了用户可能遇到的并发副作用的类型,但需要更多的系统资源,并增加了一个事务阻塞其他事务的可能性。应平衡应用程序的数据完整性要求与每个隔离级别的开销,在此基础上选择相应的隔离级别。最高隔离级别(可序列化)使事务完全隔离,保证事务在每次重复读取操作时都能准确检索到相同的数据,但需要通过执行某种级别的锁定来完成此操作,而锁定可能会影响多用户系统中的其他用户。最低隔离级别(未提交读)可以检索其他事务已经修改但未提交的数据。在未提交读中,所有并发副作用都可能发生,只能保证不读取物理上损坏的数据,但因为没有读取锁定或版本控制,所以开销最少。表 12-1 显示了不同隔离级别导致的并发副作用。

表 12-1 不同隔离级别导致的并发副作用

隔离级别	脏 读	不可重复读	幻 读
READ UNCOMMITTED	是	是	是
READ COMMITTED	否	是	是
REPEATABLE READ	否	否	是
SNAPSHOT	否	否	否
SERIALIZABLE	否	否	否

设置事务隔离级别使程序员面临的风险因某些完整性问题而增加,但好处是可以支持更好的数据并发访问。

Microsoft SQL Server 2008 数据库引擎的默认隔离级别为 READ COMMITTED。如果应用程序必须在其他隔离级别运行,则可以使用 SET TRANSACTION ISOLATION LEVEL 语句设置隔离级别。其语法格式如下:

```
SET TRANSACTION ISOLATION LEVEL
    { READ UNCOMMITTED
    |READ COMMITTED
    |REPEATABLE READ
    |SNAPSHOT
    |SERIALIZABLE}
```

12.4　锁定和行版本控制

12.4.1　锁的概念

锁是 Microsoft SQL Server 2008 数据库系统实现并发控制的主要方法,用来同步多个用户同时对同一个数据块的访问。

在事务读取或修改数据之前,它必须保护自己不受其他事务对同一数据进行修改的影响。事务通过请求锁定数据块来达到此目的。锁有多种模式,如共享或独占。如果某个事务已获得特定数据的锁,则其他事务不能获得会与该锁模式发生冲突的锁。如果事务请求的锁模式与已授予同一数据的锁发生冲突,则数据库引擎实例将暂停事务请求直到第一个锁释放。

当事务修改某个数据块时,它将持有保护所做修改的锁直到事务结束。事务持有锁的时间长度,取决于事务隔离级别设置。一个事务持有的所有锁都在事务提交或回滚时释放。

应用程序一般不直接请求锁。当数据库引擎实例处理 Transact-SQL 语句时,数据库引擎查询处理器会决定将要访问哪些资源。查询处理器根据访问类型和事务隔离级别设置来确定保护每一资源所需的锁的类型。然后,查询处理器将向锁管理器请求适当的锁。如果与其他事务所持有的锁不会发生冲突,锁管理器将授予该锁。

12.4.2　可以锁定的资源

可以锁定的资源指锁定的粒度或发生锁定的级别(如行、页、索引、表或数据库)。Microsoft SQL Server 数据库引擎具有多粒度锁定,允许一个事务锁定不同类型的资源。

数据库引擎通常必须获取多粒度级别上的锁才能完整地保护资源。这组多粒度级别上的锁称为锁层次结构。例如,为了完整地保护对索引的读取,数据库引擎实例可能必须获取行上的共享锁以及页和表上的意向共享锁。

表 12-2 列出了数据库引擎可以锁定的主要资源。

表 12-2 SQL Server 2008 可以锁定的主要资源

资 源	说 明
RID	用于锁定堆中的单个行的行标识符
KEY	索引中用于保护可序列化事务中的键范围的行锁
PAGE	数据库中的 8KB 页,例如数据页或索引页
EXTENT	一组连续的 8 页,例如数据页或索引页
HoBT	堆或 B 树。用于保护没有聚集索引的表中的 B 树(索引)或堆数据页的锁
TABLE	包括所有数据和索引的整个表
FILE	数据库文件
APPLICATION	应用程序专用的资源
METADATA	元数据锁
ALLOCATION_UNIT	分配单元
DATABASE	整个数据库

为了尽量减少锁定的开销,数据库引擎自动将资源锁定在适合任务的级别。锁定在较小的粒度(如行)可以提高并发度,但开销较高,因为如果锁定了许多行,则需要持有更多的锁。锁定在较大的粒度(如表)会降低并发度,因为锁定整个表限制了其他事务对表中任意部分的访问。但其开销较低,因为需要维护的锁较少。

基于上述考虑,Microsoft SQL Server 数据库引擎使用动态锁定策略确定最经济的锁。执行查询时,数据库引擎会根据架构和查询的特点自动决定最合适的锁。使用动态锁具有简化数据库管理,提高性能,使应用程序开发人员可以集中精力进行开发等优点。

12.4.3 锁模式

Microsoft SQL Server 2008 数据库引擎使用不同的锁模式锁定资源,这些锁模式指定了其他事务对锁定资源所具有的访问级别。

1. 共享锁(S 锁)

共享锁允许并发事务在封闭式并发控制下读取(SELECT)资源。资源上存在共享锁时,任何其他事务都不能修改数据。读取操作一完成,就立即释放资源上的共享锁,除非将事务隔离级别设置为可重复读或更高级别,或者在事务持续时间内用锁定提示保留共享锁。

2. 更新锁(U 锁)

更新锁可以防止常见的死锁。一次只有一个事务可以获得资源的更新锁。如果事务修改资源,则更新锁转换为排他锁。

3. 排他锁(X 锁)

排他锁可以防止并发事务对资源进行访问。使用排他锁时,任何其他事务都无法修改数据；仅在使用 NOLOCK 提示或未提交读隔离级别时才会进行读取操作。

数据修改语句（如 INSERT、UPDATE 和 DELETE）在执行所需的修改操作之前首先执行读取操作以获取数据。因此，数据修改语句通常请求共享锁和排他锁。

4. 意向锁

数据库引擎使用意向锁来保护共享锁或排他锁放置在锁层次结构的底层资源上。意向锁有两种用途：防止其他事务以会使较低级别的锁无效的方式修改较高级别资源；提高数据库引擎在较高的粒度级别检测锁冲突的效率。

例如，在该表的页或行上请求共享锁之前，在表级请求共享意向锁。在表级设置意向锁可防止另一个事务随后在包含那一页的表上获取排他锁。意向锁可以提高性能，因为数据库引擎仅在表级检查意向锁来确定事务是否可以安全地获取该表上的锁，而不需要检查表中的每行或每页上的锁以确定事务是否可以锁定整个表。

意向锁包括意向共享（IS）、意向排他（IX）以及意向排他共享（SIX）。

5. 架构锁

数据库引擎在表数据定义语言操作（如添加列或删除表）的过程中使用架构修改锁（Sch-M 锁）。保持该锁期间，架构修改锁将阻止对表进行并发访问，这意味着架构修改锁在释放前将阻止所有外围操作。某些数据操作语言操作（如表截断）使用架构修改锁阻止并发操作访问受影响的表。

数据库引擎在编译和执行查询时使用架构稳定性锁（Sch-S 锁）。架构稳定性锁不会阻止某些事务锁，其中包括排他锁。因此，在编译查询的过程中，其他事务（包括那些针对表使用排他锁的事务）将继续运行。但是，无法针对表执行获取架构稳定性锁的并发 DDL 操作和并发 DML 操作。

6. 大容量更新锁（BU 锁）

数据库引擎在将数据大容量复制到表中时使用了大容量更新锁。大容量更新锁允许多个线程将数据并发地大容量加载到同一表中，同时防止其他不进行大容量加载数据的进程访问该表。

7. 键范围锁

在使用可序列化事务隔离级别时，对于 Transact-SQL 语句读取的记录集，键范围锁可以隐式保护该记录集中包含的行范围。键范围锁可防止幻读。通过保护行之间键的范围，它还防止对事务访问的记录集进行幻像插入或删除。

12.4.4　锁的兼容性

锁兼容性控制多个事务能否同时获取同一资源上的锁。

如果一个事务已经锁定一个资源，而另一个事务又请求访问该资源，则根据第一个事务所用锁模式的兼容性确定是否立即授予第二个锁。如果请求锁的模式与现有锁的模式不兼容,则请求新锁的事务将等待释放现有锁或等待锁超时间隔过期。

例如,没有与排他锁兼容的锁模式,因此,具有排他锁的事务在释放排他锁之前,其他事务均无法获取该资源的任何类型(共享、更新或排他)的锁。表 12-3 显示了最常见的锁模式的兼容性。

表 12-3　常见锁模式的兼容性

请求模式	现有授予模式					
	意向共享	共享	更新	意向排他	意向排他共享	排他
意向共享	是	是	是	是	是	否
共享	是	是	是	否	否	否
更新	是	是	否	否	否	否
意向排他	是	否	否	是	否	否
意向排他共享	是	否	否	否	否	否
排他	否	否	否	否	否	否

12.4.5　死锁

在两个或多个任务中,如果每个任务锁定了其他任务试图锁定的资源,此时会造成这些任务永久阻塞,从而出现死锁。

图 12-6 显示了死锁状态,其中:

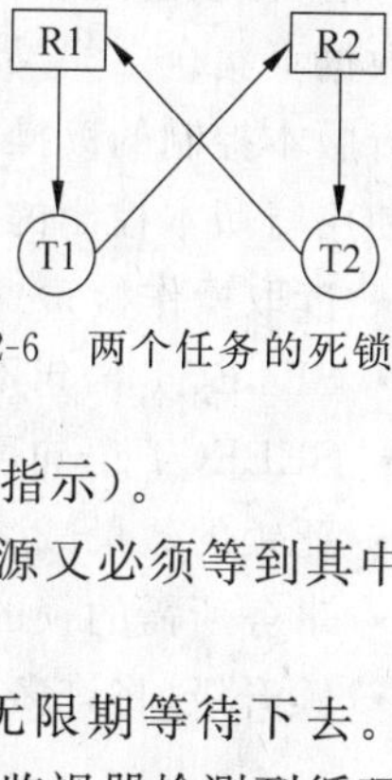

图 12-6　两个任务的死锁状态

- 任务 T1 具有资源 R1 的锁(通过从 R1 指向 T1 的箭头指示),并请求资源 R2 的锁(通过从 T1 指向 R2 的箭头指示)。
- 任务 T2 具有资源 R2 的锁(通过从 R2 指向 T2 的箭头指示),并请求资源 R1 的锁(通过从 T2 指向 R1 的箭头指示)。
- 由于这两个任务都需要有资源可用才能继续,而这两个资源又必须等到其中一个任务继续才会释放出来,所以陷入了死锁状态。

除非某个外部进程断开死锁,否则死锁中的两个事务都将无限期等待下去。SQL Server 数据库引擎死锁监视器将定期检查陷入死锁的任务。如果监视器检测到循环依赖关系,将终止其中一个任务的事务并提示错误。这样,其他任务的事务就可以顺利完成。在发生死锁的两个事务中,处理时间长的事务具有较高的优先级,系统将终止优先级较低的事务。还可以重试以错误终止的应用程序的事务,但通常要等到与该事务一起陷入死锁的其他事务完成后再执行。

应正确区分死锁与正常阻塞。当某个事务请求被其他事务锁定的资源的锁时,发出请求的事务将一直等到该锁被释放。默认情况下,除非设置了 LOCK_TIMEOUT,否则 SQL Server 事务不会超时。因为发出请求的事务没有执行任何操作来阻塞拥有锁的事务,所以该事务是被阻塞,而不是陷入了死锁。拥有锁的事务完成并释放锁以后,发出请求的事务将获取锁并继续执行。

12.4.6　行版本控制

行版本控制是 SQL Server 2008 中一个常规隔离框架。使用行版本控制的隔离能在大量并发的情况下显著减少锁的产生，并且和未提交读相比又能显著降低更新丢失、脏读、幻读等现象的发生。

基于行版本控制的隔离级别通过消除读取操作的锁来改善读取并发。SQL Server引入了两个使用行版本控制的事务隔离级别：

- 已提交读：用于提供使用行版本控制的语句级快照。READ_COMMITTED_SNAPSHOT 数据库选项设置为 ON 时，启用使用行版本控制的已提交读隔离的新实现。
- 快照：用于提供使用行版本控制的事务级快照。ALLOW_SNAPSHOT_ISOLATION 数据库选项设置为 ON 时，启用新的快照隔离级别。

当在基于行版本控制的隔离下运行的事务读取数据时，读取操作不会获取正被读取的数据上的共享锁（S 锁），因此不会阻塞正在修改数据的事务。同时，由于减少了所获取的锁的数量，因此最大程度地降低了锁定资源的开销。使用行版本控制的已提交读隔离和快照隔离旨在提供副本数据的语句级或事务级读取一致性。

为数据库启用 READ_COMMITTED_SNAPSHOT 和 ALLOW_SNAPSHOT_ISOLATION 任一选项时，数据库引擎都将保持被修改的每一行的版本。每当某个事务修改行时，修改前的该行图像将被复制到版本存储区的一页中。版本存储区是 tempdb 中的数据页集合。如果有多个事务修改行，则该行的多个版本将被链接到一个版本链中。使用行版本控制的读操作将检索每一行在事务或语句启动时已提交的最后一个版本。

使用行版本控制的隔离级别具有以下优点：

- 读取操作检索一致的数据库快照。
- SELECT 语句不会在读取操作期间锁定数据。
- SELECT 语句可以访问最后提交的行值，同时其他事务更新该行不会受到阻塞。
- 死锁的数量减少。
- 事务所需的锁的数量减少，因而减少了用于管理锁的系统开销。
- 锁升级（将许多较细粒度的锁转换成少量的较粗粒度的锁的过程）的次数减少。

第13章

SQL Server 2008的安全管理

13.1 安全管理概述

13.1.1 基本概念

为了理解 SQL Server 2008 的安全管理机制,需要首先了解下面常用的基本概念。

1. 主体

主体是指可以请求 SQL Server 资源的用户、组和进程。每个主体都具有一个安全标识符(SID)。主体可以是主体的集合,也可以是不可分的。例如,Windows 登录名就是一个不可分主体,而 Windows 组则是一个集合主体。

主体的影响范围取决于主体定义的范围(Windows、服务器或数据库)以及主体是否不可分或是一个集合。SQL Server 2008 主体的级别如表 13-1 所示。

表 13-1 SQL Server 2008 的各级别主体

主 体 级 别	主 体
Windows 级别的主体	Windows 域登录名、Windows 本地登录名
SQL Server 级的主体	SQL Server 登录名
数据库级的主体	数据库用户、数据库角色、应用程序角色

2. 安全对象

安全对象是 SQL Server 数据库引擎授权系统控制对其进行访问的资源。通过创建可以为自己设置安全性的名为"范围"的嵌套层次结构,可以将某些安全对象包含在其他安全对象中。安全对象范围包括服务器、数据库和架构,如表 13-2 所示。

表 13-2 SQL Server 的安全对象

安全对象范围	安 全 对 象
服务器	端点、登录账户、数据库
数据库	用户、角色、应用程序角色、程序集、消息类型、路由、服务、远程服务绑定、全文目录、证书、非对称密钥、对称密钥、约定、架构
架构	类型、XML 架构集合、聚合、约束、函数、过程、队列、统计信息、同义词、表、视图

3. 权限

权限是访问数据库时,对数据对象可以进行的操作集合。每个 SQL Server 安全对象都有可以授予主体的关联权限。

4. 角色

在数据库中,为便于管理用户的权限,可以将一组具有相同权限的用户组织在一起,这组具有相同权限的用户就称为"角色"。"角色"类似于 Microsoft Windows 操作系统中的"组"。

为一个角色进行权限管理相当于对该角色中的所有成员进行操作。使用角色的好处在于系统管理员不必关心具体的用户情况,只需对权限的种类进行划分,然后给不同的角色授予不同的权限。当角色中的成员发生变化时,例如添加或者删除成员,系统管理员都无须做任何权限管理的操作。

5. 身份验证

身份验证是 SQL Server 系统标识用户或进程的过程。客户端必须通过服务器端的身份验证之后才能够请求其他资源。

13.1.2 安全管理模式

数据库的安全性包括两个方面：既要保证具有数据访问权限的用户能够登录到数据库服务器访问数据以及对数据库对象执行各种权限范围内的操作,又要防止非授权用户的非法操作。

为此,Microsoft SQL Server 2008 系统设置了三层安全管理模式。

1. 服务器级别的安全管理

每个登录到 SQL Server 服务器的用户都需要有一个登录账户,登录账户包括登录名和登录密码。通过控制服务器的登录账户,可以保证访问数据库用户的合法性。在 SQL Server 系统中预先设置了若干固定的服务器角色,为具有服务器管理员资格的用户分配权限,具有固定的服务器角色的用户可以拥有服务器级别的管理权限。

2. 数据库级别的安全管理

当用户提供正确的服务器登录账户通过服务器级别的安全性验证之后,将被验证是否具有访问某个数据库的权限。如果该用户不具有访问某个数据库的权限,系统将拒绝该用户对数据库的访问请求。当合法用户登录到 SQL Server 服务器时,将会自动进入到该用户的默认数据库中。

3. 数据库对象级别的安全管理

用户通过服务器和数据库级别的安全性验证之后,在对数据库中的数据进行访问或者对具体的安全对象进行操作时,还将接受权限检查,系统将拒绝不具有相应访问权限的用户。数据库对象的所有者拥有对该对象全部的操作权限,在创建数据库对象时,系统会自动将该对象的所有权限赋给该对象的创建者。

总的来说,用户要访问 SQL Server 数据库中的数据,至少要经过三个认证过程。第一个认证过程是身份验证,只验证用户是否具有连接到数据库服务器的"连接权"。第二个认证过程验证用户是否是数据库的合法用户。第三个认证过程验证用户是否具有对数据库中数据或对象的操作许可。

13.1.3　身份验证模式

SQL Server 2008 系统支持两种类型的登录账户:

- Windows 授权用户:来自于 Windows 的用户或组。
- SQL 授权用户:来自于非 Windows 用户,这类用户也称为 SQL 用户。

针对这两种类型的登录账户,SQL Server 2008 提供了两种身份验证模式:Windows 身份验证模式和混合身份验证模式。

Windows 身份验证模式会启用 Windows 身份验证并禁用 SQL Server 身份验证。混合模式会同时启用 Windows 身份验证和 SQL Server 身份验证。Windows 身份验证始终可用,并且无法禁用。

1. Windows 身份验证模式

Windows 身份验证模式会启用 Windows 身份验证并禁用 SQL Server 身份验证,即用户只能通过 Windows 账户与 SQL Server 进行连接。

当用户通过 Windows 用户账户连接时,SQL Server 使用操作系统中的 Windows 主体标记验证账户名和密码。此为默认身份验证模式,比混合模式更为安全。Windows 身份验证利用 Kerberos 安全协议,通过强密码的复杂性验证提供密码策略强制,提供账户锁定支持,并且支持密码过期。因此,请尽可能使用 Windows 身份验证模式。

Windows 身份验证始终可用,并且无法禁用。

2. 混合身份验证模式

在混合身份验证模式下,允许用户使用 Windows 身份验证或 SQL Server 身份验证进行连接。如果希望非 Windows 用户也能登录到 SQL Server 数据库服务器上,则应选择混合身份验证模式,这时必须为所有 SQL Server 账户设置强密码。

13.2　登录账户管理

用户必须提供正确的登录账户名和密码才能使用 SQL Server 2008 系统。SQL Server 将在整个服务器范围内管理登录账户。

13.2.1 更改服务器身份验证模式

只有在服务器上启用 SQL Server 身份验证的时候，才能创建和管理使用 SQL Server 身份验证模式的登录账户。

更改服务器安全身份验证模式的方法如下：

（1）在 SQL Server Management Studio 的对象资源管理器中，用鼠标右击服务器，在弹出的菜单中选择"属性"命令，如图 13-1 所示。

（2）在弹出的"服务器属性"窗口中，切换至"安全性"选择页。在"服务器身份验证"下，选择新的服务器身份验证模式，再单击"确定"按钮，如图 13-2 所示。

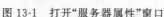

图 13-1　打开"服务器属性"窗口

图 13-2　"服务器属性"窗口的"安全性"选择页

（3）在弹出的 Microsoft SQL Server Management Studio 提示框中，单击"确定"按钮以确认需要重新启动 SQL Server 使配置生效，如图 13-3 所示。

图 13-3　服务器属性修改后的提示对话框

13.2.2 创建登录账户

创建登录账户可以通过 SQL Server 2008 的 Microsoft SQL Server Management Studio 实现，也可以通过 CREATE LOGIN 语句实现。

1. 利用 Microsoft SQL Server Management Studio 创建登录账户

利用 Microsoft SQL Server Management Studio 创建登录账户时，有如下几个步骤：

(1) 以系统管理员身份连接到 Microsoft SQL Server Management Studio，在对象资源管理器窗口中展开"安全性"节点，用鼠标右击"登录名"节点，在弹出的菜单中选择"新建登录名"命令，如图 13-4 所示。

(2) 在弹出的"登录名-新建"窗口的"常规"选择页（如图 13-5 所示）中选择和设置以下内容：

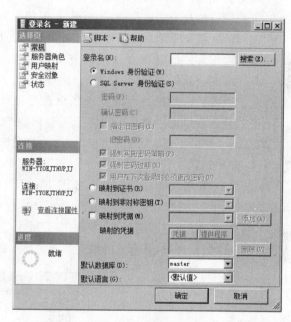

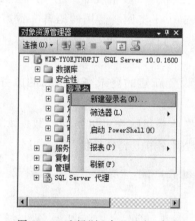

图 13-4　选择"新建登录名"命令　　　　图 13-5　"登录名-新建"窗口的"常规"选择页

- 登录名：输入或选择登录账户名。名称可以是 Windows 用户名或 Windows 组名，格式为"＜域＞\＜名称＞"。单击旁边的"搜索"按钮可打开"选择用户或组"对话框，以查找 Windows 用户。
- Windows 身份验证：对该登录账户使用 Windows 集成安全性，不用再设置登录密码。除非确定要求使用 SQL Server 身份验证，否则请选择使用 Windows 身份验证。
- SQL Server 身份验证：指定该账户使用 SQL Server 身份验证模式登录。
- 密码：必须为 SQL Server 登录指定非空的密码。
- 确认密码：严格按照"密码"框中输入的内容重新输入密码。
- 强制实施密码策略：将对此登录账户强制实施密码策略。指定实施密码策略时，密码长度必须至少有 8 个字符，密码中组合使用大小写字母、数字和符号字符，字典中查不到，不是命令名、人名、用户名、计算机名，定期更改，与以前的密码明显不同等特点。如果选择 SQL Server 身份验证，此项将是默认设置。

- 强制密码过期：将对此登录账户强制实施密码过期策略。密码过期策略用于管理密码的使用期限,实施它后系统将提醒用户更改旧密码,并禁用带有过期密码的账户。必须选择"强制实施密码策略"才能启用此复选框。
- 用户在下次登录时必须更改密码：首次使用新登录名时,SQL Server 将提示用户输入新密码。
- 映射到证书：表示此登录账户与某个证书相关联。
- 映射到非对称密钥：表示此登录账户与某个非对称密钥相关联。
- 映射到凭据：指示此登录名与凭据相关联。凭据是包含连接到 SQL Server 外部资源所需的身份验证信息的记录,大多凭据都包含一个 Windows 用户名和密码。
- 映射的凭据：设置并显示登录名的凭据列表及其提供程序。
- 默认数据库：指定该登录账户初始登录到 Microsoft SQL Server Management Studio 时进入的数据库。
- 默认语言：从列表中为该登录账户选择默认的语言。一般情况下都使用"默认值",使该登录账户使用的语言与所登录的 SQL Server 实例所使用的语言一致。

"Windows 身份验证"、"SQL Server 身份验证"、"映射到证书"和"映射到非对称密钥"这 4 个选项互斥。

（3）切换到"服务器角色"选择页,如图 13-6 所示。设置新建的登录账户所属的服务器角色,其中 public 是默认选择,不能删除。

（4）切换到"用户映射"选择页,如图 13-7 所示。选择此登录账户可以访问的数据库。在突出显示某个数据库时,其有效的数据库角色显示在"数据库角色成员身份"窗格中。

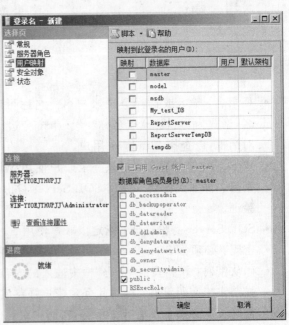

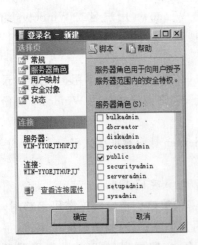

图 13-6 "登录名-新建"窗口的
　　　　"服务器角色"选择页

图 13-7 "登录名-新建"窗口的"用户映射"选择页

（5）切换到"安全对象"选择页，如图 13-8 所示。通过"搜索"按钮选择相应类型的安全对象添加到"安全对象"窗口的列表中，然后在"权限"窗口中可以将指定的安全对象的权限授予该登录账户或者拒绝该登录账户获得安全对象的权限。

（6）切换到"状态"选择页，如图 13-9 所示。配置所选 SQL Server 登录名的一些身份验证和授权选项：

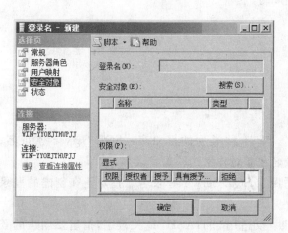

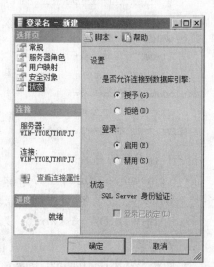

图 13-8　"登录名-新建"窗口的"安全对象"选择页　　　图 13-9　"登录名-新建"窗口的"状态"选择页

- 是否允许连接到数据库引擎的权限：如果选择"授予"，将允许该登录账户连接到 SQL Server 数据库引擎，如果选择"拒绝"，将禁止该登录账户连接到 SQL Server 数据库引擎。
- 登录：选择此选项以启用或禁用该登录账户。已禁用的登录名继续作为记录存在，但是如果它尝试连接到 SQL Server，则登录名将不能通过身份验证。
- 登录已锁定：选中该选项可以锁定连接到 SQL Server 的登录账户。仅当所选的登录使用 SQL Server 身份验证进行连接并且登录名已锁定时，该选项才可用。

（7）所有设置完成后，单击"登录名-新建"窗口右下方的"确定"按钮即可创建登录账户。

2. 利用 CREATE LOGIN 语句创建登录账户

也可以使用 CREATE LOGIN 语句创建新的 SQL Server 登录账户。具体语法格式如下：

```
CREATE LOGIN loginName{WITH<option_list1>|FROM<sources>}
<option_list1>::=
    PASSWORD={'password'|hashed_password HASHED}[MUST_CHANGE]
    [,<option_list2>[,...]]
<option_list2>::=
```

```
    SID＝sid
    |DEFAULT_DATABASE＝database
    |DEFAULT_LANGUAGE＝language
    |CHECK_EXPIRATION＝{ON|OFF}
    |CHECK_POLICY＝{ON|OFF}
    |CREDENTIAL＝credential_name
<sources>::=
    WINDOWS[WITH<windows_options>[,…]]
    |CERTIFICATE certname
    |ASYMMETRIC KEY asym_key_name
<windows_options>::=
    DEFAULT_DATABASE＝database
|DEFAULT_LANGUAGE＝language
```

其中，各参数的意义如下：

- loginName：指定创建的登录名。有 4 种类型的登录名：SQL Server 登录名、Windows 登录名、证书映射登录名和非对称密钥映射登录名。

- PASSWORD＝'password'：仅适用于 SQL Server 登录名。指定正在创建的登录名的密码。

- PASSWORD＝hashed_password：仅适用于 HASHED 关键字，指定要创建的登录名的密码的哈希值。

- HASHED：仅适用于 SQL Server 登录名。指定在 PASSWORD 参数后输入的密码已经过哈希运算。如果未选择此选项，则在将作为密码输入的字符串存储到数据库之前，对其进行哈希运算。

- MUST_CHANGE：仅适用于 SQL Server 登录名。如果包括此选项，则 SQL Server 将在首次使用新登录名时提示用户输入新密码。此外，如果包含此选项，则 CHECK_EXPIRATION 和 CHECK_POLICY 必须设置为 ON。

- CREDENTIAL＝credential_name：将映射到新 SQL Server 登录名的凭据的名称，该凭据必须已存在于服务器中。

- SID＝sid：仅适用于 SQL Server 登录名。指定新 SQL Server 登录名的 GUID（全球唯一标识符），如果未选择此选项，则 SQL Server 自动指派 GUID。

- DEFAULT_DATABASE＝database：指定将指派给登录名的默认数据库。如果未包括此选项，则默认数据库将设置为 master。

- DEFAULT_LANGUAGE＝language：指定将指派给登录名的默认语言。如果未包括此选项，则默认语言将设置为服务器的当前默认语言。即使将来服务器的默认语言发生更改，登录名的默认语言也仍保持不变。

- CHECK_EXPIRATION＝{ON|OFF}：仅适用于 SQL Server 登录名。指定是否对此登录账户强制实施密码过期策略，默认值为 OFF。

- CHECK_POLICY＝{ON|OFF}：仅适用于 SQL Server 登录名。指定应对此登录名强制实施运行 SQL Server 的计算机的 Windows 密码策略，默认值为 ON。

不支持 CHECK_POLICY＝OFF 和 CHECK_EXPIRATION＝ON 的组合。

- WINDOWS：指定将登录名映射到 Windows 登录名。
- CERTIFICATE certname：指定将与此登录名关联的证书名称。此证书必须已存在于 master 数据库中。
- ASYMMETRIC KEY asym_key_name：指定将与此登录名关联的非对称密钥的名称。此密钥必须已存在于 master 数据库中。

【例 13-1】　创建 SQL Server 身份验证的登录账户。登录名为 SQL_USER，为其分配密码并要求用户在首次连接服务器时更改此密码。

首先在 T-SQL 编辑器的查询窗口中输入如下命令：

```
CREATE LOGIN SQL_USER WITH PASSWORD= 'a1b2THU' MUST_CHANGE
GO
```

运行后，在查询结果的消息窗口中显示如图 13-10 所示的信息。

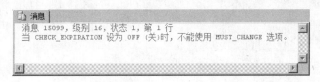

图 13-10　消息窗口显示的错误信息

这是因为如果包含 MUST_CHANGE 选项，则 CHECK_EXPIRATION 和 CHECK_POLICY 必须设置为 ON，而 CHECK_EXPIRATION 的默认值为 OFF。故应将创建登录账户的命令修改如下：

```
CREATE LOGIN SQL_USER WITH PASSWORD= 'a1b2THU' MUST_CHANGE,CHECK_EXPIRATION=ON
GO
```

在 T-SQL 编辑器的查询窗口中运行以上命令，在运行结果的消息窗口中显示"命令已成功完成"，表示该登录账户已成功创建。用户可以在 Microsoft SQL Server Management Studio 的对象资源管理器窗口中，依次展开"安全性"、"登录名"节点查看到新建立的登录账户 SQL_USER。

13.2.3　修改登录账户的属性

对于已经创建好的 SQL Server 登录账户，可以修改其密码、默认数据库等属性。修改登录账户的属性可以通过 SQL Server 2008 的 Microsoft SQL Server Management Studio 实现，也可以通过 ALTER LOGIN 语句实现。

1. 利用 Microsoft SQL Server Management Studio 修改登录账户属性

利用 Microsoft SQL Server Management Studio 修改登录账户属性时，主要有如下步骤：

(1) 以系统管理员身份连接到 Microsoft SQL Server Management Studio，在对象资

源管理器窗口中依次展开"安全性"、"登录名"节点，用鼠标右击需要修改属性的登录名，在弹出的菜单中选择"属性"命令，如图 13-11 所示。

（2）在弹出的"登录属性"对话框中即可对登录账户的属性进行修改。这个对话框的设置与创建新登录账户的对话框基本相同。

图 13-11　打开"登录属性"对话框

2. 使用 ALTER LOGIN 语句修改登录账户属性

也可以使用 ALTER LOGIN 语句对 SQL Server 登录账户的属性进行修改。具体语法格式如下：

```
ALTER LOGIN login_name
    {
ENABLE|DISABLE
|WITH<set_option>[,...]
    |<cryptographic_credential_option>
    }
<set_option>::=
    PASSWORD='password'|hashed_password HASHED
    [
    OLD_PASSWORD='oldpassword'
    |<password_option>[<password_option>]
    ]
    |DEFAULT_DATABASE=database
    |DEFAULT_LANGUAGE=language
  |NAME=login_name
    |CHECK_POLICY={ON|OFF}
    |CHECK_EXPIRATION={ON|OFF}
    |CREDENTIAL=credential_name
    |NO CREDENTIAL
<password_option>::=
    MUST_CHANGE|UNLOCK
<cryptographic_credentials_option>::=
ADD CREDENTIAL credential_name
|DROP CREDENTIAL credential_name
```

其中，各主要参数的意义如下：

- login_name：指定正在更改的 SQL Server 登录的名称。
- ENABLE|DISABLE：启用或禁用此登录。
- OLD_PASSWORD='oldpassword'：仅适用于 SQL Server 登录账户。要指派新密码的登录的当前密码。

- NAME＝login_name：正在重命名的登录的新名称。如果是 Windows 登录,则与新名称对应的 Windows 主体的 SID 必须与 SQL Server 中的登录相关联的 SID 相匹配。SQL Server 登录的新名称不能包含反斜杠字符(\)。
- NO CREDENTIAL：删除登录到服务器凭据的当前所有映射。
- UNLOCK：仅适用于 SQL Server 登录账户。指定应解锁被锁定的登录。
- ADD CREDENTIAL：将可扩展的密钥管理(EKM)提供程序凭据添加到登录名。
- DROP CREDENTIAL：删除登录名的可扩展密钥管理(EKM)提供程序凭据。

其余参数的意义与创建登录账户语句中参数的意义一样。

【例 13-2】 将登录账户 SQL_USER 的登录名改为 NEW_USER。

具体命令如下：

```
ALTER LOGIN SQL_USER WITH NAME=NEW_USER
GO
```

在 T-SQL 编辑器的查询窗口中运行以上命令,在运行结果的消息窗口中显示"命令已成功完成"。在 Microsoft SQL Server Management Studio 的对象资源管理器窗口中的"登录名"节点下,可以看到 SQL_USER 的登录名已经成功修改为 NEW_USER。

13.2.4 删除登录账户

在删除登录账户时需注意,不能删除正在登录的登录账户,也不能删除拥有任何安全对象、服务器级对象或 SQL Server 代理作业的登录账户。

删除登录账户可以通过 SQL Server 2008 的 Microsoft SQL Server Management Studio 实现,也可以通过 DROP LOGIN 语句实现。

1. 利用 Microsoft SQL Server Management Studio 删除登录账户

利用 Microsoft SQL Server Management Studio 的对象资源管理器删除登录账户时,主要有如下步骤：

（1）以系统管理员身份连接到 Microsoft SQL Server Management Studio,在对象资源管理器窗口中依次展开"安全性"、"登录名"节点,用鼠标右击需要删除的登录名,在弹出的菜单中选择"删除"命令,如图 13-12 所示。

（2）在弹出的"删除对象"对话框中,单击"确定"按钮,如图 13-13 所示。

（3）系统会弹出如图 13-14 所示的提示对话框。该对话框提醒用户,删除登录账户并不会删除对应的数据库用户。单击"确定"按钮,即可删除该登录账户。

2. 使用 DROP LOGIN 语句删除登录账户

也可以使用 DROP LOGIN 语句对 SQL Server 登

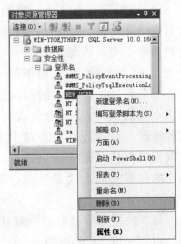

图 13-12 打开"删除对象"对话框

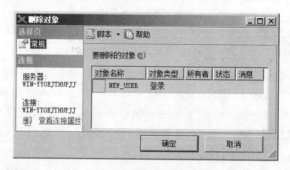

图 13-13 "删除对象"对话框

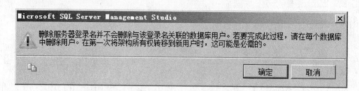

图 13-14 删除登录账户的提示对话框

录账户进行删除。具体语法格式如下:

```
DROP LOGIN login_name
```

其中,login_name 是要删除的登录名。

13.3 数据库用户管理

数据库用户是数据库级别上的主体。用户拥有登录账户以后,只能连接到 SQL Server 服务器上,还不能对数据库进行操作,只有成为数据库的合法用户后才行。

每一台服务器除了有一套服务器登录账户列表,每个数据库中还有一套相互独立的数据库用户列表。因此,每个数据库用户都与服务器登录账户之间存在着一种映射关系,管理员可以将一个服务器登录账户映射到用户需要访问的每个数据库中的一个用户账户上。一个登录账户在不同的数据库中可以映射成不同的用户,从而可以具有不同的权限。这种映射关系为同一服务器上不同数据库的权限管理提供了最大的灵活性。管理数据库用户的过程实际上就是管理这种映射关系的过程。

每个数据库中都有两个默认的用户:dbo 和 guest。可以在 Microsoft SQL Server Management Studio 的对象管理器窗口中查看数据库的用户,如图 13-15 所示。

图 13-15 查看用户

13.3.1　创建数据库用户

创建数据库用户可以通过 SQL Server 2008 的 Microsoft SQL Server Management Studio 实现,也可以通过 CREATE USER 语句实现。

1. 利用 Microsoft SQL Server Management Studio 创建数据库用户

利用 Microsoft SQL Server Management Studio 创建数据库用户时,有如下几个步骤:

(1) 以系统管理员身份连接到 Microsoft SQL Server Management Studio,在对象资源管理器窗口中依次展开要创建数据库用户的数据库(这里以 My_test_DB 数据库为例)、"安全性"节点,用鼠标右击"用户"节点,在弹出的菜单中选择"新建用户"命令,如图 13-16 所示。

(2) 弹出"数据库用户-新建"窗口的"常规"选择页,如图 13-17 所示。在"用户名"文本框中输入要创建的数据库用户名。在"登录名"文本框中直接输入将要映射到此数据库用户的登录账户名称,也可以通过单击右边的按钮选择登录名。这里单击此按钮,弹出如图 13-18 所示的"选择登录名"对话框。

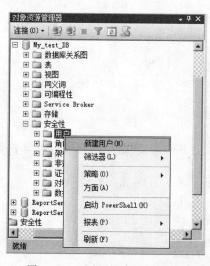

图 13-16　选择"新建用户"命令

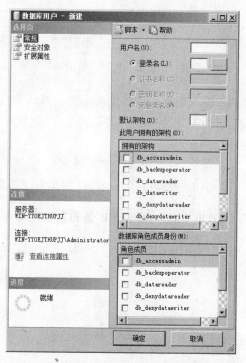

图 13-17　"数据库用户-新建"窗口的"常规"选择页

(3) 在"选择登录名"对话框中,单击"浏览"按钮,弹出如图 13-19 所示的"查找对象"对话框。这里选择登录账户 NEW_USER 映射到该数据库用户。单击"确定"按钮回到"选择登录名"对话框,如图 13-20 所示。单击"确定"按钮,回到"数据库用户-新建"窗口的"常规"选择页。

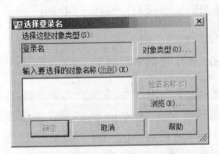

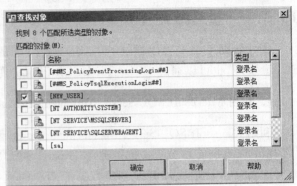

图 13-18 "选择登录名"对话框   图 13-19 "查找对象"对话框

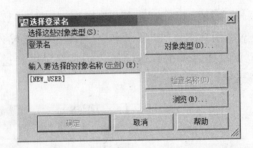

图 13-20 指定好登录账户后的"选择登录名"对话框

（4）输入或选择该数据库用户的默认架构。在"此用户拥有的架构"列表中可以查看和设置该数据库用户拥有的架构。在"数据库角色成员身份"列表中可以为该数据库用户指定数据库角色。

（5）可在"安全对象"和"扩展属性"选择页中设置相应内容。

（6）单击"数据库用户-新建"窗口右下方的"确定"按钮，即可创建数据库用户。

2. 利用 CREATE USER 语句创建数据库用户

也可以使用 CREATE USER 语句创建新的 SQL Server 数据库用户。具体语法格式如下：

```
CREATE USER user_name
    [{{FOR|FROM}
      {
      LOGIN login_name
        |CERTIFICATE cert_name
        |ASYMMETRIC KEY asym_key_name
      }
      |WITHOUT LOGIN
    ]
[WITH DEFAULT_SCHEMA= schema_name]
```

其中,各参数的意义如下:

- user_name:要创建的数据库用户名。
- LOGIN login_name:要映射为数据库用户的 SQL Server 登录名。login_name 必须是服务器中有效的登录名。
- CERTIFICATE cert_name:要创建数据库用户的证书。
- ASYMMETRIC KEY asym_key_name:要创建数据库用户的非对称密钥。
- WITH DEFAULT_SCHEMA=schema_name:服务器为此数据库用户解析对象名时将搜索的第一个架构。
- WITHOUT LOGIN:指定不应将用户映射到现有登录名。

如果省略 FOR LOGIN,则新的数据库用户将被映射到同名的 SQL Server 登录名。如果没有定义 DEFAULT_SCHEMA,则数据库用户将使用 dbo 作为其默认架构。不能使用 CREATE USER 语句创建 guest 用户,因为每个数据库中均已存在 guest 用户,可通过授予 guest 用户 CONNECT 权限来启用该用户:GRANT CONNECT TO guest。

【例 13-3】 让登录账户 NEW_USER 成为 My_test_DB 数据库中的用户,并且用户名与登录名相同。

具体命令如下:

```
USE My_test_DB
GO
CREATE USER NEW_USER
GO
```

在 T-SQL 编辑器的查询窗口中运行以上命令,在运行结果的消息窗口中显示"命令已成功完成",说明该数据库用户已成功创建。可以通过 Microsoft SQL Server Management Studio 的对象资源管理器窗口进行确认。

13.3.2　修改数据库用户的属性

可以通过 ALTER USER 语句重命名数据库用户或更改它的默认架构。
具体语法格式如下:

```
ALTER USER userName
    WITH<set_item>[,...n]
<set_item>::=
    NAME=newUserName
    |DEFAULT_SCHEMA=schemaName
    |LOGIN=loginName
```

其中,各参数的意义如下:

- userName:要修改的数据库用户名。
- LOGIN=loginName:使用户重新映射到该登录名。
- NAME=newUserName:指定数据库用户的新名称,不能与已存在于当前数据库中的名称重复。

- DEFAULT_SCHEMA＝schemaName：指定服务器在解析此用户的对象名时将搜索的第一个架构。

【例13-4】 将用户 NEW_USER 的默认架构更改为 db_owner。

具体命令如下：

```
USE My_test_DB
GO
ALTER USER NEW_USER WITH DEFAULT_SCHEMA=db_owner
GO
```

在 T-SQL 编辑器的查询窗口中运行以上命令，在运行结果的消息窗口中显示"命令已成功完成"。在 Microsoft SQL Server Management Studio 的对象资源管理器窗口中，如图13-21所示选择"属性"命令，在弹出的"数据库用户"窗口中可以看到 NEW_USER 的默认架构已成功修改为 db_owner，如图13-22所示。

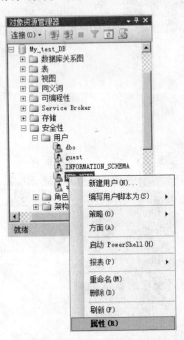

图13-21 选择"属性"命令

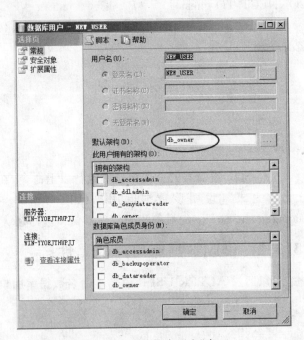

图13-22 "数据库用户"窗口

13.3.3 删除数据库用户

删除数据库用户后，对应的登录账户依然存在，这是因为在数据库中删除用户实际上是解除登录账户和数据库用户之间的映射关系。

删除登录账户可以通过 SQL Server 2008 的 Microsoft SQL Server Management Studio 实现，也可以通过 DROP USER 语句实现。

1. 利用 Microsoft SQL Server Management Studio 删除数据库用户

利用 Microsoft SQL Server Management Studio 的对象资源管理器删除数据库用户时,主要有如下步骤:

(1) 以系统管理员身份连接到 Microsoft SQL Server Management Studio,在对象资源管理器窗口中依次展开要删除用户的数据库、“安全性”、“用户”节点,用鼠标右击需要删除的数据库用户名,在弹出的菜单中选择“删除”命令,如图 13-23 所示。

(2) 在弹出的“删除对象”窗口中,单击“确定”按钮,即可删除该数据库用户,如图 13-24 所示。

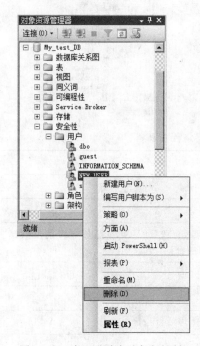

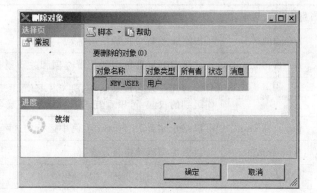

图 13-23　打开“删除对象”对话框　　　　图 13-24　“删除对象”窗口

2. 使用 DROP USER 语句删除数据库用户

也可以使用 DROP USER 语句对当前数据库中的用户进行删除。具体语法格式如下:

```
DROP USER user_name
```

其中,user_name 是要删除的当前数据库中的用户名。

不能从数据库中删除拥有安全对象的用户,除非先删除或转移安全对象的所有权。不能删除 guest 用户,但可在除 master 或 tempdb 之外的任何数据库中通过撤销其 CONNECT 权限来禁用 guest 用户: REVOKE CONNECT FROM guest。

13.4 角色管理

13.4.1 服务器角色

服务器角色是完成服务器级管理活动的具有相近权限的用户的集合。服务器级角色也称为"固定服务器角色"，因为用户不能创建新的服务器角色。但是可以向服务器角色中添加登录账户，使其成为服务器角色中的成员，从而具有服务器角色的权限。固定服务器角色的每个成员都可以向其所属角色添加其他登录名。

图 13-25 服务器角色

在对象资源管理器中，依次展开一个数据库引擎实例的名称、"安全性"、"服务器角色"节点，即可看到 SQL Server 2008 提供的 9 种服务器角色，如图 13-25 所示。这 9 种服务器角色的权限如表 13-3 所示。

表 13-3 SQL Server 2008 的服务器角色权限

服务器角色名称	权 限
sysadmin	可以在服务器中执行任何活动
serveradmin	可以更改服务器范围的配置选项和关闭服务器
securityadmin	可以管理登录名及其属性；拥有 GRANT、DENY 和 REVOKE 服务器级别及数据库级别的权限；可以重置 SQL Server 登录名的密码
processadmin	可以终止在 SQL Server 实例中运行的进程
setupadmin	可以添加和删除链接服务器
bulkadmin	可以运行 BULK INSERT 语句
diskadmin	用于管理磁盘文件
dbcreator	可以创建、更改、删除和还原任何数据库
public	每个 SQL Server 登录名都属于该角色。如果未向某个服务器主体授予或拒绝对某个安全对象的特定权限，该用户将继承授予该对象的 public 角色的权限

以上只有 public 角色的权限可以更改。查看和设置 public 角色权限的步骤为：用鼠标右击 public 角色，在弹出的菜单中选择"属性"命令；在弹出的"服务器角色属性"窗口中，切换到"权限"选择页，可以查看当前 public 角色的权限并进行修改，如图 13-26 所示。

1. 为服务器角色添加成员

为固定服务器角色添加成员可以通过 SQL Server 2008 的 Microsoft SQL Server Management Studio 实现，也可以通过存储过程 sp_addsrvrolemember 实现。

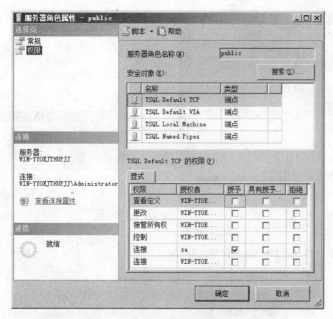

图 13-26 "服务器角色属性"窗口

（1）利用 Microsoft SQL Server Management Studio 实现。

利用 Microsoft SQL Server Management Studio 为固定服务器角色添加成员时，主要有两种方法。这里，以将登录名 NEW_USER 添加到 sysadmin 角色中为例分别介绍它们。

首先，第一种方法的步骤如下：

① 以系统管理员身份连接到 Microsoft SQL Server Management Studio，在对象资源管理器窗口中依次展开"安全性"、"登录名"节点，用鼠标右击登录名 NEW_USER，在弹出的菜单中选择"属性"命令，如图 13-11 所示。

② 在弹出的"登录属性"对话框中选择"服务器角色"选择页，在对应的对话框中选中 sysadmin 前的复选框，表示将当前登录名 NEW_USER 添加到该角色中，如图 13-27 所示。

③ 单击"确定"按钮，完成为服务器角色添加成员的操作。

第二种方法的步骤如下：

① 以系统管理员身份连接到 Microsoft SQL Server Management Studio，在对象资源管理器窗口中依次展开"安全性"、"服务器角色"节点，用鼠标右击角色名 sysadmin，在弹出的菜单中选择"属性"命令。

② 在弹出的"服务器角色属性"窗口中，单击"添加"按钮。在弹出的"选择登录名"对话框中单击"浏览"按钮，如图 13-28 所示。

③ 在弹出的"查找对象"对话框中，选中要添加到该角色中的登录名 NEW_USER，如图 13-29 所示。然后单击"确定"按钮回到"选择登录名"对话框，此时已列出了新选择的登录名。

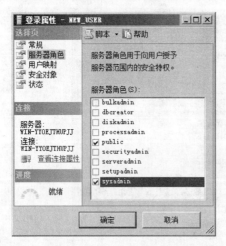

图 13-27　"登录属性"窗口的"服务器角色"选择页

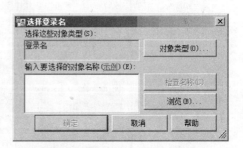

图 13-28　"选择登录名"对话框

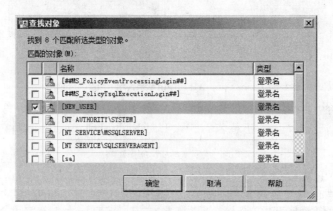

图 13-29　"查找对象"对话框

④ 单击"确定"按钮回到"服务器角色属性"窗口，此时该对话框角色成员列表中已有了新选择的登录名，如图 13-30 所示。

⑤ 单击"确定"按钮，完成为服务器角色添加成员的操作。

（2）利用存储过程 sp_addsrvrolemember 实现。

存储过程 sp_addsrvrolemember 实现了添加登录，使其成为固定服务器角色的成员的功能。具体语法格式如下：

```
sp_addsrvrolemember[@loginame=]'login',[@rolename=]'role'
```

其中，参数的意义如下：

- [@loginame=]'login'：添加到固定服务器角色中的登录名。login 可以是 SQL Server 登录或 Windows 登录。将自动授予 Windows 登录对 SQL Server 的访问权限。
- [@rolename=]'role'：要添加登录的固定服务器角色的名称，必须为下列值之一：sysadmin、securityadmin、serveradmin、setupadmin、processadmin、diskadmin、dbcreator、bulkadmin。

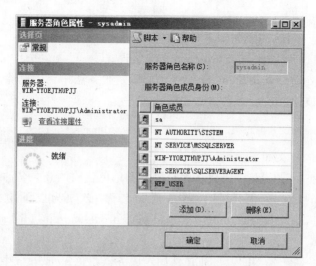

图 13-30 添加角色成员后的"服务器角色属性"窗口

【例 13-5】 将登录名 NEW_USER 添加到固定服务器角色 sysadmin 中。
具体命令如下：

```
EXEC sp_addsrvrolemember'NEW_USER','sysadmin'
```

2. 删除服务器角色成员

删除固定服务器角色的成员可以通过 SQL Server 2008 的 Microsoft SQL Server Management Studio 实现，也可以通过存储过程 sp_dropsrvrolemember 实现。

（1）利用 Microsoft SQL Server Management Studio 实现。

利用 Microsoft SQL Server Management Studio 删除固定服务器角色的成员时，也有两种方法。这里，以将登录名 NEW_USER 从 sysadmin 角色中删除为例分别介绍它们。

首先，第一种方法的步骤如下：

① 以系统管理员身份连接到 Microsoft SQL Server Management Studio，在对象资源管理器窗口中依次展开"安全性"、"登录名"节点，用鼠标右击登录名 NEW_USER，在弹出的菜单中选择"属性"命令。

② 在弹出的"登录属性"窗口中选择"服务器角色"选择页，在对应的对话框中取消 sysadmin 前的复选框，表示将当前登录名 NEW_USER 从该角色中删除。

③ 单击"确定"按钮，完成删除服务器角色成员的操作。

第二种方法的步骤如下：

① 以系统管理员身份连接到 Microsoft SQL Server Management Studio，在对象资源管理器窗口中依次展开"安全性"、"服务器角色"节点，用鼠标右击角色名 sysadmin，在弹出的菜单中选择"属性"命令。

② 在弹出的"服务器角色属性"对话框中，选中要删除的登录名 NEW_USER，单击

"删除"按钮。

③ 单击"确定"按钮，完成删除服务器角色成员的操作。

（2）利用存储过程 sp_dropsrvrolemember 实现。

存储过程 sp_dropsrvrolemember 实现了从固定服务器角色中删除 SQL Server 登录或 Windows 用户或组的功能。具体语法格式如下：

```
sp_dropsrvrolemember[@ loginame= ]'login',[@ rolename= ]'role'
```

其中，各参数的意义如下：

- [@loginame＝]'login'：将要从固定服务器角色删除的登录名称，必须存在；
- [@ rolename ＝]'role'：服务器角色的名称，必须为以下值之一：sysadmin、securityadmin、serveradmin、setupadmin、processadmin、diskadmin、dbcreator、bulkadmin。

【例 13-6】 将登录名 NEW_USER 从固定服务器角色 sysadmin 中删除。

具体命令如下：

```
EXEC sp_dropsrvrolemember'NEW_USER','sysadmin'
```

13.4.2 数据库角色

数据库角色是完成数据库对象操作的具有相近权限的用户的集合。数据库角色的权限作用域为数据库范围。SQL Server 2008 中的数据库角色可以分为两种：数据库中预定义的"固定数据库角色"和用户自定义的数据库角色。

1. 固定数据库角色

在对象资源管理器中，依次展开一个数据库名、"安全性"、"角色"、"数据库角色"节点，即可看到 SQL Server 2008 提供的 10 种固定数据库角色，如图 13-31 所示。这 10 种固定数据库角色的权限如表 13-4 所示。

图 13-31 固定数据库角色

表 13-4 SQL Server 2008 的固定数据库角色权限

数据库角色名称	权 限
db_owner	可以执行数据库的所有配置和维护活动，还可以删除数据库
db_securityadmin	可以修改角色成员身份和管理权限
db_accessadmin	可以为 Windows 登录名、Windows 组和 SQL Server 登录名添加或删除数据库访问权限
db_backupoperator	可以备份数据库
db_ddladmin	可以在数据库中运行任何数据定义语言（DDL）命令
db_datawriter	可以在所有用户表中添加、删除或更改数据

续表

数据库角色名称	权　　　限
db_datareader	可以从所有用户表中读取所有数据
db_denydatawriter	不能添加、修改或删除数据库内用户表中的任何数据
db_denydatareader	不能读取数据库内用户表中的任何数据
public	每个数据库用户都属于该角色。当尚未对某个用户授予或拒绝对安全对象的特定权限时,则该用户将继承授予该安全对象的 public 角色的权限

类似地,以上只有 public 数据库角色的权限可以更改。查看和设置 public 角色权限的步骤为:用鼠标右击 public 角色,在弹出的菜单中选择"属性"命令;在弹出的"数据库角色属性"窗口中,切换到"安全对象"选择页,便可以查看当前 public 角色的权限并进行修改,如图 13-32 所示。

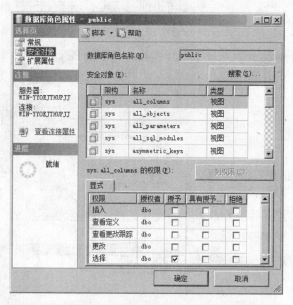

图 13-32　"数据库角色属性"窗口的"安全对象"选择页

可以使用存储过程 sp_addrolemember 为当前数据库中的数据库角色添加数据库用户、数据库角色、Windows 登录名或 Windows 组。具体语法格式如下:

sp_addrolemember[@rolename=]'role',[@membername=]'security_account'

其中,各参数的意义如下:

- [@rolename＝]'role':当前数据库中的数据库角色的名称。
- [@membername＝]'security_account':添加到该角色的数据库用户、数据库角色、Windows 登录或 Windows 组。

sp_addrolemember 不能向角色中添加固定数据库角色、固定服务器角色或 dbo。

【例 13-7】　将数据库 My_test_DB 中的用户 NEW_USER 添加到该数据库的 db_

datareader 角色中。

具体命令如下：

```
USE My_test_DB
GO
EXEC sp_addrolemember'db_datareader','NEW_USER'
GO
```

在 T-SQL 编辑器的查询窗口中运行以上命令，在运行结果的消息窗口中显示"命令已成功完成"。在 Microsoft SQL Server Management Studio 的对象资源管理器窗口中，如图 13-21 所示选择"属性"命令，在弹出的"数据库用户"窗口中可以看到 NEW_USER 已成功成为 db_datareader 角色的成员，如图 13-33 所示。

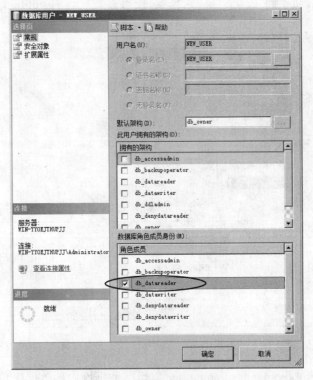

图 13-33 "数据库用户"窗口

可以使用存储过程 sp_droprolemember 从当前数据库的 SQL Server 角色中删除数据库用户、数据库角色、Windows 登录名或 Windows 组。具体语法格式如下：

```
sp_droprolemember[@ rolename=]'role',[@ membername=]'security_account'
```

其中，各参数的意义如下：

- [@rolename＝]'role'：将从中删除成员的角色的名称，必须存在于当前数据库中。
- [@membername＝]'security_account'：将从角色中删除的数据库用户、其他数据库角色、Windows 登录名或 Windows 组，必须存在于当前数据库中。

【例 13-8】　在数据库 My_test_DB 中,删除 db_datareader 角色中的 NEW_USER
成员。

具体命令如下:

```
USE My_test_DB
GO
EXEC sp_droprolemember'db_datareader','NEW_USER'
GO
```

在 T-SQL 编辑器的查询窗口中运行以上命令,在运行结果的消息窗口中显示"命令
已成功完成"。通过与【例 13-7】同样的方法,可以看到 NEW_USER 已不再是 db_
datareader 角色的成员。

2. 自定义数据库角色

与服务器角色不同的是,用户还可以根据实际情况创建自己的数据库角色。数据库
角色是针对具体的数据库作用的,所以创建新的数据库角色时也必须在特定的数据库下。

可以通过利用 Microsoft SQL Server Management Studio 和 CREATE ROLE 语句
两种方式创建用户自定义的数据库角色。

(1) 利用 Microsoft SQL Server Management Studio 创建自定义数据库角色。

下面以在数据库 My_test_DB 中创建一
个 test 角色为例,说明利用 Microsoft SQL
Server Management Studio 创建自定义数据
库角色的具体步骤。

① 以系统管理员身份连接到 Microsoft
SQL Server Management Studio,在对象资
源管理器窗口中依次展开数据库 My_test_
DB、"安全性"、"角色"节点,用鼠标右击"角
色"节点,在弹出的菜单中依次选择"新建"、
"新建数据库角色"命令,如图 13-34 所示。

图 13-34　选中"新建数据库角色"命令

② 在弹出的"数据库角色-新建"窗口的
"常规"选择页(如图 13-35 所示)中,输入角
色名称"test",输入或选择所有者,选择拥有
的架构。

③ 单击"添加"按钮,在弹出的对话框中可以指定要添加到该角色的成员,如图 13-36
所示。

④ 切换到"安全对象"选择页,如图 13-37 所示,在其中完成权限的设置。

⑤ 单击"确定"按钮,完成自定义角色的创建。

(2) 利用 CREATE ROLE 语句创建自定义数据库角色。

CREATE ROLE 语句实现了在当前数据库中创建新的数据库角色的功能。具体语
法格式如下:

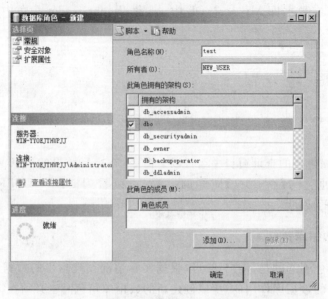

图 13-35　"数据库角色-新建"窗口的"常规"选择页

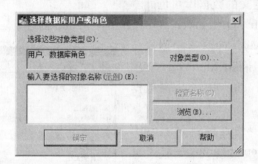

图 13-36　"选择数据库用户或角色"对话框

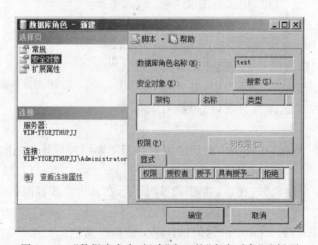

图 13-37　"数据库角色-新建"窗口的"安全对象"选择页

```
CREATE ROLE role_name[AUTHORIZATION owner_name]
```

其中,参数 role_name 指定待创建角色的名称;AUTHORIZATION owner_name 指定将拥有新角色的数据库用户或角色,如果未指定用户,则执行 CREATE ROLE 的用户将拥有该角色。

【例 13-9】　在数据库 My_test_DB 中,创建用户 NEW_USER 拥有的数据库角色 test。

具体命令如下:

```
USE My_test_DB
GO
CREATE ROLE test AUTHORIZATION NEW_USER
GO
```

当不再需要某个用户自定义数据库角色时,可以对其进行删除。在 Microsoft SQL Server Management Studio 的对象资源管理器中,用鼠标右击要删除的自定义角色名,在弹出的菜单中选择"删除"命令,如图 13-38 所示。在弹出的"删除对象"对话框中,单击"确定"按钮即可删除自定义数据库角色。

图 13-38　选择"删除"命令

3. 应用程序角色

有些时候,要求对数据库的某些操作只能用特定的应用程序来处理,如一些关键数据的处理或是一些复杂的数据库,表间的数据关系可能很难直接用外键、规则等功能来维护。为了保证数据完整性和一致性,应该使用设计良好的应用程序来对数据库进行操作,而不应让用户使用工具直接修改数据,这时就要求只能由专用的应用程序存取,以避免用户对数据库的错误操作。

为此,SQL Server 中引入了应用程序角色的概念。应用程序角色是一个数据库主体,它使应用程序能够用其自身的、类似用户的权限来运行。使用应用程序角色,可以只允许通过特定应用程序连接的用户访问特定数据。

应用程序角色的特点是它的角色不包含成员,任何用户都不能加入应用程序角色,其角色的权限在角色被激活时生效;应用程序角色在激活时需要口令;在激活应用程序角色以后,当前用户的使用权限从标准的用户权限控制转到应用程序角色的权限控制,也就是说,当前用户的一切权限都会消失,代之以应用程序角色的权限。

典型事例如人事数据库中包含工资表,这是敏感数据,一般都是保密的,因此,工资表设计为只允许通过专门的工资管理程序存取,任何用户无论是总经理还是数据库管理员都不能直接用外部工具访问。为此可以将所有用户对该表的所有操作的权限全部设置为"DENY",同时另外创建一个应用程序角色,并授予该角色所有权限。只有专门开发的工资管理程序可以提供这个应用程序角色激活所需的口令,当工资管理程序连接上数据库之后,就可以激活这个应用程序角色,从而进行正常的业务数据处理了,而其他工具由于无法提供正确的口令，即使连上了数据库，也不能对工资表进行存取。

13.5 权限管理

权限用来控制用户如何访问数据库对象。一个用户可以直接分配到权限，也可以作为一个角色中的一个成员来间接得到权限。一个用户还可以同时属于具有不同权限的多个角色，这些不同的权限提供了对同一数据库对象的不同的访问级别。与权限管理相关的 T-SQL 语句有三个：GRANT、REVOKE 和 DENY。

13.5.1 权限类型

SQL Server 中的权限分为三种：对象权限、语句权限和隐含权限：

1. 对象权限

指用户对数据库中的表、存储过程、视图等对象的操作权限。例如是否可以查询、是否可以执行存储过程等。具体包括：

- 对表和视图，是否可以执行 SELECT、INSERT、UPDATE、DELETE。
- 对表和视图的列，是否可以执行 SELECT、UPDATE。
- 对存储过程，是否可以执行 EXECUTE。

2. 语句权限

语句权限是指是否可以执行一些数据定义语句。包括 BACKUP DATABASE、BACKUP LOG、CREATE DATABASE、CREATE DEFAULT、CREATE FUNCTION、CREATE PROCEDURE、CREATE RULE、CREATE TABLE、CREATE VIEW 等。

3. 隐含权限

隐含权限是指系统预定义的服务器角色或数据库拥有者和数据库对象拥有者所拥有的权限。隐含权限不能明确地授予和撤销。例如，添加到角色 sysadmin 的成员就会自动继承并获得 SQL Server 的所有操作权限。

13.5.2 权限设置

一个用户或角色的权限可以有以下三种存在形式：授权（Granted）、拒绝（Denied）或取消（Revoked）。如果用户被直接授予权限或者用户属于已经授予权限的角色，用户就可以执行动作。"拒绝"在一定程度上类似于"取消"权限，但拒绝具有最高的优先级，即只要一个对象拒绝一个用户或对象访问，则即便该用户或角色被明确授予某种权限，仍不允许执行相应的操作。

利用 Microsoft SQL Server Management Studio，可以管理数据库用户和角色的权限，但对于语句权限和对象权限使用的方法是不同的。

1. 利用 Microsoft SQL Server Management Studio 设置语句权限

利用 Microsoft SQL Server Management Studio 设置语句权限时,主要有如下步骤:

(1) 在 Microsoft SQL Server Management Studio 的对象资源管理器中,用鼠标右击要修改权限的数据库名称,例如数据库 My_test_DB,在弹出的菜单中选择"属性"命令。

(2) 在弹出的"数据库属性"窗口中,切换到"权限"选择页,如图 13-39 所示。

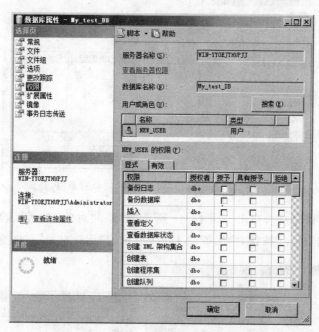

图 13-39 "数据库属性"窗口的"权限"选择页

(3) 在"权限"选择页中,列出了数据库中所有的用户和角色。下方列表中包含上方列表中指定的数据库用户或角色的各种语句权限。可以通过选择下方"显式权限"列表中的复选框进行权限的设置。其中,选择"授予",将把权限分配给用户或角色;选择"具有授予权限",将允许用户或角色把获得的权限再授予给其他用户或角色;选择"拒绝",将覆盖表级对列级权限以外的所有层次的权限设置。

(4) 设置完毕后,单击"确定"按钮使设置生效。

2. 利用 Microsoft SQL Server Management Studio 设置对象权限

对象权限可以从用户/角色的角度管理,即管理一个用户或角色能对哪些表执行哪些操作;也可以从对象的角度管理,即设置一个数据库对象能被哪些用户或角色执行哪些操作。

例如,要为前面已经创建的 NEW_USER 用户赋予查询 staff_info 表中记录的权限。利用 Microsoft SQL Server Management Studio 设置对象权限时,主要有如下步骤:

(1) 依次展开"数据库"、My_test_DB、"安全性"、"用户"节点,用鼠标右击NEW_USER 用户名,在弹出的菜单中选择"属性"命令。

（2）在弹出的"数据库用户"窗口中，切换到"安全对象"选择页，如图13-40所示。

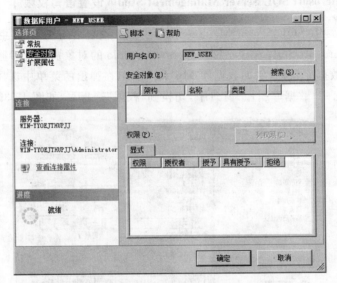

图13-40 "数据库用户"对话框的"安全对象"选择页

（3）单击"搜索"按钮，弹出如图13-41所示的"添加对象"对话框，默认是添加"特定对象"类型。单击"确定"按钮，弹出如图13-42所示的"选择对象"对话框。

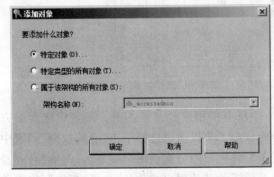

图13-41 "添加对象"对话框

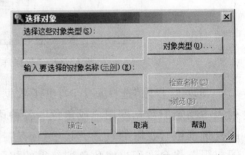

图13-42 "选择对象"对话框

（4）首先单击"对象类型"按钮选择要授予权限的对象类型。由于是赋予查询 staff_info 表的权限，所以选中"表"前的复选框，如图13-43所示。单击"确定"按钮返回到"选择对象"对话框。

（5）单击"浏览"按钮，弹出如图13-44所示的"查找对象"对话框。该对话框中列出了可以被授权的全部表，选中 staff_info 前的复选框。单击"确定"按钮返回到"选择对象"对话框，此时该对话框的形式如图13-45所示。

（6）单击"确定"按钮返回到"数据库用户"对话框的"安全对象"选择页。在下方"显式权限"列表中选中权限"选择"对应的"授予"复选框，如图13-46所示。如果单击"列权限"按钮，还可以将表中某些列的操作权限授予用户。

（7）单击"确定"按钮，完成对象权限的设置。

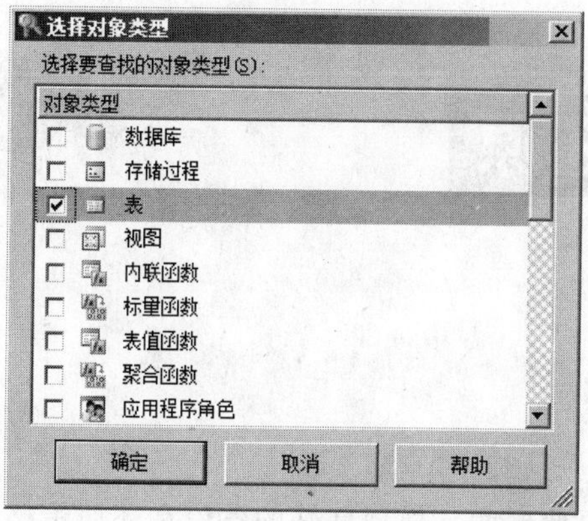

图 13-43　"选择对象类型"对话框

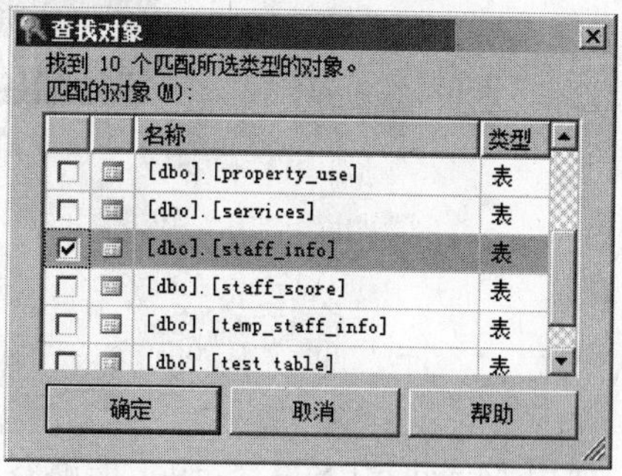

图 13-44　"查找对象"对话框

图 13-45　指定要授权的表后的"选择对象"对话框

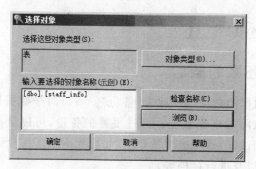

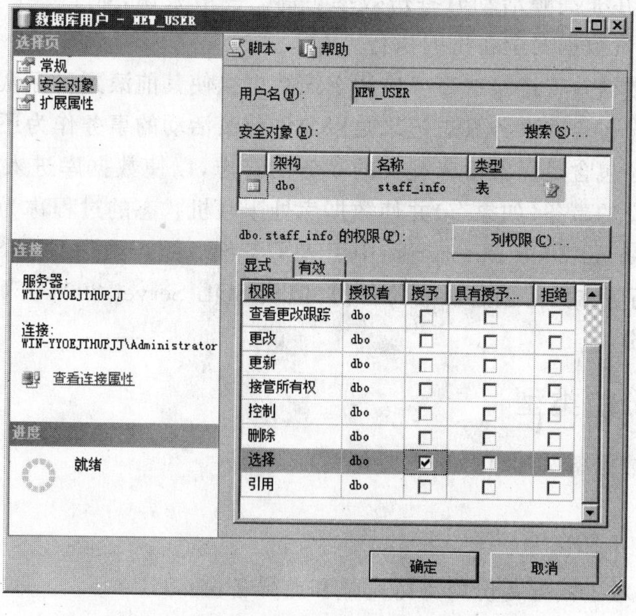

图 13-46　设置权限后的"安全对象"选择页

第14章

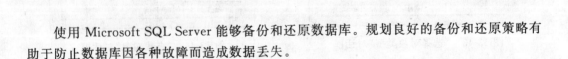

备份与还原

使用 Microsoft SQL Server 能够备份和还原数据库。规划良好的备份和还原策略有助于防止数据库因各种故障而造成数据丢失。

14.1 备份与还原概述

14.1.1 备份与还原的概念

用于还原和恢复数据的数据副本称为"备份"。备份对于数据库的安全性至关重要，使用备份可以在发生故障后还原数据。通过妥善的备份，可以从多种故障中恢复工作。此外，数据库备份对于日常的管理也非常有用，如将数据库从一台服务器复制到另一台服务器，设置数据库镜像以及进行存档等。

备份应按需要经常进行，并进行有效的数据管理。SQL Server 备份可以在数据库使用时进行，但一般在非高峰活动时备份效率更高。一般来说，对于一个具体的数据库系统，应指定一个负责数据安全备份的执行人。

从备份复制数据并将记录的事务应用于该数据以使其前滚到目标恢复点的过程称为"还原"。数据备份包含的事务日志记录足以允许前滚活动的事务作为还原每个备份的一部分。每个备份还包含足以回滚未提交的事务的日志，以使数据库进入事务一致的可用状态。前滚未提交的事务（如果有）并使数据库处于联机状态的过程称为"恢复"。

另外，SQL Server 2008 Enterprise 中引入了备份压缩。虽然只有 SQL Server 2008 Enterprise 及更高版本支持创建压缩的备份，但从 SQL Server 2008 开始，每个版本都可以还原压缩的备份。

14.1.2 备份的类型

备份主要有数据备份和事务日志备份两种类型。

1. 数据备份

SQL Server 对于数据备份均支持完整和差异备份：

（1）完整备份。

完整备份包含特定数据库（或者一组特定的文件组或文件）中的所有数据，以及可以恢复这些数据的足够的日志。

（2）差异备份。

差异备份基于数据的最新完整备份，即在执行差异备份之前必须已经执行了完整备份。差异备份只备份自上一次完整备份后发生改变的内容和在差异备份过程中所发生的所有活动，以及事务日志中未提交的部分。

差异备份所基于的常规数据库备份、部分备份或文件备份称为"差异基准"。差异备份仅包含自建立差异基准后发生更改的数据。通常，建立基准备份之后很短时间内执行的差异备份比完整备份的基准更小，创建速度也更快。因此，使用差异备份可以加快进行频繁备份的速度，从而降低数据丢失的风险。还原时，首先还原完整备份，然后再还原最新的差异备份。经过一段时间后，随着数据库的更新，包含在差异备份中的数据量会增加。这使得创建和还原备份的速度变慢。因此，必须重新创建一个完整备份，为另一系列的差异备份提供新的差异基准。

每个数据备份都包括部分事务日志，以便备份可以恢复到该备份的结尾。

数据备份的范围可以是完整的数据库、部分数据库或者一组文件或文件组。

（1）数据库备份。

数据库备份创建备份完成时数据库内存在的数据的副本。这是单个操作，通常按常规时间间隔调度。数据库备份易于使用，在数据库大小允许时都建议使用这种方式。

SQL Server 支持数据库备份和差异数据库备份。数据库备份是整个数据库的完整备份，表示备份完成时的整个数据库。差异数据库备份是数据库中所有文件的备份，只包含自每个文件的最新数据库备份之后发生了修改的数据区。

可以通过还原数据库，只用一步即完成从数据库备份重新创建整个数据库。还原进程重写现有数据库，如果现有数据库不存在则创建。已还原的数据库将与备份完成时的数据库状态相匹配，但不包括任何未提交的事务。

（2）部分备份。

部分备份为在简单恢复模式下对包含一些只读文件组的数据库的备份工作提供了更多的灵活性。所有恢复模式都支持这些备份。

SQL Server 2008 支持部分备份和部分差异备份。部分备份是备份主文件组、所有读/写文件组以及任何选择指定的只读文件或文件组中的所有完整数据。只读数据库的部分备份仅包含主文件组。部分差异备份仅包含自同一组文件组的最新部分备份以来发生了修改的数据区。

（3）文件备份。

当时间限制使得完整数据库备份不切实际时，可以考虑备份数据库文件和文件组，而不是备份完整数据库。使用文件备份使用户能够只还原损坏的文件，而不用还原数据库的其余部分，从而加快恢复速度。例如，如果数据库由位于不同磁盘上的若干个文件组组成，在其中一个磁盘发生故障时，只需还原故障磁盘上的文件。

SQL Server 支持文件备份和差异文件备份。文件备份是一个或多个文件或文件组中所有数据的完整备份。差异文件备份是一个或多个文件的备份，包含自每个文件的最新完整备份之后发生了更改的数据区。

若要备份一个文件而不是整个数据库时，要考虑合理的步骤以确保数据库中所有的文件按规则备份。同时必须进行单独的事务日志备份。在恢复一个文件备份后，使用事务日志将文件内容前滚，使其与数据库其余部分一致。由于计划和还原文件备份可能会十分复杂，所以只有在文件备份能够为还原计划带来明显价值时，才应使用这种备份方式。

2. 事务日志备份（日志备份）

事务日志备份仅用于完整恢复模式或大容量日志恢复模式。每个日志备份都包括创建备份时处于活动状态的部分事务日志，以及先前日志备份中未备份的所有日志记录。不间断的日志备份序列包含数据库的完整（即连续不断的）日志链。在完整恢复模式下（或者在大容量日志恢复模式下的某些时候），连续不断的日志链让用户可以将数据库还原到任意时间点。

还原事务日志备份时，SQL Server 前滚事务日志中记录的所有更改。当 SQL Server 到达事务日志的最后时，已重新创建了与开始执行备份操作的那一刻完全相同的数据库状态。如果数据库已经恢复，则将回滚备份操作开始时尚未完成的所有事务。一般来说，事务日志备份比数据库备份使用的资源少。

事务日志的恢复必须在完整备份的基础上进行。因此，在创建第一个日志备份之前，必须先创建一个完整备份（如数据库备份）。若要限制需要还原的日志备份的数量，必须定期备份数据。例如，可以制定这样一个计划：每周进行一次完整数据库备份，每天进行若干次差异数据库备份。

其他方式的备份，例如仅复制备份、备份设备等，可以通过查询联机丛书等资料进行了解。

14.1.3 恢复模式

恢复模式用于控制事务日志维护。恢复模式可以分为以下三种：

1. 简单恢复模式

由于不备份事务日志，简单恢复模式可以最大程度地减少事务日志的管理开销。

在简单恢复模式下，不对最新备份之后的更改进行保护。故在发生灾难时，数据只能恢复到已丢失数据的最新备份，面临极大的工作丢失风险。因此，在简单恢复模式下，备份的间隔时间应尽可能短，以避免丢失大量的数据。但是间隔的长度又不能过短，使得备份开销影响生产工作。在备份策略中使用差异备份可以帮助减少开销。

通常情况下，对于用户数据库，简单恢复模式用于测试和开发数据库，或用于主要包含只读数据的数据库。对于生产系统而言，丢失最新的数据更改是无法接受的，因此，简单恢复模式不适合用于生产系统。

2. 完整恢复模式

完整恢复模式为需要事务持久性的数据库提供了常规维护。

在完整恢复模式下,需要日志备份。此模式完整地记录了所有事务,并将事务日志记录保留到对其备份完毕为止。在正常的情况下,数据文件丢失或损坏没有工作丢失的风险。但是,如果日志尾部损坏,则自最新日志备份之后所做的更改将丢失。在完整恢复模式下,可以恢复到任意时点,例如用户或应用程序错误之前。

对于生产系统,建议使用完整恢复模式。

3. 大容量日志恢复模式

大容量日志恢复模式只用做完整恢复模式的附加模式,允许执行高性能的大容量复制操作。

大容量日志恢复模式使用最小方式记录大多数大容量操作。因此,对于某些大规模大容量操作(如索引创建),暂时切换到该恢复模式可以提高性能并减少日志空间的使用量。在大容量日志恢复模式下,仍需要日志备份,将事务日志记录保留到对其备份完毕为止。在最新日志备份后发生日志损坏或执行大容量日志记录操作的情况下,才会造成自上次备份之后所做的更改丢失。大容量日志恢复模式不支持时点恢复,支持恢复到任何备份的结尾。

通过上述介绍可以看到,完整恢复模式和大容量日志恢复模式提供了比简单恢复模式更强的数据保护功能,通过备份事务日志来提供完整的可恢复性及在最大范围的故障情形内防止工作的丢失。

通常情况下,数据库使用完整恢复模式或简单恢复模式。如果要为数据库选择最合适的恢复模式,需要仔细考虑数据库的恢复目标和要求。

如果符合下列所有要求,则使用简单恢复模式:
- 不需要故障点恢复。
- 愿意承担丢失日志中某些数据的风险。
- 不希望备份和还原事务日志,希望只依靠完整备份和差异备份。

如果符合下列任一要求,则使用完整恢复模式:
- 必须能够恢复所有数据。
- 必须能够恢复到故障点。
- 希望可以还原单个页。
- 愿意承担事务日志备份的管理开销。

大容量日志恢复模式作为完整恢复模式的附加补充,建议仅在运行大规模大容量操作期间以及在不需要数据库的时点恢复时使用。

可以利用 Microsoft SQL Server Management Studio 查看和设置恢复模式。在对象资源管理器中,用鼠标右击要设置恢复模式的数据库名称,在弹出的菜单中选择“属性”命令。在弹出的“数据库属性”对话框中,切换到“选项”选择页,即可查看到恢复模式。也可以通过“恢复模式”右侧的下拉菜单对其进行设置,如图 14-1 所示。

14.1.4　还原方案

在 SQL Server 中,从一个或多个备份还原数据继而恢复数据库的过程称为还原方

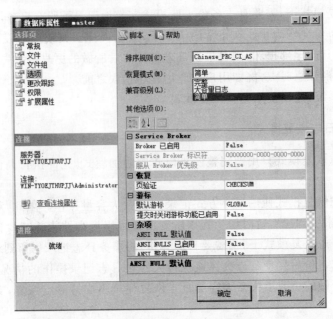

图 14-1   设置数据库的恢复模式

案。SQL Server 支持以下几种还原方案：

- 数据库完整还原：还原和恢复整个数据库，并且数据库在还原和恢复操作期间处于脱机状态。
- 文件还原：还原和恢复一个数据文件或一组文件。包含相应文件的文件组在还原过程中将自动处于脱机状态。访问脱机文件组的任何尝试都会导致错误。
- 页面还原：还原单个数据库中损坏的页面。在页面还原过程中，正在还原的页面处于脱机状态。必须有完整的日志备份链，故在简单恢复模式中不适用。
- 段落还原：按文件组级别分阶段还原和恢复数据库。

在 SQL Server 2008 中，可以还原使用早期版本的 SQL Server 创建的除 master、model 和 msdb 以外的数据库备份。但是，任何早期版本的 SQL Server 都无法还原 SQL Server 2008 的备份。

使用文件还原或页面还原具有以下优点：

- 只需还原少量数据，缩短了复制和恢复数据的时间。
- 在 SQL Server 2005 Enterprise Edition 及更高版本中，还原文件或页面的操作可以允许数据库中的其他数据在还原操作期间仍保持联机状态。

14.1.5   备份和还原策略简介

备份和还原数据必须根据特定环境进行自定义，并且必须使用可用的资源。为了可靠地使用备份和还原以实现恢复，需要设计一个备份和还原策略。设计良好的备份和还原策略在满足特定业务要求的同时，可以尽量提高数据的可用性和减少数据的丢失。需要注意的是，数据库和备份应放置在不同的设备上，否则如果包含数据库的设备故障，备份也将不可用。

备份和还原策略包括备份部分和还原部分：

- 备份部分：定义备份的类型和频率、备份所需硬件的特性和速度、备份的测试方法以及备份媒体的存储位置和方法（包括安全注意事项）。
- 还原部分：定义负责执行还原的人员以及如何执行还原，从而满足数据库可用性和尽量减少数据丢失的目标。

建议将备份和还原过程记录下来，并在运行手册中保留记录文档的副本。设计有效的备份和还原策略需要认真仔细地计划、实现和测试。其中，测试环节是必需的。直到成功还原了还原策略中所有组合内的备份后，才会生成备份策略。

设计策略时，必须考虑包括但不限于以下的因素：

- 企业对数据库的生产目标，尤其是对可用性和防数据丢失的要求。
- 每个数据库的特性，包括数据库的大小、使用模式、内容特性以及数据要求等。
- 对资源的约束，例如硬件、人员、备份媒体的存储空间以及所存储媒体的物理安全性等。

14.2　备份操作

可利用 Microsoft SQL Server Management Studio 对数据库进行备份。

如果需要对数据库 My_test_DB 进行备份，具体需要执行以下步骤：

（1）在 Microsoft SQL Server Management Studio 的对象资源管理器中，用鼠标右击数据库 My_test_DB，在弹出的菜单中依次选择"任务"、"备份"命令，如图 14-2 所示。

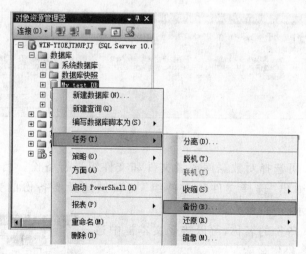

图 14-2　选择"备份"命令

（2）弹出如图 14-3 所示的"备份数据库"对话框。在"常规"选择页中设置以下内容：

- 数据库：验证需要备份的数据库名称，也可以从列表中选择其他数据库。
- 恢复模式：默认是完整模式。

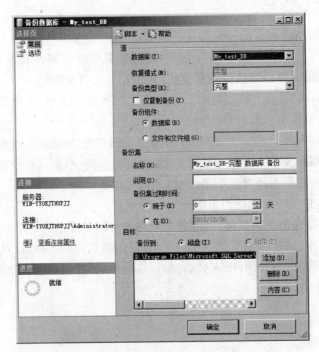

图 14-3 "备份数据库"窗口的"常规"选择页

- 备份类型：有完整、差异、事务日志三种备份类型可以选择。如果没有执行过完整备份而直接选择执行差异或事务日志备份，将会出现提示错误，如图 14-4 所示。

图 14-4 错误提示

- 备份组件：可选择对数据库或者文件和文件组进行备份。当选择"文件和文件组"时，会弹出"选择文件和文件组"窗口供选择要备份的文件和文件组，如图 14-5 所示。
- 名称：输入备份的名称，可以接受文本框中建议的默认备份集名称。
- 说明：可以输入备份的简单说明。
- 备份集过期时间：指定备份集在特定天数后或特定日期后过期。
- 备份到：通过单击"磁盘"或"磁带"，选择备份

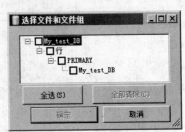

图 14-5 "选择文件和文件组"窗口

目标的类型。

- 添加：选择包含单个媒体集的多个磁盘或磁带机的路径，选择的路径将显示在"备份到"列表框中。
- 删除：要删除备份目标。
- 内容：查看备份目标的内容。

（3）切换到"选项"选择页，如图 14-6 所示，设置以下内容：

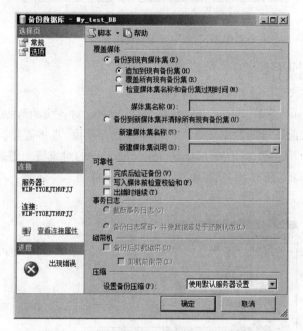

图 14-6   "备份数据库"窗口的"选项"选择页

- 备份到现有媒体集：若选择"追加到现有备份集"，则表示本次备份内容将追加到以前备份内容之后，以前的备份内容仍然保留，在恢复的时候可以选择使用何时的备份内容。若选择"覆盖所有现有备份集"，则表示本次备份内容将覆盖以前的备份，在恢复的时候只能恢复到最后一次备份时的状态。"检查媒体集名称和备份集过期时间"选项指定让备份操作验证媒体集和备份集过期的日期和时间。还可以在"媒体集名称"文本框中输入名称，如果没有指定名称，将使用空白名称创建媒体集，如果指定了媒体集名称，将检查媒体（磁带或磁盘），以确定实际名称是否与此处输入的名称匹配。
- 备份到新媒体集并清除所有现有备份集：输入新建的媒体集名称和对该媒体集的简单说明。该选项与"备份到现有媒体集"互斥。
- 可靠性：可以对"完成后验证备份"、"写入媒体前检查校验和"和"出错时继续"三个选项进行复选。
- 事务日志选项：只有在"常规"选择页中指定备份类型为事务日志时才可生效。
- 设置备份压缩：默认情况下，是否压缩备份取决于"备份压缩默认值"服务器配置选项的值。

（4）设置完毕后，单击"确定"按钮，系统将执行数据库备份操作。备份完成后，弹出备份成功的提示框，如图 14-7 所示。

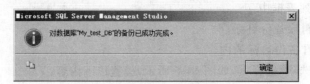

图 14-7　备份成功完成提示框

14.3　还原操作

可利用 Microsoft SQL Server Management Studio 对备份的数据库进行还原。

如果需要对之前备份的数据库 My_test_DB 进行还原，具体需要执行以下步骤：

（1）在 Microsoft SQL Server Management Studio 的对象资源管理器中，用鼠标右击数据库 My_test_DB，在弹出的菜单中依次选择"任务"、"还原"、"数据库"命令，如图 14-8 所示。

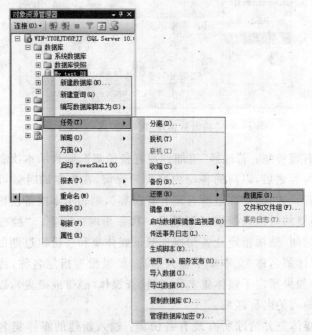

图 14-8　选择还原数据库命令

（2）弹出如图 14-9 所示的"还原数据库"窗口。在"常规"选择页中设置以下内容：

- 目标数据库：要还原的数据库名称将显示在此。若要将备份还原成新数据库，则在该文本框中输入要创建的数据库名称。
- 目标时间点：可以保留默认值"最近状态"，也可以单击右侧按钮打开"时点还原"窗口，以选择具体的日期和时间，如图 14-10 所示。

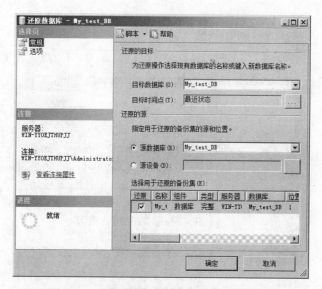

图 14-9 "还原数据库"窗口的"常规"选择页

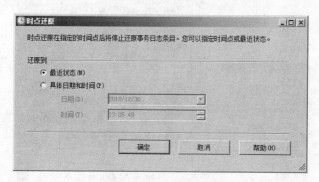

图 14-10 "时点还原"窗口

- 还原的源选项：指定要还原的备份集的源和位置。若选择"源数据库"，则使用以前对数据库所做的备份内容进行还原，需要通过下拉菜单指定源数据库。若选择"源设备"，则单击右侧按钮，在弹出的"指定备份"对话框中指定还原操作的备份媒体及其位置，如图 14-11 所示。
- 选择用于还原的备份集选项：在列表中选择用于还原的备份。

（3）切换到"选项"选择页，如图 14-12 所示，设置以下内容：

- 覆盖现有数据库：指定还原操作将覆盖还原目标数据库的任何数据库文件。即使将备份从其他数据库还原到现有的数据库名称，现有数据库的文件也将被覆盖。
- 保留复制设置：将已发布的数据库还原到创建该数据库的服务器之外的服务器时，保留复制设置。
- 还原每个备份之前进行提示：指定在还原每个备份之后，显示"继续还原"对话框，询问是否要继续执行还原。
- 限制访问还原的数据库：使还原的数据库仅供 db_owner、dbcreator 或 sysadmin 的成员使用。

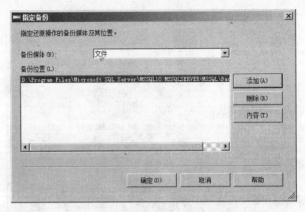

图 14-11　"指定备份"对话框

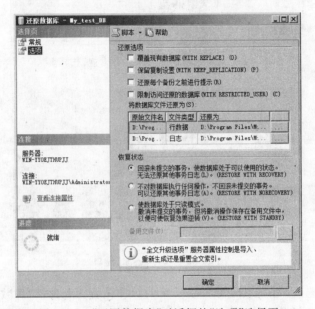

图 14-12　"还原数据库"对话框的"选项"选择页

- 将数据库文件还原为：列出原始数据库的每个数据文件或日志文件的原始完整路径和每个文件的还原目标。
- 恢复状态。

（4）设置完毕后，单击"确定"按钮，系统将执行数据库还原操作。还原完成后，弹出还原成功的提示框，如图 14-13 所示。

图 14-13　还原成功完成提示框

第15章

应用程序调用数据库

15.1　使用 ODBC 驱动程序

15.1.1　ODBC 概述

ODBC(Open Database Connectivity,开放式数据库互连)是 Microsoft Windows 开放式服务体系结构(WOSA)中的数据库部分,是被人们广泛接受的用于数据库访问的应用程序编程接口标准。

ODBC 技术为应用程序提供了一套 CLI(Call-Leve Interface,调用层接口)函数库和基于 DLL(Dynamic Link Library,动态链接库)的运行支持环境。使用 ODBC 开发数据库应用程序时,在应用程序中调用标准的 ODBC 函数和 SQL 语句,通过可加载的驱动程序将逻辑结构映射到具体的 DBMS 或者应用系统所使用的系统。换言之,连接其他数据库和存取这些数据库的底层操作由驱动程序驱动各个数据库完成。驱动程序的使用使应用程序从具体的数据库调用中隔离开来,因为驱动程序在运行时才加载,所以用户只需要增加一个新的驱动程序来访问新的 DBMS,没有必要重新编译或者重新连接应用程序。这样同一个应用程序用相同的源代码就可以访问不同的数据库管理系统(DBMS),存取多个数据库中的数据,提高了应用程序的可移植性。ODBC 的工作原理示意如图 15-1 所示。

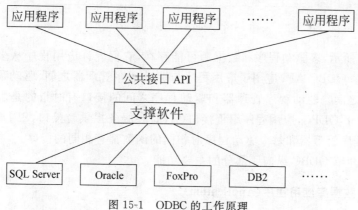

图 15-1　ODBC 的工作原理

　　ODBC 的卓越贡献是使应用程序具有良好的互用性和可移植性,并且具备同时访问多种 DBMS 的能力,从而克服了传统数据库应用程序的缺陷。对用户来说,ODBC 驱动程序屏蔽掉了不同 DBMS 的差异。

　　同时,ODBC 也存在着一些问题。例如,由于它的层次比较多,在性能表现上比专有的 API 要慢,这是其标准化和开发性所带来的必要的代价。

　　SQL Server 通过 SQL Server Native Client ODBC 支持 ODBC,并将其作为本机 API 之一,可使用它编写与 SQL Server 通信的 C、C++ 和 Microsoft Visual Basic 应用程序。

　　使用 SQL Server Native Client ODBC 驱动程序编写的 SQL Server 程序通过 C 函数调用与 SQL Server 进行通信。SQL Server Native Client ODBC 驱动程序中实现了特定于 SQL Server 的 ODBC 函数版本。驱动程序将 SQL 语句传递给 SQL Server 并将语句的结果返回给应用程序。

15.1.2　ODBC 的体系结构

　　ODBC 的应用体系是一种分层的结构,这样可保证其标准性和开放性。一个完整的 ODBC 体系包含应用程序、驱动程序管理器、驱动程序和数据源 4 个组件,图 15-2 显示了它们之间的关系。

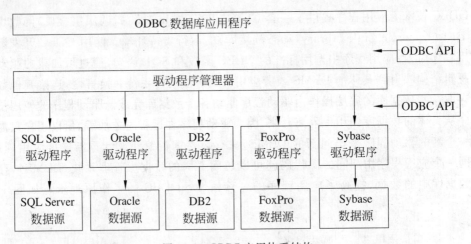

图 15-2　ODBC 应用体系结构

　　如图 15-2 所示,多驱动程序和数据源可能存在,它们允许应用程序从多个数据源中同时访问数据。ODBC API 应用于应用程序与驱动程序管理器之间、驱动程序管理器与每个驱动程序之间。驱动程序管理器和驱动程序之间的接口有时指的是服务提供者接口,即 SPI。对于 ODBC,应用程序编程接口(API)和服务提供者接口(SPI)是相同的,也就是说,驱动程序管理器和每个驱动程序对相同的函数都有相同的接口。

　　下面具体介绍 ODBC 纵向 4 部分的主要功能。

1. ODBC 数据库应用程序(Application)

　　应用程序是调用 ODBC API 访问数据的程序。其主要任务是管理安装的 ODBC 驱动程序和管理数据源。

通常情况下,应用程序可分为以下三类:

(1) 通用应用程序。

也指压缩包装的应用程序或者常用的应用程序。通用应用程序是为使用各种不同的DBMS 而设计的。一类重要的通用应用程序是应用程序开发环境,例如 Microsoft Visual Basic。虽然由这些环境构造的应用程序或许可能只使用单一的 DBMS,但环境本身却需要使用多个 DBMS 系统。所有通用应用程序共同拥有的是 DBMS 系统之间的互操作性,它们需要以相对通用的方式使用 ODBC。

(2) 纵向(跨行业的)应用程序。

纵向应用程序执行单一类型的任务,比如订单输入或跟踪生产数据,它需要数据库方案的协同工作,而数据库方案由应用程序的开发人员控制。对于特定的用户,应用程序使用单一的 DBMS。应用程序使用 ODBC 并不受任何一个 DBMS 的约束,虽然它可能会受到提供类似功能的一些 DBMS 的约束。因此,应用程序开发人员可能单独销售应用程序,而不是与 DBMS 一同销售。纵向应用程序在开发时是可互操作的,但是用户一旦选择一个 DBMS,有时会进行修改,从而包括不可互操作的代码。

(3) 定制的应用程序。

定制的应用程序用于一个公司执行特定的任务。例如,一个大公司的应用程序可能收集不同分部的销售数据(每一分部使用不同的 DBMS),并创立一个报表。这就要用到ODBC,因为它是共同的接口,省却了程序员必须学习多个接口的麻烦。这样的应用程序一般是不可互操作的,并且是为了特殊的 DBMS 系统及驱动程序编写的。

由于大部分数据访问工作是用 SQL 完成的,应用程序使用 ODBC 主要的任务是提交 SQL 语句,并检索那些语句产生的结果(如果有)。具体来说,使用 ODBC 接口的应用程序可执行以下任务:

- 请求与数据源的连接和会话(SQLConnect)。
- 向数据源发送 SQL 请求(SQLExecDirct 或 SQLExecute)。
- 对 SQL 请求的结果定义存储区和数据格式。
- 请求结果。
- 处理错误。
- 如果需要,把结果返回给用户。
- 对事务进行控制,请求执行或回退操作(SQLTransact)。
- 终止对数据源的连接(SQLDisconnect)。

2. 驱动程序管理器(Driver Manager)

由微软提供的驱动程序管理器是带有输入库的动态连接库 ODBC32.DLL,它管理应用程序和驱动程序之间的通信。驱动程序管理器是 ODBC 中最重要的部件。

驱动程序管理器最终主要的作用是加载和卸载驱动程序。应用程序只加载和卸载驱动程序管理器。当应用程序需要使用一个特殊的驱动程序时,它调用驱动程序管理器中的连接函数(SQLConnect、SQLDriverConnect 或 SQLBrowseConnect),并指明一个特殊数据源或驱动程序名,比如"SQL Server"。驱动程序管理器为驱动程序文件名查询数据源信息,比如 SQLSRVR.DLL。然后它加载驱动程序(假设还没有加载),保存驱动程序中每个函数的地址,并调用驱动程序中的连接函数初始化它自己,并连接到数据源。

当应用程序使用驱动程序完成任务后,它调用驱动程序管理器中的 SQLDisconnect 函数。驱动程序管理器调用驱动程序中的此函数,断开与数据源的连接。然而,只有当应用程序释放驱动程序使用的连接或者使用不同的驱动程序连接,并且没有其他连接使用此驱动程序时,驱动程序管理器才卸载驱动程序。

在多数情况下,驱动程序管理器负责将应用程序对 ODBC API 的调用传递给正确的驱动程序,而驱动程序在执行完相应的操作后,将结果通过驱动程序管理器返回给应用程序。而同时,驱动程序管理器也执行一些函数(SQLDataSources、SQLDrivers 和 SQLGetFunctions),并进行基本的错误检查。例如,驱动程序管理器检查句柄为非空指针,检查函数参数是否有效等。

3. DB 驱动程序（DBMS Driver）

驱动程序是一些 DLL,提供 ODBC 和数据库之间的接口,处理 ODBC 函数调用,提交 SQL 请求到一个指定的数据源,并把结果返回到应用程序。如果有必要,驱动程序修改一个应用程序请求,以使请求与相关的 DBMS 支持的语法一致。

驱动程序是实现 ODBC API 中函数的库。每个驱动程序都针对特定的 DBMS。当应用程序调用 SQL Connect 或者 SQLDriver Connect 函数时,驱动程序管理器装入相应的驱动程序,它对来自应用程序的 ODBC 函数调用进行应答,按照其要求执行以下任务:

- 连接及断开数据源。
- 检查驱动程序管理器没有检查的函数错误。
- 初始化事务,这对应用程序来说是透明的。
- 把 SQL 语句提交给执行的数据源,驱动程序必须把 ODBC SQL 修改成针对 DBMS 的 SQL。
- 把数据发送到数据源,或从数据源检索数据,包括根据应用程序的指定来转换数据类型。
- 返回结果给应用程序。
- 将运行错误格式化为标准代码返回。

根据处理 SQL 语句软件的不同,驱动程序结构分成两类:

(1) 基于文件的驱动程序。

这些驱动程序直接访问物理数据。在这种情况下,驱动程序既是驱动程序又是数据源,即它处理 ODBC 调用和 SQL 语句。例如 dBASE 驱动程序是基于文件的驱动程序,因为 dBASE 不提供驱动程序可用的单独的数据库引擎。开发人员必须编写他们自己的数据库引擎。

(2) 基于 DBMS 的驱动程序。

驱动程序通过一个单独的数据库引擎访问物理数据。在这种情况下,驱动程序只处理 ODBC 调用,把 SQL 语句传送给数据库引擎。例如,Oracle 驱动程序是基于 DBMS 的驱动程序,因为 Oracle 有一个单独的驱动程序使用的数据库引擎。

4. 数据源(Data Source)

数据源是 DB 驱动程序与数据库系统之间连接的命名。数据源包含了数据库位置和数据库类型等信息,实际上是一种数据连接的抽象。包括用户要访问的数据及其相关的操作系统、DBMS 及用于访问 DBMS 的网络平台(如果有的话)。

数据源只是数据来源。它可以是一个文件、一个特定的 DBMS 数据库,或者甚至是现场提供的数据。数据源的目的是收集访问数据所需要的全部技术信息:驱动程序名、网络地址、网络软件等,把它放在一个单独的地方,对用户隐藏起来。

数据源可分为以下三类:

(1) 用户数据源。

ODBC 用户数据源存储了如何与指定数据库提供者连接的信息。只对当前用户可见,而且只能用于当前机器上。这里的当前机器是指这个配置只对当前的机器有效,而不是说只能配置本机上的数据库,它可以配置局域网中另一台机器上的数据库。

(2) 系统数据源。

ODBC 系统数据源存储了如何指定数据库提供者连接的信息。系统数据源对当前机器上的所有用户都是可见的。也就是说在这里配置的数据源,只要是这台机器的用户都可以访问。

(3) 文件数据源。

ODBC 文件数据源允许用户连接数据提供者。文件数据源可以由安装了相同驱动程序的用户共享,这是介于用户数据源和系统数据源之间的一种共享情况。

15.1.3　添加 ODBC 数据源

依次选择"开始"菜单、"控制面板"、"管理工具"命令,双击"数据源(ODBC)"快捷方式,打开"ODBC 数据源管理器",如图 15-3 所示。也可以通过依次选择"开始"菜单、"运行"命令,输入"odbcad32.exe"并回车来打开。

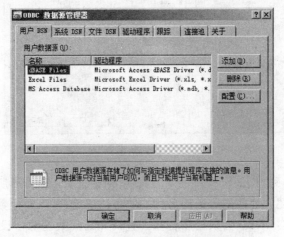

图 15-3　ODBC 数据源管理器

切换到"驱动程序"选项卡，查看系统所安装的 ODBC 驱动程序，确认是否有拟创建的数据源的驱动程序，如图 15-4 所示。例如，拟创建 SQL Server 数据库的数据源，就应确认 SQL Server 的驱动程序名称是否出现在列表里，如果没有，需要去相关网站下载其驱动程序。

图 15-4　"驱动程序"选项卡

确认驱动程序已经存在当前计算机中以后，就可以进行创建数据源的工作了。切换到需要创建的数据源类型，即单击"用户 DSN"、"系统 DSN"或"文件 DSN"选项卡，然后单击"添加"按钮。例如，单击"用户 DSN"选项卡，单击"添加"按钮，在弹出的"创建新数据源"对话框中选择相应的驱动程序，如图 15-5 所示。例如选择 SQL Server，然后单击"完成"按钮。

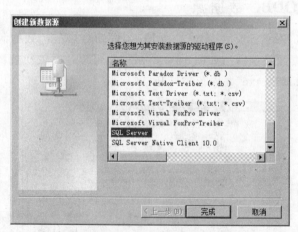

图 15-5　"创建新数据源"对话框

这时，弹出"创建到 SQL Server 的新数据源"对话框，如图 15-6 所示。在此对话框中设置数据源名称、描述和连接的服务器名称。值得注意的是，需要为数据源选择一个有意义且便于记忆的名称，ODBC 会根据该名称去查询和访问数据源。设置完毕后，单击"下一步"按钮。

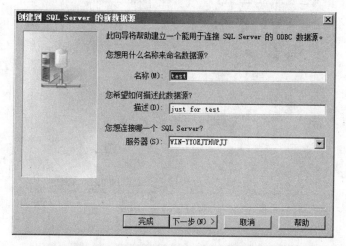

图 15-6　"创建到 SQL Server 的新数据源"对话框

接着,按照"创建到 SQL Server 的新数据源"向导中的提示,完成登录验证方式、默认数据库、默认系统语言等参数的设置,如图 15-7、图 15-8、图 15-9 所示。所有参数设置完毕以后,单击"完成"按钮。

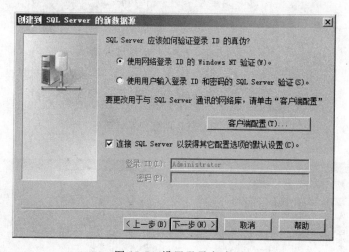

图 15-7　设置登录方式

在出现的"ODBC Microsoft SQL Server 安装"对话框中,显示了新建 ODBC 数据源的各种配置信息,如图 15-10 所示。

可以单击"测试数据源"按钮以验证数据源配置是否成功。在弹出的"SQL Server ODBC 数据源测试"对话框中将显示测试结果,如图 15-11 所示。

如果测试成功,单击"确定"按钮将回到"ODBC 数据源管理器"对话框,会看到新添加的数据源已经出现在"用户 DSN"选项卡的列表中了,如图 15-12 所示。

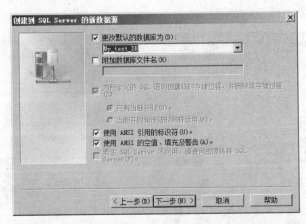

图 15-8　设置默认的数据库对话框 1

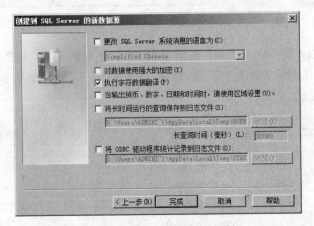

图 15-9　设置默认的数据库对话框 2

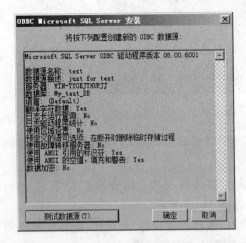

图 15-10　"ODBC Microsoft SQL Server
安装"对话框

图 15-11　"SQL Server ODBC 数据源
测试"对话框

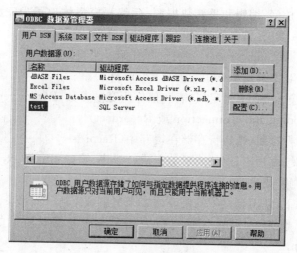

图 15-12 ODBC 数据源管理器

15.2 使用 ADO 技术

15.2.1 ADO 概述

开发人员需要一个简单、一致的应用程序编程接口(API),使应用程序能够访问和修改各种各样的数据源。此外,该 API 不应该预先设定访问和操作数据源的方式。已有的 OLE DB 是一套组件对象模型(COM)接口,可提供对存储在不同信息源进行统一访问的能力。但是 OLE DB 应用程序编程接口的设计目的是为了为多种多样的应用程序提供优化功能,它无法满足对简单化的要求。于是 ActiveX Data Objects(ADO)作为一座连接应用程序和 OLE DB 的桥梁出现了。

Microsoft ActiveX Data Objects(ADO)是一个访问数据库中数据的简单编程接口,使用 OLE DB 接口并基于微软的 COM 技术。ADO 使开发人员能够编写通过 OLE DB 提供者对在数据库服务器中的数据进行访问和操作的应用程序。其主要优点是易于使用、高速度、低内存支出和占用磁盘空间较少。ADO 支持用于建立基于客户端/服务器和 Web 的应用程序的主要功能。

ADO 同时具有远程数据服务(RDS)功能,通过 RDS 可以在一次往返过程中实现将数据从服务器移动到客户端应用程序或 Web 页、在客户端对数据进行处理然后将更新结果返回服务器的操作。

15.2.2 ADO 编程模型

ADO 定义编程模型,即访问和更新数据源所必需的活动顺序。编程模型意味着对象模型,即响应并执行编程模型的"对象"组。对象拥有"方法",方法执行对数据进行的操作;对象拥有"属性",属性指示数据的某些特性或控制某些对象方法的行为。

ADO 的目标是访问、编辑和更新数据源，而编程模型体现了为完成该目标所必需的系列动作的顺序。ADO 提供类和对象以完成以下活动：

- 连接到数据源（Connection），并可选择开始一个事务。
- 可选择创建对象来表示 SQL 命令（Command）。
- 可选择在 SQL 命令中指定列、表和值作为变量参数（Parameter）。
- 执行命令（Command、Connection 或 Recordset）。
- 如果命令按行返回，则将行存储在缓存中（Recordset）。
- 可选择创建缓存视图，以便能对数据进行排序、筛选和定位（Recordset）。
- 通过添加、删除或更改行和列编辑数据（Recordset）。
- 在适当情况下，使用缓存中的更改内容来更新数据源（Recordset）。
- 如果使用了事务，则可以接受或拒绝在完成事务期间所做的更改。结束事务（Connection）。

ADO 把绝大部分的对数据库的操作封装在以下 7 个对象中：

（1）Connection 对象。

ADO Connection 对象用于建立一个可从应用程序访问数据源的数据库连接。它保存了指针类型、连接字符串、查询超时、连接超时、默认数据库名称、事务隔离级别等连接信息。

（2）Recordset 对象。

ADO Recordset 对象用于容纳一个来自数据库表的记录集。在 ADO 中，此对象是最重要且最常用于对数据库的数据进行操作的对象。Recordset 对象用于指定行、移动行、添加、修改、删除记录。

（3）Command 对象。

ADO Command 对象用于执行面向数据库的一次简单查询。此查询可执行诸如创建、添加、取回、删除或更新记录等动作。如果该查询用于取回数据，此数据将以一个 RecordSet 对象返回。Command 对象的主要特性是有能力使用存储查询和带有参数的存储过程。

（4）Parameter 对象。

ADO Parameter 对象可提供有关被用于存储过程或查询中的一个单个参数的信息。Parameter 对象在其被创建时被添加到 Parameters 集合。Parameters 集合与一个具体的 Command 对象相关联，Command 对象使用此集合在存储过程和查询内外传递参数。

（5）Error 对象。

ADO Error 对象包含数据访问过程中的详细错误信息。ADO 会因每次错误产生一个 Error 对象。在发生错误时，一个或多个 Error 对象将被放到 Connection 对象的 Errors 集合中。要访问这些错误，就必须引用某个具体的连接。

（6）Field 对象。

ADO Field 对象包含有关 Recordset 对象中某一列的信息。Recordset 中的每一列对应一个 Field 对象。所有 Field 对象组成一个 Field 集合。

（7）Property 对象。

ADO Property 对象表示 ADO 对象的动态特性。ADO 对象有两种类型的属性：内置属性和动态属性。内置属性是在 ADO 中实现并立即可用于任何新对象的属性，虽然可以更改它们的值，但无法更改它们的特性。动态属性由基本的数据提供者定义，并出现在相应的 ADO 对象的 Properties 集合中。故 Property 对象被存储在 Properties 集合中。此集合会被分配到 Command 对象、Connection 对象、Field 对象或者 Recordset 对象。

参 考 文 献

[1] 关敬敏等.SQL Server 数据库应用教程.清华大学出版社,2005.10

[2] 邵超等.数据库实用教程——SQL Server 2008.清华大学出版社,2009.7

[3] 闪四清.SQL Server 2008 数据库应用实用教程.清华大学出版社,2010.4

大学计算机基础教育规划教材

近 期 书 目